输变电工程电磁场正、逆问题与实例

张占龙 肖冬萍 邓 军 著

科 学 出 版 社

北 京

内 容 简 介

全书共四篇，电磁场基本理论及输变电工程电磁问题概论篇包括：电磁场基础、计算电磁学基础、输变电工程中的典型电磁问题；输变电工程中的电磁场正问题分析方法及应用篇包括：高压交流输电线路空间电场与磁场分析、高压直流输电线路空间合成电场分析、变电站复杂工频电场计算方法、变电站开关操作空间瞬态电场分析；输变电工程中的电磁场逆问题分析方法及应用篇包括：交流架空输电线路电参量反演方法研究、高压直流输电线路合成电场及无线电干扰逆问题研究、绝缘子工频电场逆向检测及优化方法；输变电工程中的电磁场测量篇包括：球型电场传感器测量系统的研究及应用、可穿戴式电场测量系统研究与实现。

本书可供输变电系统领域的设计、运行和科学研究人员参考，也可作为高等院校相关专业的教学参考书。

图书在版编目(CIP)数据

输变电工程电磁场正、逆问题与实例 / 张占龙，肖冬萍，邓军著. —北京：科学出版社，2021.6

ISBN 978-7-03-067464-7

Ⅰ. ①输… Ⅱ. ①张… ②肖… ③邓… Ⅲ. ①输电-电力工程-电磁场-研究 Ⅳ. ①O441.4

中国版本图书馆CIP数据核字(2020)第272777号

责任编辑：张海娜　王　苏 / 责任校对：胡小洁
责任印制：吴兆东 / 封面设计：蓝正设计

科学出版社 出版
北京东黄城根北街16号
邮政编码：100717
http://www.sciencep.com
北京凌奇印刷有限责任公司 印刷
科学出版社发行　各地新华书店经销
*
2021年6月第 一 版　开本：B5(720×1000)
2023年2月第二次印刷　印张：17
字数：348 000

定价：120.00元

(如有印装质量问题，我社负责调换)

前　言

输配电系统包含各类电压等级的交直流输电线路和变电站，将电能从电厂输送到遥远的负荷中心，并将电能按照需求配送给用户。随着国民经济的高速发展和人民生活水平的不断提高，我国的电力需求量与日俱增。构建稳健的输配电系统，确保其安全、稳定、可靠运行显得尤为重要。

输变电设备在通电后产生电磁场，在各种电磁规律支配下实现电能的传输、存储和转换。可以说产生电磁场是输变电设备的固有特性，缺少了电磁场，输变电设备也就不能正常运行了。空间及内部电磁场的数值与分布异常，也可反映输变电设备运行异常。另外，输变电系统电磁场还涉及电磁环境安全和电磁兼容问题，因此国家颁布了《电磁环境控制限值》(GB 8702—2014)和《建设项目竣工环境保护验收技术规范　输变电》(HJ 705—2020)。近二十年来，围绕输变电系统电磁问题的研究一直没有间断过，涉及输变电系统的规划设计、运行维护、故障诊断等各个环节。

从目前的研究来看，输变电系统电磁场问题可分为正问题和逆问题两大类。电磁场正问题是指在已知激励源和设备结构的条件下，基于电磁场原理计算设备周围的电磁场强度、分析空间分布特征。从应用的角度看，电磁场逆问题可分为优化设计问题和参数识别问题，优化设计问题是给定某电磁系统希望产生的效果，通过不断变更参数来实现预定的目标；参数识别问题是指在给定的边界条件和介质下，反演或重建对应该约束条件的源参数。对复杂输变电系统电磁问题的研究，不仅丰富和发展了基本电磁场原理，而且大大促进了工程电磁场数值计算方法和智能优化算法的发展。

本书结合作者及其研究团队长期的科研工作，阐述了输变电系统中交直流输电线路、变电站所涉及的典型电磁场正问题、电磁场逆问题的数学和仿真建模基本原理、数值计算方法与优化策略等，结合工程实例给出效果分析，还介绍了两类在工程中使用的电场测量系统。

本书内容融入了作者及其研究团队博士生、硕士生多年来的研究成果，在此一并表示感谢。同时感谢赵晖、蒋培榆、肖瑞阳三位参与本书的编辑工作。

输变电系统结构复杂、包含的设备和器件种类繁多，所涉及的电磁场问题也比较复杂。本书内容为作者现阶段的研究成果，后续研究工作正在深入。由于作者的水平和写作经验有限，书中难免存在不足之处，欢迎读者批评指正，并提出宝贵意见。

目　录

第二篇　输变电工程中的电磁场正问题分析方法及应用

第一篇　电磁场基本理论及输变电工程电磁问题概论

第1章　电磁场基础

1.1　电磁场基本方程组

电磁场理论是研究电磁场中各物理量之间关系及空间分布和时间变化的理论，电磁场理论的产生是物理学史上的里程碑之一。电磁场理论体系的核心是麦克斯韦方程组。英国物理学家麦克斯韦全面总结了在他之前出现的所有电磁学研究成果，提出了涡旋电场和位移电流两个基本假说，总结了电磁现象的基本规律，建立了完整的电磁场理论体系，揭示了光、电、磁现象的内在联系及统一性，完成了物理学的第三次大综合。他的理论成果为电工、电子及无线电工业发展奠定了理论基础，促使现代电工、电子、有线及无线通信、雷达、波导、微波等民用或军用技术的快速发展。电磁场理论的发展拓宽了科学研究的领域，在此基础上，诞生了无线电学、计算机学、微电子学、射电天文学、X 射线学、高能物理学及量子力学等一大批新兴学科。经典电磁场理论及以此为基础诞生的新兴科学的应用促使人类的生产和生活走向现代化，对世界经济、政治和文化的发展具有深远影响。

1.1.1　麦克斯韦方程组的积分形式

1) 高斯定律

根据库仑定律，点电荷 q 在介质中产生的电场强度 $\boldsymbol{E}$ 为

$$\boldsymbol{E}=\frac{q}{4\pi\varepsilon r^{2}}\boldsymbol{r}_{0} \tag{1.1}$$

式中，ε 为介质的介电常数；r 为点电荷 q 到观测点的距离；$\boldsymbol{r}_0$ 为点电荷 q 指向观测点的单位矢量。

在各向同性介质中，观测点处的电位移矢量 $\boldsymbol{D}$ 与电场强度 $\boldsymbol{E}$ 的关系为

$$\boldsymbol{D}=\varepsilon\boldsymbol{E} \tag{1.2}$$

假设有 N 个点共同在观测点产生电场，则有

$$\boldsymbol{D}=\sum_{n=1}^{N}\frac{q_{n}}{4\pi r_{n}^{2}}\boldsymbol{r}_{0} \tag{1.3}$$

进一步得到穿过任意闭曲面的电通量等于该闭曲面包围的总电荷量 Q，即

$$\oint_S \boldsymbol{D}\cdot \mathrm{d}\boldsymbol{S} = Q \tag{1.4}$$

如果闭曲面包围体积 V 内的电荷密度为 ρ，则有

$$\oint_S \boldsymbol{D}\cdot \mathrm{d}\boldsymbol{S} = \int_V \rho \mathrm{d}V \tag{1.5}$$

这就是积分形式的高斯定律，它指出任意闭曲面 $\boldsymbol{S}$ 上的电位移矢量面积分等于该曲面内的总自由电荷。

2) 磁通连续性定律

世界上没有单独的磁极或磁荷存在，磁感应线构成闭合回路，既无始端也无终端。在磁场中，穿进任意闭曲面的磁通量 Φ_{in} 等于穿出该闭曲面的磁通量 Φ_{out}，即穿进或穿出闭曲面的净磁通量等于零：

$$\oint_S \boldsymbol{B}\cdot \mathrm{d}\boldsymbol{S} = 0 \tag{1.6}$$

3) 电磁感应定律

1831 年法拉第发现电磁感应现象，即如果穿过闭合回路 $\boldsymbol{l}$ 所包围面积的磁通量 Φ 随时间变化，则会产生感应电动势 $\mathscr{E}$，有

$$\mathscr{E} = -\frac{\mathrm{d}\Phi}{\mathrm{d}t} \tag{1.7}$$

当场域中存在局外电场时，有

$$\mathscr{E} = \oint_l \boldsymbol{E}\cdot \mathrm{d}\boldsymbol{l} \tag{1.8}$$

此外

$$\Phi = \int_S \boldsymbol{B}\cdot \mathrm{d}\boldsymbol{S} \tag{1.9}$$

则可得

$$\oint_l \boldsymbol{E}\cdot \mathrm{d}\boldsymbol{l} = -\int_S \frac{\partial \boldsymbol{B}}{\partial t}\cdot \mathrm{d}\boldsymbol{S} \tag{1.10}$$

4) 全电流定律

1873 年麦克斯韦在研究电容器电流时提出位移电流的概念。电容器极板处传

导电流的不连续引起极板上电荷的变化，因而产生变化的电场，存在 $\frac{\partial \boldsymbol{D}}{\partial t}$。电位移矢量 $\boldsymbol{D}$ 的变化率即为位移电流密度 $\boldsymbol{J}_d$[1]。传导电流 I 和位移电流 I_d 的总和称为全电流 I_t，在传导电流不连续的地方产生位移电流，全电流是连续的。磁场强度 $\boldsymbol{H}$ 沿任意闭合回路 $\boldsymbol{l}$ 的线积分等于穿过该闭合回路 $\boldsymbol{l}$ 所包围面积 $\boldsymbol{S}$ 的全电流：

$$\oint_l \boldsymbol{H}\cdot\mathrm{d}\boldsymbol{l} = I_t = I + I_d \tag{1.11}$$

设传导电流密度为 $\boldsymbol{J}$，有

$$I = \int_S \boldsymbol{J}\cdot\mathrm{d}\boldsymbol{S} \tag{1.12}$$

以及

$$I_d = \int_S \boldsymbol{J}_d\cdot\mathrm{d}\boldsymbol{S} = \int_S \frac{\partial \boldsymbol{D}}{\partial t}\cdot\mathrm{d}\boldsymbol{S} \tag{1.13}$$

由此可得

$$\oint_l \boldsymbol{H}\cdot\mathrm{d}\boldsymbol{l} = \int_S \boldsymbol{J}\cdot\mathrm{d}\boldsymbol{S} + \int_S \frac{\partial \boldsymbol{D}}{\partial t}\cdot\mathrm{d}\boldsymbol{S} \tag{1.14}$$

现将全电流定律、电磁感应定律、磁通连续性定律、高斯定律的积分形式重写如下：

$$\begin{cases}\oint_l \boldsymbol{H}\cdot\mathrm{d}\boldsymbol{l} = \int_S \boldsymbol{J}\cdot\mathrm{d}\boldsymbol{S} + \int_S \frac{\partial \boldsymbol{D}}{\partial t}\cdot\mathrm{d}\boldsymbol{S} \\ \oint_l \boldsymbol{E}\cdot\mathrm{d}\boldsymbol{l} = -\int_S \frac{\partial \boldsymbol{B}}{\partial t}\cdot\mathrm{d}\boldsymbol{S} \\ \oint_S \boldsymbol{B}\cdot\mathrm{d}\boldsymbol{S} = 0 \\ \oint_S \boldsymbol{D}\cdot\mathrm{d}\boldsymbol{S} = \int_V \rho\,\mathrm{d}V \end{cases} \tag{1.15}$$

1.1.2　麦克斯韦方程组的微分形式

根据矢量场的斯托克斯定理，对于矢量场 $\boldsymbol{M}$ 存在

$$\oint_l \boldsymbol{M}\cdot\mathrm{d}\boldsymbol{l} = \int_S (\nabla\times\boldsymbol{M})\cdot\mathrm{d}\boldsymbol{S} \tag{1.16}$$

式(1.15)的后两项可以改写为

$$\nabla \times \boldsymbol{H} = \boldsymbol{J} + \frac{\partial \boldsymbol{D}}{\partial t} \tag{1.17}$$

$$\nabla \times \boldsymbol{E} = \frac{\partial \boldsymbol{B}}{\partial t} \tag{1.18}$$

根据矢量场的散度定理

$$\oint_S \boldsymbol{M} \cdot \mathrm{d}\boldsymbol{S} = \int_V (\nabla \cdot \boldsymbol{M}) \cdot \mathrm{d}V \tag{1.19}$$

式(1.15)的后两项又可以改写为

$$\nabla \cdot \boldsymbol{B} = 0 \tag{1.20}$$

$$\nabla \cdot \boldsymbol{D} = \rho \tag{1.21}$$

麦克斯韦方程组的微分形式只能应用于连续介质中，在介质分界面上不成立，后面将给出不同介质的分界面条件。

1.1.3 介质的本构关系

介质在电磁场的作用下，存在极化和磁化现象[2]。

介质的极化是指介质中的束缚电荷在电磁场作用下产生微小运动，其宏观效应可用正负电荷间的微小位移来表示，即相当于偶极矩。极化强度 $\boldsymbol{P}$ 表示单位体积内具有的电偶极矩。在各向同性介质中，极化强度 $\boldsymbol{P}$ 与电场强度 $\boldsymbol{E}$ 成正比，存在如下本构关系：

$$\boldsymbol{D} = \varepsilon_0 \boldsymbol{E} + \boldsymbol{P} = \varepsilon_0 (1+\chi_e) \boldsymbol{E} = \varepsilon \boldsymbol{E} \tag{1.22}$$

式中，ε_0、ε 分别为空气、介质的介电常数；χ_e 为介质的电极化率。

介质的磁化是指介质中的分子电流所形成的分子磁偶极矩在受到磁场作用时，其大小和方向发生变化而出现的宏观磁偶极矩。磁化强度 $\boldsymbol{M}$ 表示单位体积内具有的磁偶极矩。在各向同性介质中，磁化强度 $\boldsymbol{M}$ 与磁场强度 $\boldsymbol{H}$ 成正比，存在如下本构关系：

$$\boldsymbol{B} = \mu_0 \boldsymbol{H} + \boldsymbol{M} = \mu_0 (1+\chi_m) \boldsymbol{H} = \mu \boldsymbol{H} \tag{1.23}$$

式中，μ_0、μ 分别为空气、介质的磁导率；χ_m 为介质的磁化率。

在导电介质中建立电场，导电介质中的自由电子受电场力作用加速运动，从而产生沿电场强度 $\boldsymbol{E}$ 方向的电流密度 $\boldsymbol{J}$。在各向同性静止介质中，某点的 $\boldsymbol{J}$ 与该点的 $\boldsymbol{E}$ 成正比，存在如下本构关系：

$$\boldsymbol{J}=\sigma\boldsymbol{E} \tag{1.24}$$

式中，σ 为介质的电导率。

1.2　矢量场的唯一性

矢量场 $\boldsymbol{M}$ 的散度是一个标量函数，表示场中任一点的通量密度，是通量源强度的量度，具体由场分量沿各自方向上的变化率来表示：

$$\nabla\cdot\boldsymbol{M}=\frac{\partial M_x}{\partial x}+\frac{\partial M_y}{\partial y}+\frac{\partial M_z}{\partial z} \tag{1.25}$$

矢量场 $\boldsymbol{M}$ 的旋度是一个矢量函数，表示场中任一点的最大环量强度，是旋涡源强度的量度，具体用场分量在与之正交各方向上的变化率来表示：

$$\begin{aligned}\nabla\times\boldsymbol{M}&=\begin{vmatrix}\boldsymbol{e}_x & \boldsymbol{e}_y & \boldsymbol{e}_z\\ \dfrac{\partial}{\partial x} & \dfrac{\partial}{\partial y} & \dfrac{\partial}{\partial z}\\ M_x & M_y & M_z\end{vmatrix}\\ &=\left(\frac{\partial M_z}{\partial y}-\frac{\partial M_y}{\partial z}\right)\boldsymbol{e}_x+\left(\frac{\partial M_x}{\partial z}-\frac{\partial M_z}{\partial x}\right)\boldsymbol{e}_y+\left(\frac{\partial M_y}{\partial x}-\frac{\partial M_x}{\partial y}\right)\boldsymbol{e}_z\end{aligned} \tag{1.26}$$

矢量场的唯一性总结为亥姆霍兹定理：在空间有限区域 V 内的某一矢量场 $\boldsymbol{M}$，若已知它的散度、旋度和边界条件，则该矢量场是唯一确定的；或者说给定矢量场 $\boldsymbol{M}$ 的通量源密度和旋涡源密度以及场域的边界条件，可以唯一确定该矢量场。

亥姆霍兹定理是研究电磁场理论的一条主线，无论静态场还是时变场，都是围绕着它们的散度、旋度和边界条件展开分析的。

1.3　矢量场的分类及处理方法

1.3.1　矢量场的分类

按照矢量场 $\boldsymbol{M}$ 的散度和旋度是否为零，可将矢量场分为四类。

(1) 无旋无源场：

$$\nabla\times\boldsymbol{M}=0\,,\quad \nabla\cdot\boldsymbol{M}=0 \tag{1.27}$$

如在自由空间、电荷密度 $\rho=0$ 处的静电场。

(2) 无旋有源场：

$$\nabla \times \boldsymbol{M} = 0, \quad \nabla \cdot \boldsymbol{M} = K, \quad K \neq 0 \tag{1.28}$$

如在空间电荷处的静电场。

(3)有旋无源场：

$$\nabla \times \boldsymbol{M} = \boldsymbol{T}, \quad \boldsymbol{T} \neq 0, \quad \nabla \cdot \boldsymbol{M} = 0 \tag{1.29}$$

如载流导体内部的磁场。

(4)有旋有源场：

$$\nabla \times \boldsymbol{M} = \boldsymbol{T}, \quad \boldsymbol{T} \neq 0, \quad \nabla \cdot \boldsymbol{M} = K, \quad K \neq 0 \tag{1.30}$$

如移动电场激发的电场。

1.3.2 矢量场的处理方法

1)无旋场

对于无旋场，存在标量位 φ 满足

$$\boldsymbol{M} = -\nabla \varphi \tag{1.31}$$

将式(1.31)代入 $\boldsymbol{M}$ 的散度计算式，对于无旋无源场和无旋有源场分别有

$$\nabla^2 \varphi = 0 \text{（拉普拉斯方程）} \tag{1.32}$$

和

$$\nabla^2 \varphi = -K \text{（泊松方程）} \tag{1.33}$$

由式(1.32)或式(1.33)解出 φ，由梯度运算可得到 $\boldsymbol{M}$。这种处理方法将多变量的矢量微分方程的求解转换为单变量的标量微分方程求解，大大简化了计算。

2)无源场

对于无源场，存在矢量位 $\boldsymbol{A}$ 满足

$$\boldsymbol{M} = \nabla \times \boldsymbol{A} \tag{1.34}$$

将式(1.34)代入 $\boldsymbol{M}$ 的旋度计算式，对于无旋无源场和有旋无源场分别有

$$\nabla \times (\nabla \times \boldsymbol{A}) = 0 \tag{1.35}$$

和

$$\nabla \times (\nabla \times \boldsymbol{A}) = \boldsymbol{T} \tag{1.36}$$

3) 有旋有源场

对于有旋有源场 $\boldsymbol{M}$，可以将其表示为无旋有源场 $\boldsymbol{M}_1$ 和有旋无源场 $\boldsymbol{M}_2$ 之和，即

$$\boldsymbol{M}=\boldsymbol{M}_1+\boldsymbol{M}_2 \tag{1.37}$$

式中，$\nabla\times\boldsymbol{M}_1=0$，$\nabla\cdot\boldsymbol{M}_2=0$。

$$\begin{aligned}\nabla\cdot\boldsymbol{M}&=\nabla\cdot(\boldsymbol{M}_1+\boldsymbol{M}_2)=\nabla\cdot\boldsymbol{M}_1=K\\\nabla\times\boldsymbol{M}&=\nabla\times(\boldsymbol{M}_1+\boldsymbol{M}_2)=\nabla\times\boldsymbol{M}_2=\boldsymbol{T}\end{aligned} \tag{1.38}$$

式中，K 和 $\boldsymbol{T}$ 分别是对应于通量源和旋涡源，在电磁场中分别表示电荷和电流。给定矢量场的散度和旋度，就相当于给定了“源”的分布，如果场域有限，给定边界条件后，矢量场 $\boldsymbol{M}$ 就唯一确定了。

1.4 边界条件

1.4.1 场域边界条件

待求位函数 u (标量位 φ 或矢量位 $\boldsymbol{A}$) 的偏微分方程定解问题有如下三种类型。

1) 第一类边界条件 (Dirichlet 条件)

直接给出 u 在场域边界 S 上的数值：

$$u|_S=f_1(s)\quad\text{或}\quad u|_S=0 \tag{1.39}$$

前者为第一类边界条件的一般形式，后者称为第一类齐次边界条件。

2) 第二类边界条件 (Neumann 条件)

给出 u 在场域边界 S 上的法向导数值：

$$\left.\frac{\partial u}{\partial n}\right|_S=f_2(s)\quad\text{或}\quad\left.\frac{\partial u}{\partial n}\right|_S=0 \tag{1.40}$$

前者为第二类边界条件的一般形式，后者称为第二类齐次边界条件。

3) 第三类边界条件 (Robin 条件)

给出 u 及其法向导数在场域边界 S 上的线性组合：

$$\left.\left(u+\beta\frac{\partial u}{\partial n}\right)\right|_S=f_3(s) \tag{1.41}$$

而当求解域取得足够大时，可以认为在边界上电磁场已近似衰减到零，即 $\boldsymbol{E}=0$，$\boldsymbol{B}=0$。对于电场问题，有标量电位等于零，即 $\varphi=0$；对于静磁场，有标量磁位或矢量磁位等于零，即 $\varphi_{\mathrm{m}}=0$ 或 $\boldsymbol{A}_{\mathrm{m}}=0$；对于时变场中的涡流问题，有 $\boldsymbol{A}=0$，$\varphi=0$。

然而，求解区域越大，数值分析时计算规模越大，甚至无法完成计算。将求解区域进行截断，又会引起计算误差。因此适当缩小求解区域，需要综合考虑提高计算精度和减小计算规模两个矛盾因素。近年来，许多研究者提出了处理开域问题的方法，如截断法、膨胀法、无限元法、空间变换法、吸收边界条件法等[3,4]。

1.4.2　两种不同介质的边界条件

实际电磁场问题都是在一定的物理空间内发生的，该空间可能由多种介质组成。为了求得具体电磁场问题的唯一解，需给出多种介质边界上的边界条件[5]。边界条件就是不同介质的分界面两侧的电磁场物理量满足的关系。

1) 电磁场量的法向边界条件

在两种介质的交界面上任取一点 P，包围 P 点做一个小扁平圆柱体，令其高度 $\Delta h \to 0$，如图 1.1 所示。根据式(1.5)有

$$\boldsymbol{e}_n \cdot (\boldsymbol{D}_1 - \boldsymbol{D}_2) = \rho_s \quad 或 \quad D_{1n} - D_{2n} = \rho_s \tag{1.42}$$

式中，ρ_s 为分界面上存在的自由电荷面密度；D_{1n} 和 D_{2n} 分别为介质 1 和介质 2 中电位移在分界面处的法向分量。

同理，根据式(1.6)可得

$$\boldsymbol{e}_n \cdot (\boldsymbol{B}_1 - \boldsymbol{B}_2) = 0 \quad 或 \quad B_{1n} = B_{2n} \tag{1.43}$$

磁感应强度的法向分量在不同介质分界面处连续。

2) 电磁场量的切向边界条件

在分界面两侧选取如图 1.2 所示的一个小环路，令 $\Delta h \to 0$。根据式(1.14)有

$$\boldsymbol{e}_n \times (\boldsymbol{H}_1 - \boldsymbol{H}_2) = \boldsymbol{J}_s \quad 或 \quad H_{1t} - H_{2t} = J_s \tag{1.44}$$

式中，J_s 为分界面上存在的电流线密度；H_{1t} 和 H_{2t} 分别为介质 1 和介质 2 中磁场强度在分界面处的法向分量。

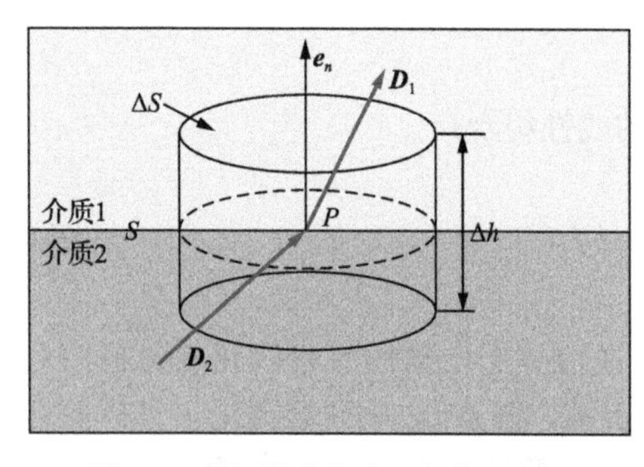

图 1.1　电场的法向边界条件示意图

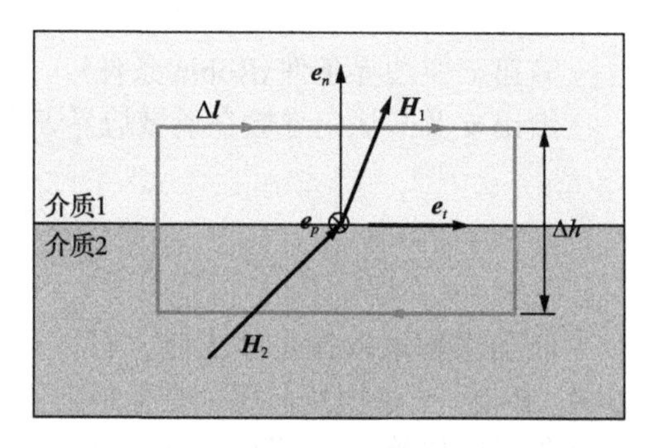

图 1.2　磁场的切向边界条件示意图

同理，根据式(1.10)可得

$$\boldsymbol{e}_n\cdot(\boldsymbol{E}_1-\boldsymbol{E}_2)=0 \quad 或 \quad E_{1t}=E_{2t} \tag{1.45}$$

电场强度的切向分量在不同介质分界面处连续。

3)位函数表示的边界条件

$$\begin{aligned}&\varphi_1=\varphi_2\\&\varepsilon_1\frac{\partial\varphi_1}{\partial n}-\varepsilon_2\frac{\partial\varphi_2}{\partial n}=\rho_s\\&\boldsymbol{A}_1=\boldsymbol{A}_2\\&\frac{1}{\mu_1}\frac{\partial\boldsymbol{A}_1}{\partial n}=\frac{1}{\mu_2}\frac{\partial\boldsymbol{A}_2}{\partial n}\end{aligned} \tag{1.46}$$

4)折射定律

在各向同性线性介质分界面上，电场的入射角和折射角分别为 α_1 和 α_2，磁场的入射角和折射角分别为 β_1 和 β_2。如果 $\rho_s=0$、$J_s=0$，根据已经得到的电磁场量的法向边界条件和切向边界条件可导出

$$\frac{\tan\alpha_1}{\tan\alpha_2}=\frac{\varepsilon_1}{\varepsilon_2} \tag{1.47}$$

$$\frac{\tan\beta_1}{\tan\beta_2}=\frac{\mu_1}{\mu_2} \tag{1.48}$$

参考文献

[1] 俞集辉. 电磁场原理. 重庆: 重庆大学出版社, 2003.
[2] 陈重, 崔正勤. 电磁场理论基础. 北京: 北京理工大学出版社, 2003.
[3] 倪光正. 工程电磁场原理. 北京: 高等教育出版社, 2002.
[4] 颜威利, 杨庆新, 汪友华, 等. 电气工程电磁场数值分析. 北京: 机械工业出版社, 2006.
[5] 谢德馨, 杨仕友. 工程电磁场数值分析与综合. 北京: 机械工业出版社, 2009.

第2章　计算电磁学基础

2.1　计算电磁学的形成与发展

在电磁学领域，经典电磁理论只能对少数问题求解麦克斯韦方程组或者其退化形式，从而得到解析解。解析解的优点在于：①可以将解答表示为已知函数的显式，可得到精确的结果；②可以作为近似解和数值解的检验标准；③在解析过程中和在解的显式中可以观察到问题的内在联系和各个参数对结果所起的作用。

但是解析法仅适用于求解具有规则边界的简单问题，适用范围太窄。当遇到不规则形状或者任意形状边界问题时，解析法就无能为力了。从20世纪40年代开始，有人尝试采用数值方法来解决具有简单边界形状的场问题，如采用Ritz法，以多项式在整个求解场域内逼近二阶偏微分方程的解。60年代以后，以基于积分方程的矩量法和基于微分方程的差分类方法为代表的数值计算兴起，标志着计算电磁学阶段的到来。随着计算机硬件和软件功能的日益强大，以及计算数学形成的成果不断丰富，计算电磁学得到长足发展。经过世界各国学者几十年的研究，电磁计算方法不断改进、计算速度不断提高，并行计算、云计算等技术的应用，使得人们能够研究的电磁结构体越来越庞大、电磁问题越来越复杂。计算电磁学研究领域逐步成为现代电磁理论研究的主流。

计算电磁学基于麦克斯韦方程组，建立逼近实际问题的连续型数学模型，合理地利用理想化或工程化假设，较准确地给出问题的定解条件(初始条件、边界条件)，然后采用相应的数值计算方法，经离散化处理，将连续型数学函数转化为等价的离散型数学模型，应用优化的代数方程组解法，求解出该数学模型的数值解(离散解)，再经过各种后处理，得出场域中任一点处的场强，或任意区域的能量、损耗分布，以及各类电磁参数值等，从而达到理论分析、工程判断或优化设计的目的[1,2]。可以说计算电磁学是建立在电磁场理论基础上的，以高性能计算机技术为工具，运用计算数学方法，专门解决复杂电磁场和微波工程问题的应用科学。

计算电磁学发展走向成熟的重要标志是成熟的数值计算方法越来越多地应用于工程实际问题，商业化通用软件也不断出现。

2.2　工程计算电磁学常用方法概述

2.2.1　微分方程法与积分方程法

从求解方程的形式来看，工程计算电磁学问题的数值求解方法可以分为两大类：一类称为微分方程法，包含有限差分法、有限元法等；另一类称为积分方程法，包含矩量法、直接积分法、等效源法、边界元法等[3,4]。

1964 年，美国加利福尼亚大学学者 Winslow 以矢量位为求解变量，用有限差分法在计算机上解出了二维非线性磁场。1965 年，Winslow 首先将在力学领域使用的有限元法引入电气工程领域。1969 年，加拿大麦吉尔大学学者 Silvester 运用有限元法进行了波导计算。此后关于有限元法的研究变得比较普遍[5,6]，其运用范围由静态场到涡流场再到辐射场、由线性场到非线性场、由各向同性介质到各向异性介质、由工程电磁场到生物电磁场等。

有限元法和有限差分法都是求解边值问题的方法，属于微分方程法。但是对于开域或要求求解连续分布场量的区域，微分方程法就受到限制。1972 年英国卢瑟福实验室的 Trowbridge 等提出了积分方程法的思想，给出了二维、三维场问题的离散形式。积分方程法只需离散源区，不需要考虑边界条件。该方法计算精度高，但是计算量很大。Sinkin 等在积分方程的基础上提出了边界元法。1968 年，Harrington 出版了 *Field Computation by Moment Methods* 一书，详细论述了矩量法，对天线辐射场、散射场、波导场等问题的分析起到了很好的推动作用[7,8]。

随着电磁场数值分析的不断发展，各种新方法不断涌现，各种方法相互融合，出现了一些混合方法。

微分方程法和积分方程法的异同点见表 2.1。

表 2.1　微分方程法和积分方程法的比较

<table>
<tr><th colspan="2"></th><th>微分方程法</th><th>积分方程法</th></tr>
<tr><td colspan="2">共同点</td><td colspan="2">对场问题的处理思想是一致的，即需离散场域，得到数值解</td></tr>
<tr><td rowspan="5">不同点</td><td>离散域</td><td>整个场域</td><td>源区</td></tr>
<tr><td>计算对象</td><td>先求位函数，再求场量</td><td>场量</td></tr>
<tr><td>求解域</td><td>整个场域</td><td>可以是场域中的某个局部区域，
也可以是整个场域</td></tr>
<tr><td>计算复杂度</td><td>较低</td><td>较高</td></tr>
<tr><td>应用范围</td><td>边界形状复杂的场域问题、
非均匀非线性和时变介质问题</td><td>边界简单问题、各向同性均匀介质问题</td></tr>
<tr><td colspan="2">联系</td><td colspan="2">两种方法有机结合，处理较复杂的工程电磁场问题</td></tr>
</table>

2.2.2　时域分析法与频域分析法

时域分析法是对麦克斯韦方程直接按时间离散，通过步进计算获得有关场量的数值解；频域分析法是将时谐的微分或积分方程，通过傅里叶变换得到脉冲响应。

时域分析法需要应对复杂的微分和积分计算，而通过傅里叶变换转换到频域后，变为简单时谐量的叠加，使数学表达简洁、计算简便，并且可从另一个角度体现电磁场中蕴含的信息[9]，因此频域分析法在一段时间内成为主要的电磁场分析方法，发展较为成熟。矩量法(method of moment，MOM)是一种精确的频域积分法，通常用来衡量其他算法的精度[10]。但随着分析对象的尺寸增大，未知量相应变多，直接求解矩阵方程对计算机CPU计算时间和内存的要求有极大的提高。为了克服这个缺点，自适应积分(adaptive integral method，AIM)、稀疏矩阵规则网格(sparse matrix canonical grid，SMCG)和快速多极子(fast multipole method，FMM)等新方法被提出，在一定程度上解决了电大尺寸电磁计算问题。另外，频域有限元(frequency domain finite element，FDFE)法、频域积分方程高阶方法等，也是求解时谐电磁场的重要方法。

但是频域分析法每次计算只能求得一个频率点上的响应，仅适用于窄带电磁问题。随着信息技术的发展，在通信和计算机等领域，超短脉冲或超宽带信号的应用越来越广泛。为了开发设计高品质的宽带系统，需要对系统的宽带特性进行尽可能精细和准确的分析，进而探析其瞬变过程。按采样频点逐一计算的频域分析法计算量巨大，难以满足要求。如果直接采用时域分析法，则可以一次性获得超宽带响应数据，大大提高计算效率。特别是时域分析法还能直接处理非线性介质和时变介质问题，具有很大的优越性。时域分析法使电磁场的理论与计算从处理稳态问题发展到处理瞬态问题，使人们处理电磁现象的范围得到极大扩展。因此，目前时域分析法在雷达成像、微波遥感、移动通信、电磁兼容、集成电路设计等领域备受关注。计算电磁学的时域分析法有很多种，主要包括有限差分时域(finite-difference time-domain，FDTD)法、时域有限元法、时域积分方程(time-domain integral equation，TDIE)法、时域多分辨分析法、传输线模型法等。FDTD法是Yee在1966年提出的基于Yee氏网格单元的一种微分方程方法，在Yee氏网格中直接对时域麦克斯韦旋度方程做差分近似，基本理论比较简单。但是对于三维问题，要采用空间离散，所以未知量数目较多。时域有限元法是一种从时域微分方程出发建立的有限元方法，在空间离散上和频域有限元法没有区别，采用的也是频域有限元法中通用的基函数；在时间变量的离散上，根据所采用的时间基函数的不同，可以采用差分法，也可以采用类似于频域矩量法中的方法。相对于时域微分方程法而言，时域积分方程法的理论公式要复杂一些，但其具有独特的优势：首先，时域积分方程法在物体表面自动满足辐射条件，不需要使用吸收边界条件来截断包含的目标计算区域；其次，时域积分方程法只需进行面剖分，要比基于体剖分的微分方程法未知量少得多，能够节省空间和时间。

2.3 计算电磁学的研究热点

计算电磁学的研究与发展可以分为电磁场分析(正问题)、逆问题求解(含优化设计问题)和电磁场工程三个部分，它们相互衔接，又相互融合和促进。近年来，电磁场工程在以电磁能量或信号的传输、转换过程为核心的强电与弱电领域中显示出重要作用。电磁场工程面对的是复杂的大系统工程问题，其中包含电磁场及相关物理场的耦合问题、优化设计问题和逆问题，通常含有非线性；超高速集成电路的发展，要求进行互联封装结构的电磁特性分析与设计；微波、毫米波集成电路的研制也对电磁特性仿真提出了新的要求。当前，计算电磁学正在接受新的挑战，同时也处于快速发展期[11-16]。以下几个方面是研究的热点。

(1)快速算法研究。对电气元件或系统电磁问题的分析往往需要反复求解高阶代数方程组，有些电磁问题所导出的代数方程组系数矩阵具有较严重的病态性，造成计算复杂度增大、计算准确性差。研究快速、高效的高阶代数方程组求解方法，是计算电场学中的一个重要问题。目前正在探索的方法有共轭梯度法、快速多极子算法、区域分解快速算法等。此外，计算机网络技术的发展为多台计算机的并行计算提供了条件，由此对于代数方程组求解、优化搜索中的方案评价过程、数值算法中的网格优化等中涉及的并行计算方法将会有更大的发展。

(2)全局优化方法研究。电磁逆问题、电磁装置与系统设计均涉及优化问题。工程中的优化问题通常为多目标优化，并含有非线性约束。目前流行的各类确定性优化方法和随机优化方法并未完全解决优化搜索收敛速度过慢和容易陷入局部最优解的问题。探索与复杂电磁分析相结合的全局优化方法仍是计算电磁学面临的任务。

(3)提高复杂电磁场问题的分析能力。对于三维电磁场分析，特别是包含物体运动、电磁与不同物理场(热、力、流体等)相耦合的复杂问题，还具有相当大的难度；对于各向异性、非线性电磁材料在数值计算中的模拟还需要进一步精细化；非线性介质中电磁波的传播、对复杂大尺度物体的电磁场建模与分析仍在探索中。

参 考 文 献

[1] 王秉中. 计算电磁学. 北京: 科学出版社, 2002.

[2] 肖冬萍. 电磁场问题及应用. 国际学术动态, 2008, (6): 7-8.

[3] 周海京, 刘阳, 李瀚宇, 等. 计算电磁学及其在复杂电磁环境数值模拟中的应用和发展趋势. 计算物理, 2014, 31(4): 379-389.

[4] 洪伟. 计算电磁学研究进展. 东南大学学报(自然科学版), 2002, 32(3): 335-339.

[5] 马西奎, 陈振茂, 陈锋, 等. 第七届电磁场问题与应用国际会议(ICEF'2016)综述. 电工技术学报, 2016, 31(22): 1-4.

[6] 沙威. 计算电磁学的新方向——非线性和多物理场分析. 安徽大学学报(自然科学版), 2017, 41(4): 1-2.

[7] Boer A D, Zuijlen A H V, Bijl H. Review of coupling methods for non-matching meshes. Computer Methods in Applied Mechanics and Engineering, 2007, 196(8): 1515-1525.

[8] Stüben K. A review of algebraic multigrid. Journal of Computational and Applied Mathematics, 2001, 128(1-2): 281-309.

[9] 王长清, 祝西里. 电磁场计算中的时域有限差分法. 北京: 北京大学出版社, 1994.

[10] 方静, 汪文秉. 有限元法与矩量法结合分析背腔天线的辐射特性. 微波学报, 2000, 16(2): 139-143, 148.

[11] 谢德馨, 唐任远, 王尔智, 等. 计算电磁学的现状与发展趋势——第 14 届 COMPUMAG 会议综述. 电工技术学报, 2003, 18(5): 1-4.

[12] 谢德馨, 程志光, 杨仕友, 等. 对当前计算电磁学发展的观察与思考——参加 COMPUMAG-2011 会议有感. 电工技术学报, 2013, 28(1): 136-141.

[13] Kim M C, Kim D K, Lee S H, et al. Dynamic characteristics of superparamagnetic iron oxide nanoparticles in a viscous fluid under an external magnetic field. IEEE Transactions on Magnetics, 2006, 42(4): 979-982.

[14] Trowbridge C W. Computing electromagnetic fields for research and industry: Major achievements and future trends. IEEE Transactions on Magnetics, 1996, 32(3): 627-630.

[15] Duarte M F, Eldar Y C. Structured compressed sensing: From theory to applications. IEEE Transactions on Signal Processing, 2011, 59(9): 4053-4085.

[16] 张占龙, 黄丹梅, 魏昱, 等. 劣质绝缘子电场正问题优化算法分析. 重庆大学学报, 2009, 32(11): 1296-1299.

第3章　输变电工程中的典型电磁问题

输变电设备在通电后产生电磁场，在各种电磁规律支配下实现电能传输、存储和转换。可以说产生电磁场是输变电设备的固有特性，缺少了电磁场，输变电设备也就不能正常运行了；周围空间或内部电磁场异常，也可以反映出输变电设备运行异常。另外，输变电设备的电场和磁场还可能对周围的人体和动植物产生影响，或引起电磁兼容、电气安全等问题。

3.1　交流输电线路的电磁环境问题

高压交流输电线路对环境的影响主要包括工频电场、工频磁场、电晕放电造成的无线电干扰和可听噪声等[1,2]。

50Hz 工频电场和工频磁场属于极低频(extremely low frequency，ELF)场。工频交流电的波长达 6000km，输电线路本身的长度远远不足以构成有效的发射天线，不能形成能量辐射。因此，工频电磁场属近区场，主要存在于线路附近的空间中。工频电场和工频磁场对生物体的影响是非电离性的，主要是通过相互作用在生物组织中感应出电压和电流，对生物体造成短时和长期的影响。短时影响是指当人体处于高场强环境中时，出现皮肤、肌肉或末梢神经刺痛感，严重的会感觉呼吸困难、心脏不适，当接触金属导体时甚至会引起火花放电和电击。放电可能使某些灵敏设备(如心脏起搏器)的工作受到干扰，也会引燃易燃物而造成更大的危害。长期影响是指人体、动物和植物长期处于高场强区域出现的反应，如行为表现、血常规、生化指标、脏器等异常变化。1960 年，苏联首次提出工频电磁场暴露有可能危害人体健康的假设，并于 1972 年在大电网会议上发表了关于超高压变电站对工人身体影响的报告，引起了很大轰动。1979 年，一项流行病学研究首次提升了公众对工频磁场暴露与儿童白血病关联性问题的担忧。之后，国际上非常重视关于工频电磁场的长期生物效应的研究，研究方法主要基于流行病学、动物实验和暴露量值统计分析。尽管所得研究结论存在很大的非一致性，但是这一系列研究结果经媒体报道，仍给公众造成了巨大的心理压力，产生了对高压输电线路电磁污染的担忧和恐惧[3]。

此外，随着输电电压等级的提高和传输距离的延长，线路的电晕现象也变得非常严重。当输电导线表面的电场强度超过空气击穿强度时，就会在导线表面出现电晕放电，伴随电离、复合过程产生声、光、热等效应，对周围生活的人群产生生理和心理危害。电晕放电产生高频脉冲电流，对无线电通信、电视信号传输等造成无法忽视的影响[4]。电晕放电产生的电磁噪声与同一声压级的一般环境噪声相比，更令人厌烦。一些发达国家初期建设的几条 500kV 和 765kV 交流线路由于导线表面场强较大，引起了噪声，受到附近居民的抱怨和投诉，只得降压运行，后来更换为大直径的导线。

近年来，人们的环保意识和对生活品质的要求逐渐提高，从而对电力设施电磁防护的要求也越来越高。人们在购买商品房时，十分介意周边是否存在高压输电线或变电站，不愿意居住在其附近。集体妨碍和抵制新建电力设施、上访或进行法律诉讼的事件也时有发生，影响社会安定和谐。来自公众的阻力对变电站、输电线路走廊的选址造成许多困难。

输电电压等级发展到特高压阶段时，电磁环境问题已成为电网发展的主要制约因素。从已有研究来看，除了要满足线路稳定运行和绝缘要求外，杆塔高度的确定、导线几何结构的布置、导线截面的选择等越来越受电磁场限值的约束。特高压输电线路及线路走廊的设计必须满足电磁场限值要求，这不仅涉及线下生态安全的问题，还直接关系到建设成本。

当前，我国高度重视和积极推动以人为本、全面协调可持续的科学发展，明确提出了建设生态文明的重大战略任务，强调要坚持节约资源和保护环境的基本国策，坚持走可持续发展道路。建设资源节约型、环境友好型的高压工程，输电线路电磁环境及其防护措施是必须深入研究的关键问题[5]。

3.2　直流输电线路的电磁问题

交流线路导线上电压的极性周期性变化，上半周期被排斥的带电粒子在下半周期又几乎全部被拉回来，带电粒子只在导线周围来回运动，空间不存在自由移动的带电粒子。直流输电线路的电场特性与交流有所不同，其主要特点是：在正、负极之间，以及导线与地面之间，存在大量的空间电荷。由于直流导线上的电压极性不变，当导线表面电位梯度超过起晕电位梯度时，导线附近的空气被电离，产生的电荷在空间形成两个区域，即电离区和极间区。当直流线路正常运行时，线路电晕处于稳定状态，电晕产生的空间电荷在电场作用下向单一方向流动。直流输电线路周围空间电场是由导线上电荷和空间离子流共同形成的合成电场。离子遇到对地绝缘的物体时，将附着在该物体上产生物体带电现象，可能引起暂态电击。直流输电线路电晕还会产生无线电干扰、可听噪声等，带来线路损耗，比交流线路更为突出[6-9]。

高压直流输电线路合成电场及无线电干扰影响着直流工程的建设成本。Bourgsdorf 等提出高压输电线路导线截面大小、导线对地高度等参数主要由电晕引起的电场、无线电干扰等环境效应决定，而不仅仅是满足传统线路的运行电流或绝缘性能要求。目前的线路建设、设计和运行经验表明，超高压输电线路设计参数的控制条件主要由无线电干扰值决定，特高压输电线路的相导线结构、布置、对地高度、分裂数、塔高等参数主要由电场限制。高压输电线路的电磁场强度等电磁环境限值决定了铁塔的高度、线路走廊宽度等参数，直接影响线路建设成本[10,11]。

3.3　变电站的电磁问题

变电站是一个电磁环境非常复杂的系统，包含强电设备和弱电设备，不仅要考虑强电设备的绝缘和电磁兼容，也要重视弱电设备的电磁兼容问题。一般来说，正常情况下运行中的变电站内会产生强工频电磁场，但是在开关操作、系统发生故障或受到雷击时，会产生幅值很大、频率很高的瞬态电磁场，这些较高幅值的工频电磁场、瞬态电磁场会对变电站内保护与控制设备产生严重干扰。电力系统自动化程度的不断提高和变电站占地面积的限制，使得变电站内二次保护设备下放至开关场内，这会对暴露在开关场复杂电磁环境中的二次设备造成严重干扰。变电站内二次设备的电磁兼容问题日益受到重视[12,13]。从干扰途径来说，一方面，干扰通过电压互感器或电流互感器以传导的形式对二次设备产生干扰；另一方面，空间产生强瞬态电磁场，并通过电磁辐射耦合对保护与控制电缆终端产生干扰。随着电力系统电压等级越来越高，电力系统的电磁干扰越来越严重，同时开关场内复杂的电磁环境由于保护与控制设备等二次设备的下放日益受到重视。因此，变电站电磁干扰问题及二次设备抗干扰问题的研究有着重要的理论意义和实际应用价值。

变电站内经常进行开关操作，开关操作产生的暂态空间电磁场是变电站内最常见的一种电磁干扰[14]。开关操作不仅在一次主回路中产生操作过电压，还会在空间产生很强的瞬态电磁场。当开关合闸时，随着开关两触头距离的不断靠近，开关断口击穿电压不断减小，一旦系统电压大于击穿电压，两触头间会产生燃弧现象。随着合闸动作的继续，系统电压也会发生变化，某一位置电弧熄灭，此时与不带电端相连的触头会积累剩余电荷，开关到达某一位置可能发生重燃。重燃过程中不带电端的触头电位会突变为带电端电位，这时空间中将产生快速瞬变电磁场。

空间电磁场会直接干扰电气设备，与电缆产生耦合，干扰控制回路中的二次设备。有研究表明，变电站内的开关操作，尤其是隔离开关和断路器操作时，有可能导致电力系统故障或者误操作[15]。不同的电磁干扰会对这些二次设备产生不同的影响，因此有必要研究开关操作在空间产生的瞬态电磁场特性，以及这些瞬态电磁场对二次设备的干扰特性。

变电站内的控制小室从一次系统中的电压互感器的二次侧、电流互感器的二次侧、开关等一次设备中获取数据信息，从而对一次设备进行控制。在这个过程中，一次设备中的暂态大电流和高电压会通过传导方式进入控制小室内；同时瞬态电磁场将通过开关场内的电缆耦合到控制小室内，这两种方式均会对终端二次设备产生干扰。

变电站内的一次设备状态信息及主回路中的各种信号都是通过电缆从开关场传到控制小室的，尽管目前变电站内对线路采取多种电磁干扰防护措施，但部分电缆还是暴露在瞬态电磁场中，屏蔽效能有限。了解空间电磁场在非屏蔽电线和屏蔽电缆上的耦合机理，对采取有效防护措施、抑制电磁干扰意义重大。

目前，变电站内对电磁干扰的防护措施主要包括屏蔽、滤波和接地。在实际工程应用中，变电站的建设过程中通过将电缆放入有钢筋网屏蔽的电缆沟内来抑制空间电磁场的干扰。自从保护与控制设备下放至开关场以来，变电站内的电磁环境变得更加恶劣，仅仅通过屏蔽来抑制干扰已很难解决问题，因此如何加强二次设备的抗干扰能力一直是电力研究人员所关心的问题[16]。另外，开关操作产生的瞬态干扰中高频成分居多，会对微机控制设备产生很大的影响。研究这些装置的抗干扰问题对改善电路结构和设计合理的屏蔽方案十分重要。

由于变电站内设备的多样性和复杂性，对其产生的工频电场进行预测有相当大的难度。目前国内外以试验和测量为主进行定量分析。然而变电站内工频电场受到其站内设备的空间辐射、电网谐波、雷电波的侵入、天气等因素影响，对变电站内工频电场强度的准确测量有一定的困难，因此数值计算方法成为研究其电场强度分布的重要方法[17]。

3.4　高压电气设备绝缘及优化设计问题

随着电气设备容量和电压等级的逐步提升，电气设备主绝缘结构成为影响其安全稳定运行的主要因素，而电气设备的使用寿命也主要取决于设备内部绝缘材料的性能。绝缘材料的电气性能主要是指在电场作用下的导电性能、介电性能和绝缘强度。电气设备绝缘结构与其内部电场特性有着密切的关系，主要包括电场分布、场强大小、电场的畸变和集中等。电气设备绝缘介质在足够强的电场作用下会在局部范围内发生放电。这种放电仅会造成导体间的绝缘局部短接而不形成导电通道。每一次局部放电对绝缘介质都会有一些影响，轻微的局部放电对电气设备绝缘的影响较小，绝缘强度的下降较慢；而强烈的局部放电，则会使绝缘强度很快下降，这是使高压电气设备绝缘损坏的一个重要原因[18,19]。因此，需要对高压电气设备内部电磁场分布进行分析，发现薄弱环节，进而优化设计。

目前关注较多的高压电气设备包括下面几种。

1)绝缘子

绝缘子在输电线路中起着电气绝缘和机械连接的作用，运行时绝缘子长期承受电压的作用，绝缘子表面及其附近区域的电场和电位分布对绝缘子安全运行有着重要的影响，过大电场导致的局部放电对材料，尤其是高分子材料有破坏作用，从而降低其绝缘性能。因此，对绝缘子的电场进行分析非常重要。

出于提升表面憎水性、防污闪性能、机械强度等不同目的，不同结构复合材料的绝缘子不断被提出，其沿面电场分布往往呈现出显著的不均匀性特点。需要对新型绝缘子和均压环的表面电场分布进行精细化计算，为其结构尺寸优化设计、材料参数选择等提供科学依据。同时还要关注染污、覆冰等状况下的绝缘子局部电场畸变，研究影响因素，为提高电网外绝缘水平提供借鉴和参考。

2)高压套管

高压套管在高压输变电线路中有着广泛的应用，是将载流导体引入或引出到变压器、电容器、断路器或其他电气设备的金属箱壳内或母线穿过墙壁时的引线绝缘。高压套管是一种典型的插入式结构，一个电极穿过另一个电极内部，在介质表面容易产生很大的电场垂直分量，导致介质表面产生滑闪和闪络。同时，由于法兰和导电杆部位的场强很集中，该部位的绝缘介质容易被击穿。为了适应工作电压的提高，必须改善法兰和导电杆附近的电场[20,21]。

变压器套管作为变压器配套的关键部件，对高压套管进行绝缘电场数值分析和电场参数的确定，也是目前研究的关键内容之一。

3)开关柜

金属封闭开关柜的主要绝缘件通常包括触头盒、套管、支柱绝缘子、绝缘隔板等，这些绝缘件对其绝缘性能具有重要影响。开关柜母线室几乎囊括以上所有绝缘件。因此，分析母线室内的电场分布对于提高开关柜的整体绝缘性能十分关键。实际的开关柜产品具有内部结构复杂、零件尺寸差异大、场域边界复杂等特殊性，使得三维电场的有限元剖分和分析求解相对困难。如果直接采用自由剖分，通常得到的剖分网格质量差、计算精度不高，或者由于单元数过多而导致计算机内存溢出、剖分失败。

此外，电气设备的工作场景复杂，往往涉及绝缘与放电中的电、热、力、化学等多物理场耦合过程，还涉及电磁场、放电等离子体等复杂现象与材料的相互作用[22-24]。

参 考 文 献

[1] 张业茂, 张建功, 邬雄, 等. 特高压试验示范工程输电线路无线电干扰长期测试数据的统计分析. 高电压技术, 2015, 41(11): 3708-3714.

[2] 肖冬萍, 刘淮通, 姜克儒, 等. 多回交叉跨越架空输电线下工频磁场计算方法. 中国电机工程学报, 2016, 36(15): 4127-4134.

[3] 肖冬萍, 姜克儒, 张占龙, 等. 工频电磁环境条件约束下的超/特高压输电线路结构布局寻优方法. 中国电机工程学报, 2015, 35(9): 2333-2341.

[4] 许杨, 张小青, 杨大晟. 高压输电线路工频电磁环境. 电力学报, 2007, 22(1): 9-14.

[5] 覃琴, 郭强, 周勤勇, 等. 国网“十三五”规划电网面临的安全稳定问题及对策. 中国电力, 2015, 48(1): 25-32.

[6] 吴李群. 高压直流输电工程电磁环境研究. 中国新通信, 2019, 21(17): 238.

[7] 蒋兴良, 李源军. 相对湿度及雾水电导率对直流输电线路电晕特性的影响. 电网技术, 2014, 38(3): 576-582.

[8] 谢莉, 赵录兴, 陆家榆, 等. 有限长高压直流输电线路无线电干扰电磁场的计算方法研究. 电工技术学报, 2016, 31(1): 96-102.

[9] 邓军, 肖遥, 楚金伟, 等. 云南—广东±800kV 特高压直流线路无线电干扰仿真计算与测试分析. 高电压技术, 2013, 39(3): 597-604.

[10] 姚新昱. 特高压直流输电线路电磁环境及其影响因素研究. 内燃机与配件, 2018, (1): 228-231.

[11] 陈聪. ±500kV 高压直流输电线路电磁环境影响评估. 机电工程技术, 2016, 45(4): 120-125.

[12] 施东风, 孙沙青, 王冲, 等. 不同布置方式220kV变电所对周围环境的电磁辐射分布. 环境监测管理与技术, 2007, 19(2): 44-46, 51.

[13] 孙涛, 万保权. 500kV 变电站电磁环境参数测量. 高电压技术, 2006, 32(6): 51-55.

[14] 万保权, 邬雄, 杨毅波, 等. 750kV 变电站母线电磁环境参数的试验研究. 高电压技术, 2006, 32(3): 57-59, 71.

[15] 周颖, 吴剑, 刘寅. 1000kV 特高压变电站周围电磁环境影响分析. 环境与发展, 2017, 29(10): 166, 169.

[16] 刘爱华, 周孟璇. 变电站二次系统电磁干扰与预防. 电子测试, 2017, (19): 82, 86.

[17] 张占龙, 邓军, 许焱, 等. 变电站关键设备工频电场计算的预条件处理 GMRES(m)边界元法. 重庆大学学报, 2010, 33(1): 78-82, 93.

[18] 孟龙成, 卯寒, 王乾龙, 等. 基于电磁场检测技术的绝缘材料老化测试方法研究及应用. 电工技术, 2019, (18): 129-130, 141.

[19] 巩学海, 何金良. 变电所二次系统电磁兼容抗扰度指标分析. 高电压技术, 2008, (11): 2412-2416.

[20] 蔡强. 高压电气设备静态与高频电场计算的研究[硕士学位论文]. 沈阳: 沈阳工业大学, 2011.

[21] 刘晓明, 赵云学, 温吉斌. 超高压断路器出线套管电场数值计算与绝缘分析. 沈阳工业大学学报, 2008, 30(1): 28-31, 54.

[22] 张建功, 赵军, 谢鹏康, 等. VFTO 作用下电子式电流互感器二次端口电磁特性仿真分析. 电工技术学报, 2015, 30(S2): 88-94.

[23] 李世峰, 张茂永, 李道川, 等. 高压开关柜局部放电传输及外部干扰特性研究. 高压电器, 2019, 55(8): 86-95.

[24] Li C, He J, Hu J, et al. Switching transient of 1000-kV UHV system considering detailed substation structure. IEEE Transactions on Power Delivery, 2012, 27(1): 112-122.

第二篇　输变电工程中的电磁场正问题分析方法及应用

第4章　高压交流输电线路空间电场与磁场分析

4.1　高压交流输电线路空间电场分析

目前，国内外学者对架空输电线路周围空间电磁场的研究逐渐深入，从选取线路弧垂最低点高度或线路平均高度作为输电线路高度的二维数学模型，到精细建立考虑弧垂、输电线路不等高悬挂等因素的三维数学模型。交流输电线路电场计算方法有电镜像法、数值积分法、有限元法、马克特-门格尔法、模拟电荷法等，其中模拟电荷法使用最为广泛。

4.1.1　模拟电荷法基本原理

模拟电荷法是以镜像法为基础的一种静电场数值计算方法。镜像法是以虚拟的点电荷或者线电荷来等效不均匀分布电荷所产生的电场分布。原理如图 4.1 所示，即用位于待求场域之外的假想电荷 q' 来等效替代导体表面或者介质分界面上的感应电荷或者极化电荷对电场分布的影响，进而将边值问题转化为无界空间的问题。

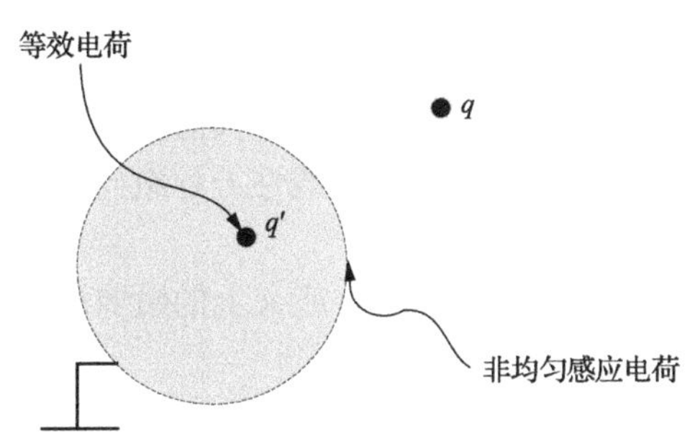

图 4.1　模拟电荷示意图

模拟电荷法是采用一组在场域外有限数量的假想电荷来等效替代模拟电极表面上连续分布以及介质分界面上的束缚电荷，然后基于叠加原理，结合下列公式来计算场域中任意一点的场强或电位。

某个孤立电荷 q 在空间内任意一点 A 产生的电位为

$$\varphi_A = \frac{q}{4\pi\varepsilon R} \tag{4.1}$$

式中，R 为电荷几何中心与 A 点之间的距离。

由式(4.1)可知，当 R 一定时，φ_A 与电荷带电量 q 成正比，即

$$\varphi_A=\lambda q \tag{4.2}$$

式中，λ 为电荷 q 对 A 点的电位系数，它的大小取决于电荷 q 的形状、电荷与作用点之间的几何距离以及场域的介电常数。

根据电磁场的基本原理可知，任意一点的电场强度为该处电位梯度的负值：

$$\boldsymbol{E}_A=-\nabla\varphi=-\nabla(\lambda q)=-(\nabla\lambda)q=\boldsymbol{b}q \tag{4.3}$$

式中，$\boldsymbol{b}=-\nabla k$ 定义为电场强度系数，是一个矢量。类似于电位系数，电场强度系数也是由电荷的形状、电荷与作用点的几何距离以及场域的介电常数决定的。

对于场域外 n 个模拟电荷组成的电荷系统，根据叠加原理，可计算出这 n 个电荷在空间上任意一点 A 产生的合电位 φ_A 和合电场 $\boldsymbol{E}_A$：

$$\begin{aligned}\varphi_A&=\lambda_1q_1+\lambda_2q_2+\cdots+\lambda_nq_n=\sum_{i=1}^{n}\lambda_iq_i\\ \boldsymbol{E}_A&=\boldsymbol{b}_1q_1+\boldsymbol{b}_2q_2+\cdots+\boldsymbol{b}_nq_n=\sum_{i=1}^{n}\boldsymbol{b}_iq_i\end{aligned} \tag{4.4}$$

式中，λ_i 和 $\boldsymbol{b}_i$ 分别为第 i 个模拟电荷(i=1, 2,⋯, n)在 A 点的电位系数和电场强度系数。

等效主要是根据场域的边界条件来定义的，即模拟电荷在原场域边界所形成的电场按照要求必须符合既定的边界条件。假如在计算的场域外设置 n 个离散的模拟电荷来等效替代这些未知的电荷，基于替代前后边界条件不变的原则，待求解问题便转化为求解含 n 个未知数的 n 个线性方程组问题。模拟电荷法的关键在于确定和寻找相应的模拟电荷。

从本质上来看，模拟电荷法可以看作广义上的镜像法，但是在数值处理和实际工程问题的处理上却优于镜像法。

4.1.2 架空输电线路三维数学模型

1)等高悬挂输电线路悬链线方程

在工程实际中，导线的截面尺寸远小于架空输电线路档距。因为输电导线为刚性较小的绞合线，所以设置如下假设条件：

(1)输电导线无弯矩作用，仅受到轴向拉力；

(2)输电导线承受的荷载均匀分布，且方向一致。

基于上述假设条件，当线路两悬挂点距地高度均为 H 时，导线以悬链线形态分布于两基杆塔间。档距中央为弧垂 s 的最低点。架空输电导线示意图如图 4.2 所示，设输电线路纵向为 x 轴方向、横向为 y 轴方向，与地面垂直方向为 z 轴方向。

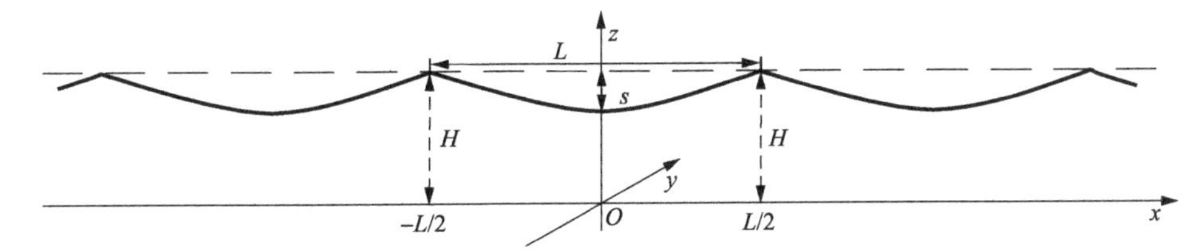

图 4.2　架空输电导线示意图

输电线路悬链线方程为[1]

$$z=\frac{\sigma_0}{\gamma}\left[\cosh\frac{\gamma(x-kL)}{\sigma_0}-\cosh\frac{\gamma L}{2\sigma_0}\right]+H,\ \ -L/2\leqslant x-kL\leqslant L/2 \tag{4.5}$$

式中，σ_0 为导线水平应力；γ 为导线比载；L 为档距；k 为整数。

此时，输电线路弧垂为

$$s=\frac{\sigma_0}{\gamma}\left(\cosh\frac{\gamma L}{2\sigma_0}-1\right) \tag{4.6}$$

由式(4.6)可知，线路弧垂受导线机械物理特性、输电线路档距和气象条件的共同影响。

2) 不等高悬挂输电线路悬链线方程

在输电线路的规划与建设过程中，需同时满足缩减长度与降低投资的双重要求，因此输电线路通常处于两悬挂点不等高的运行状态。为使本书的方法具有普遍适用性，对之前建立的输电线路两悬挂点等高的三维数学模型进行修正，设置输电线路不等高悬挂三维数学模型的坐标原点 O 位于导线弧垂最低点正下方的地面处，导线最低点距地高度为 H，线路档距为 L，A、B 为两不等高悬挂点，A 点距地高度为 z_A，B 点距地高度为 z_B，A、B 两点高度差为 h，建立如图 4.3 所示的输电线路不等高悬挂数学模型，得到输电线路悬链线方程为[2]

$$z=\frac{\sigma_0}{\gamma}\left(\cosh\frac{\gamma x}{\sigma_0}-1\right)+H \tag{4.7}$$

在输电线路一个档距范围内，当 $x=l_{OA}$ 时，$z=z_A$；当 $x=l_{OB}$ 时，$z=z_B$。将输电线边界条件分别代入式(4.7)可得

$$\begin{cases} z_A=\dfrac{\sigma_0}{\gamma}\left(\cosh\dfrac{\gamma l_{OA}}{\sigma_0}-1\right)+H \\ z_B=\dfrac{\sigma_0}{\gamma}\left(\cosh\dfrac{\gamma l_{OB}}{\sigma_0}-1\right)+H \end{cases} \tag{4.8}$$

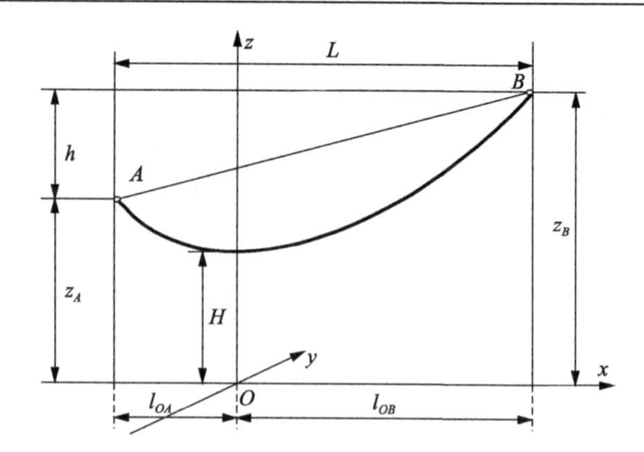

图 4.3　输电线路不等高悬挂示意图

将式(4.8)中两式相减可得

$$z_B - z_A = \frac{\sigma_0}{\gamma}\left(\cosh\frac{\gamma l_{OB}}{\sigma_0} - \cosh\frac{\gamma l_{OA}}{\sigma_0}\right) = h \tag{4.9}$$

根据 $\cosh x - \cosh y = 2\sinh\frac{x+y}{2}\sinh\frac{x-y}{2}$，则有

$$\frac{\sigma_0}{\gamma}\cdot 2\sinh\frac{\gamma(l_{OB}+l_{OA})}{2\sigma_0}\sinh\frac{\gamma(l_{OB}-l_{OA})}{2\sigma_0} = h \tag{4.10}$$

由 $l_{OA}+l_{OB}=L$，移项变换可得

$$l_{OB} - l_{OA} = \frac{2\sigma_0}{\gamma}\cdot \operatorname{arsinh}\left[\frac{h\gamma}{2\sigma_0}\operatorname{arsinh}\left(\frac{\gamma L}{2\sigma_0}\right)\right] \tag{4.11}$$

进一步推导可得

$$\begin{cases} l_{OA} = \dfrac{L - \dfrac{2\sigma_0}{\gamma}\cdot \operatorname{arsinh}\left[\dfrac{h\gamma}{2\sigma_0}\operatorname{arsinh}\left(\dfrac{\gamma L}{2\sigma_0}\right)\right]}{2} \\ l_{OB} = \dfrac{L + \dfrac{2\sigma_0}{\gamma}\cdot \operatorname{arsinh}\left[\dfrac{h\gamma}{2\sigma_0}\operatorname{arsinh}\left(\dfrac{\gamma L}{2\sigma_0}\right)\right]}{2} \end{cases} \tag{4.12}$$

由式(4.12)可知，当输电线路等高悬挂时，$h=0$，$l_{OA}=l_{OB}=L/2$，即线路最低点位于线路档距中央。因此，该输电线路不等高悬挂悬链线方程对描述任意形态的输电线路具有普遍适用性。

4.1.3　架空输电线路电压-电场三维计算模型

1) 并行线路

高压输电线路采用分裂导线形式，如图 4.4 所示。由于分裂导线尺寸与线路架设高度相比可忽略不计，近似认为等效电荷处于分裂导线的几何中心。

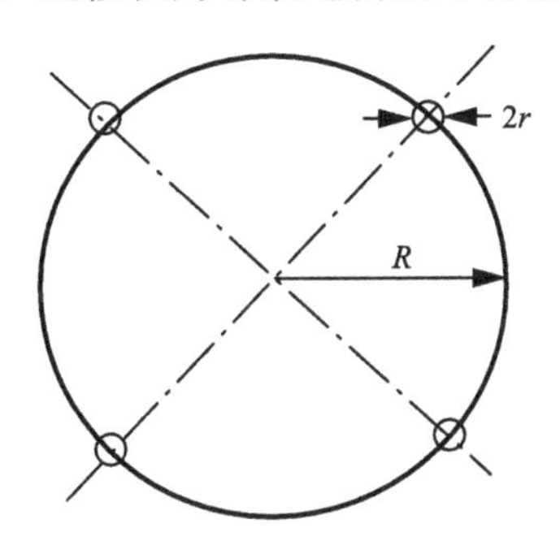

图 4.4　导线等效半径计算图

设分裂子导线均匀地分布于圆周上，导线的等效半径为

$$R_{\mathrm{eq}} = \sqrt[g]{grR^{g-1}} \tag{4.13}$$

式中，g 为分裂线根数；r 为子导线半径；R 为分裂导线圆半径。

设地面为无穷大且电位为零的良导体，利用镜像法计算输电导线上的等效电荷，可得多导线线路中线路电压 $\boldsymbol{U}$ 与模拟线电荷密度 $\boldsymbol{\tau}$ 间的数学关系式为[3]

$$\begin{bmatrix} U_1 \\ \vdots \\ U_1 \\ U_2 \\ \vdots \\ U_N \end{bmatrix} = \begin{bmatrix} \lambda_{1(1)} & \lambda_{1(2)} & \cdots & \lambda_{1(NIM)} \\ \lambda_{2(1)} & \lambda_{2(2)} & \cdots & \lambda_{2(NIM)} \\ \vdots & \vdots & & \vdots \\ \lambda_{NIM(1)} & \lambda_{NIM(2)} & \cdots & \lambda_{NIM(NIM)} \end{bmatrix} \begin{bmatrix} \tau_{1(1)} \\ \vdots \\ \tau_{1(IM)} \\ \tau_{2(1)} \\ \vdots \\ \tau_{N(IM)} \end{bmatrix} \tag{4.14}$$

式中，N 为输电线路相数；I 为档距数；M 为一个档距内输电线路分段数；$\lambda_{n(m)}$ 为电位系数，可通过镜像原理计算得到：

$$\lambda_{n(m)} = \frac{1}{4\pi\varepsilon_0}\int_{l_n}\left(\frac{1}{r_{nm}} - \frac{1}{r'_{nm}}\right)\mathrm{d}l_n \tag{4.15}$$

式中，ε_0 为空气介电常数；l_n 为第 n 段输电线路径(图 4.3)，其数学模型由前面内容可得；r_{nm}和r'_{nm}分别是第n段线电荷与第m段线电荷之间的距离、第n段镜像线电荷与第m段镜像线电荷之间的距离：

$$
\begin{aligned}
r_{nm} &= \begin{cases} \sqrt{\left(x-x_m\right)^2+\left(z-z_m+R_{\text{eq}}\right)^2}, & n=m \\ \sqrt{\left(x-x_m\right)^2+\left(y-y_m\right)^2+\left(z-z_m\right)^2}, & n\neq m \end{cases} \\
r'_{nm} &= \begin{cases} \sqrt{\left(x-x_m\right)^2+\left(z+z_m-R_{\text{eq}}\right)^2}, & n=m \\ \sqrt{\left(x-x_m\right)^2+\left(y-y_m\right)^2+\left(z+z_m\right)^2}, & n\neq m \end{cases}
\end{aligned} \tag{4.16}
$$

式中，(x_m, y_m, z_m)是第m段线电荷的中心坐标位置。

在输电线路下方空间设置K个电场测量点，可得各测量点处电场强度分量$\boldsymbol{E}$与模拟线电荷密度$\boldsymbol{\tau}$之间的数学关系式为

$$
\begin{bmatrix} E_1 \\ E_2 \\ \vdots \\ E_K \end{bmatrix} = \begin{bmatrix} b_{1(1)} & b_{1(2)} & \cdots & b_{1(NIM)} \\ b_{2(1)} & b_{2(2)} & \cdots & b_{2(NIM)} \\ \vdots & \vdots & & \vdots \\ b_{K(1)} & b_{K(2)} & \cdots & b_{K(NIM)} \end{bmatrix} \begin{bmatrix} \tau_{1(1)} \\ \vdots \\ \tau_{1(IM)} \\ \tau_{2(1)} \\ \vdots \\ \tau_{N(IM)} \end{bmatrix} \tag{4.17}
$$

式中，$b_{k(m)}$为场强系数，当电场强度分别取E_x、E_y、E_z三个方向分量时，对应的场强系数计算表达式为

$$
b_{k(m)} = \begin{cases} \dfrac{L}{4\pi\varepsilon_0 M}\left(x-x_m\right)\cosh\dfrac{ax_m}{L}\left(\dfrac{1}{d_{k(m)}^3}-\dfrac{1}{d_{k(m)}'^3}\right), & \text{求}E_x\text{分量} \\ \dfrac{L}{4\pi\varepsilon_0 M}\left(y-y_m\right)\cosh\dfrac{ax_m}{L}\left(\dfrac{1}{d_{k(m)}^3}-\dfrac{1}{d_{k(m)}'^3}\right), & \text{求}E_y\text{分量} \\ \dfrac{L}{4\pi\varepsilon_0 M}\cosh\dfrac{ax_m}{L}\left(\dfrac{z-z_m}{d_{k(m)}^3}-\dfrac{z+z_m}{d_{k(m)}'^3}\right), & \text{求}E_z\text{分量} \end{cases} \tag{4.18}
$$

式中，$d_{k(m)}$和$d'_{k(m)}$分别是第m段线电荷与测量点k之间的距离、第m段镜像线电荷与测量点k之间的距离。

2) 交错线路

图 4.5 为两交错线路坐标设置示意图，将 ℓ_1 回线路置于 xyz 坐标系内，将 ℓ_2 回线路置于 uvw 坐标系内。x-y 平面和 u-v 平面均为地面，z 轴与 w 轴同向，x 轴与 u 轴正向的夹角为 θ。两个坐标系的坐标原点 O 和 O' 分别置于线路最接近的两个档距弧垂最低点在地面的投影处。

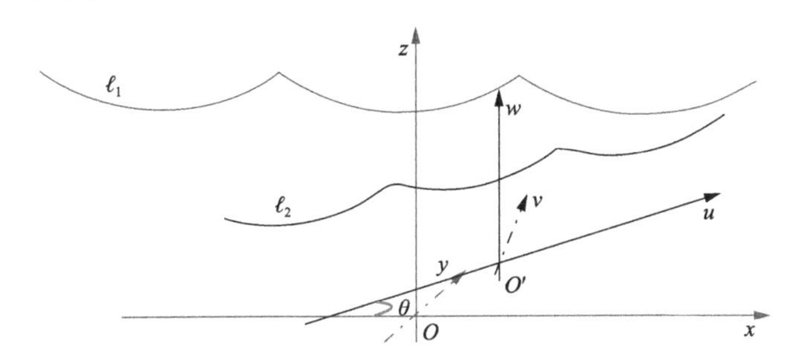

图 4.5　两交错线路的坐标设置

下面阐述 ℓ_2 回线路所形成的电场在 xyz 坐标系中的表达。计算步骤如下：

(1) 将 uvw 坐标系的坐标原点 O' 转换为 xyz 坐标系中对应的 (x_O, y_O, z_O)：

$$\begin{cases} x_O = d_x - d_u \cos\theta \\ y_O = -d_u \sin\theta \\ z_O = 0 \end{cases} \tag{4.19}$$

(2) 将 xyz 坐标系中的场点 (x, y, z) 映射到 uvw 坐标系中变为 (u, v, w)：

$$\begin{cases} u = \dfrac{x - x_O}{\cos\alpha}\cos\beta \\ v = \dfrac{y - y_O}{\sin\alpha}\sin\beta \\ w = z - z_O \end{cases} \tag{4.20}$$

式中各变量的含义如图 4.6 所示。

(3) 采用 4.1.3 节所述方法求解 ℓ_2 回线路在 uvw 坐标系形成的电场 $\boldsymbol{E}(u, v, w)$；

(4) 将 $\boldsymbol{E}(u, v, w)$ 变换为 $\boldsymbol{E}(x, y, z)$。

4.1.4　算例分析[4]

1) 单回 500kV 与单回 220kV 架空输电线路交叉跨越

图 4.7 分别为 ℓ_1 回和 ℓ_2 回线路在杆塔位置的几何结构参数。其中，ℓ_1 回线路运行电压 500kV，相导线 4×LGJ-400/50，子导线外径 13.82mm，分裂圆半径

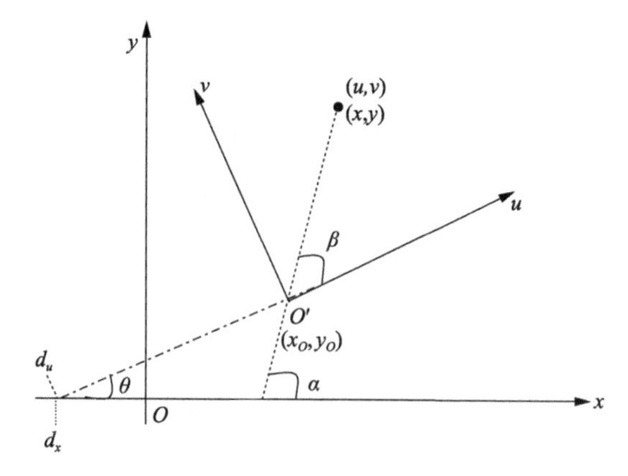

图 4.6　坐标变换

(a) 500kV　　(b) 220kV

图 4.7　杆塔几何结构

0.54m，档距 400m；ℓ_2 回线路运行电压 220kV，相导线 2×LGJ-400/35，子导线外径 13.41mm，分裂圆半径 0.35m，档距 300m。以年平均气温、无风、无冰为计算的气象条件。

图 4.8(a)、(b)分别为线路三维示意图和俯视图，以 500kV 线路的轴向为 x 方向。线路下方离地 1.5m 空间的电场分布如图 4.9 所示。

由图 4.7～图 4.9(a)、(b)可看出，沿输电线轴向，电场强度是变化的，其中在档距中央位置(即弧垂最低处)场强最大，杆塔位置场强最小(因为导线离地高度最大)；对于三角形排列和平行排列的三相输电线，沿其横向电场呈马鞍形分布，最大场强出现在两边相外侧附近。

由图 4.8 和图 4.9(c)可看出，两路输电线所产生的工频电场在其交错区域叠加，使得电场的强度和空间分布发生畸变。图 4.10 所示 x=−400～400m、y=20m

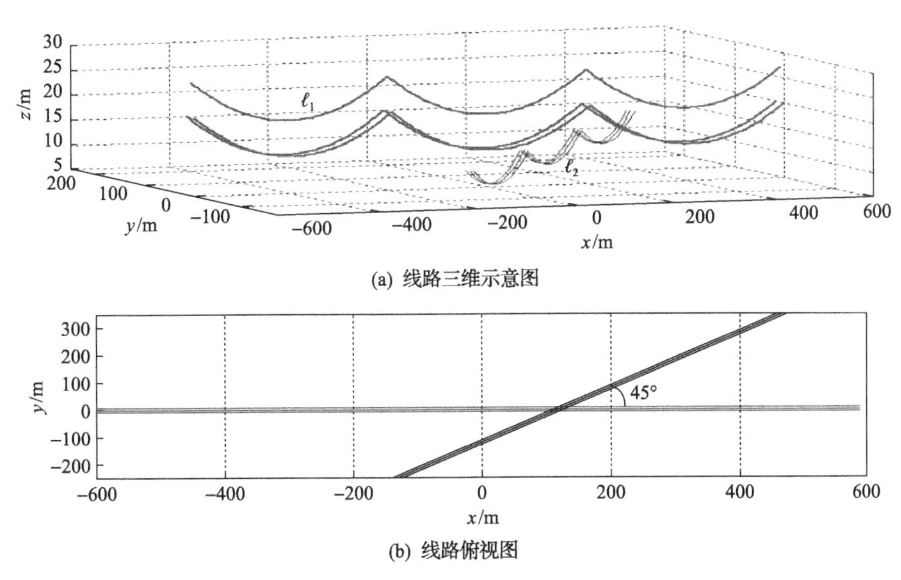

(a) 线路三维示意图

(b) 线路俯视图

图 4.8　线路空间位置示意图

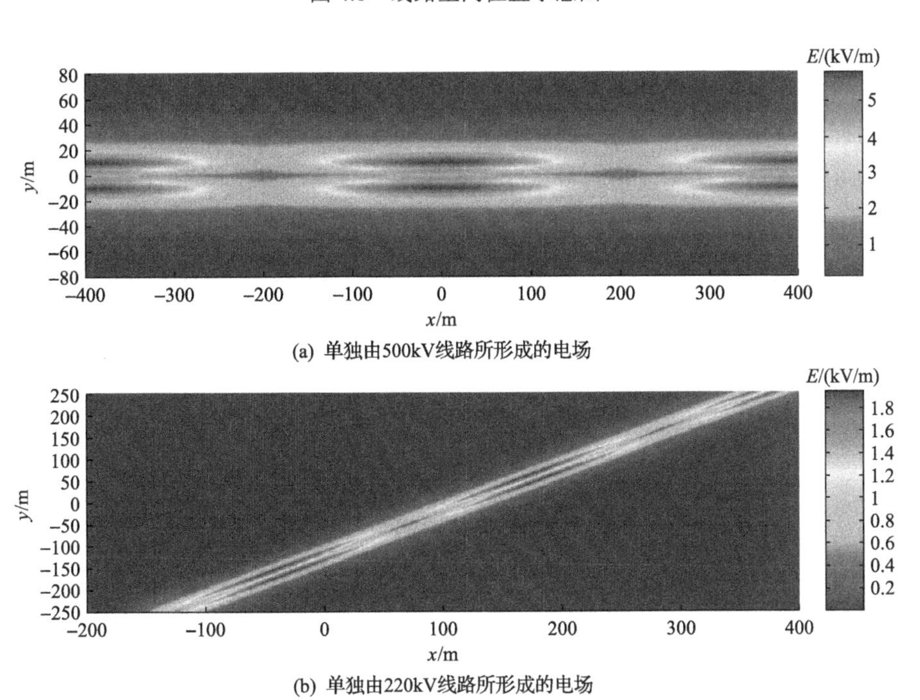

(a) 单独由500kV线路所形成的电场

(b) 单独由220kV线路所形成的电场

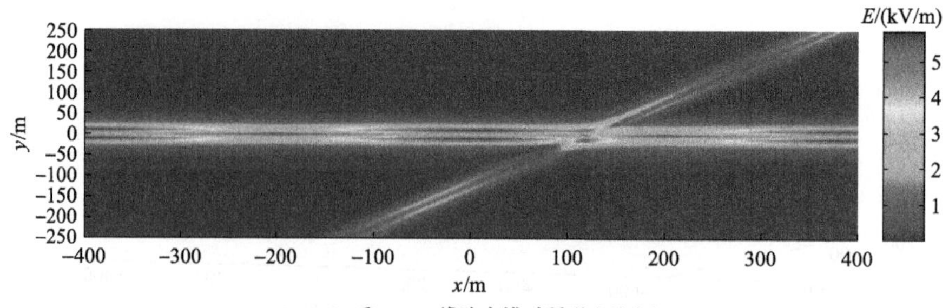

(c) 500kV和220kV线路交错时所形成的电场

图 4.9　线路下方离地 1.5m 空间电场分布

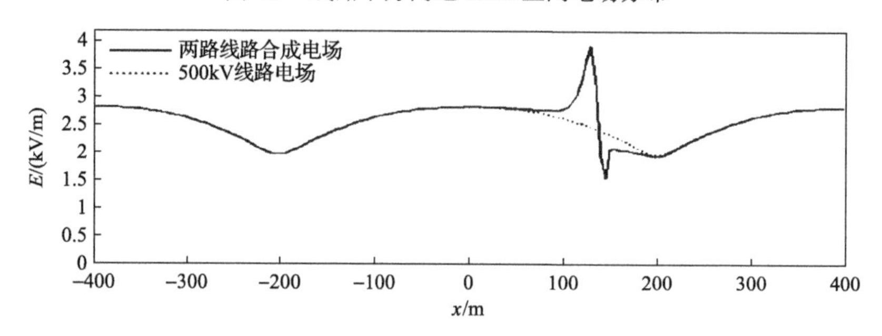

图 4.10　一路输电线和两路输电线的电场比较

时电场的分布曲线可更清晰地说明这一点。在 x=60～120m 的范围内，合成电场比单独由 500kV 线路所形成的电场强度大，峰值处高出 1kV/m；在 x=120～200m 的范围内，合成电场的电场强度小于 500kV 线路的电场强度；其他区域由于两路输电线距离较远，相互影响较小。

将两路输电线的夹角分别设置为 0°、18°、45°和 90°，观察 y=20m 时电场的轴向分布，如图 4.11 所示。

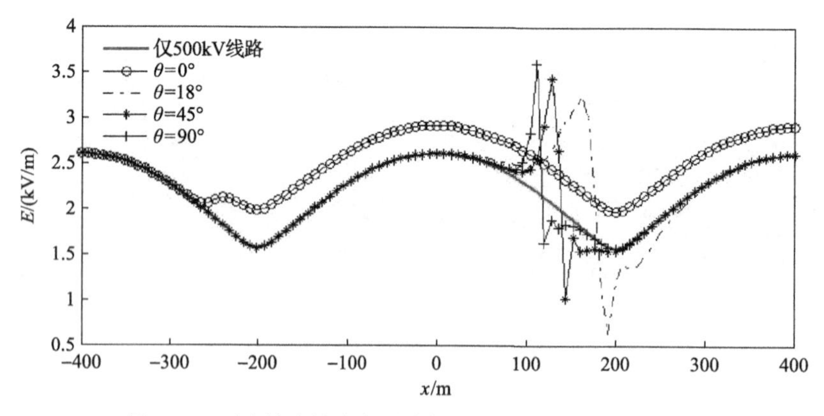

图 4.11　两路输电线夹角对电场的影响(y=20m，z=1.5m)

以 500kV 输电线所形成的电场作为比较标准，可以看出，两路输电线的夹角越小，其电场的叠加作用所影响的区域越宽；夹角越大，在局部区域所形成的电场峰值越大。还需指出的是，尽管 θ=0°时两路输电线并行，但是由于各自的档距不同，所以其合成电场也不像图 4.9(a)、(b)所示以某档距为周期变化。

从本书建立的计算模型可以看出，三相输电线排列方式、分裂导线结构、档距长度、多路输电线相对空间位置等均会影响线下的工频电场，在此不再逐一比较分析。

2)同塔双回 500kV 与两回 220kV 架空输电线路交叉跨越

下面分析一个更为复杂的线路布局情况。图 4.12 和图 4.13 分别显示的是同塔双回 500kV 线路 ℓ_1 与两回 220kV 线路 ℓ_2 和 ℓ_3 交错示意图及线下电场分布。其中，500kV 线路分裂导线的设置与前面算例相同，双回采用 *ABC-C'B'A'* 的逆序排列方式；两回 220kV 线路结构均与前面算例相同。

对比图 4.12 和图 4.13 可以看出，本书提出的计算模型能够较准确地反映多路架空输电线交错区域的电场分布。

由于沿用了模拟电荷法的基本思想，采用数值求解方法计算各路输电线所形成的电场，然后通过坐标变换实现合成电场的叠加，因此即使对于复杂线路结构，本书方法也具备良好的计算速度和效率。

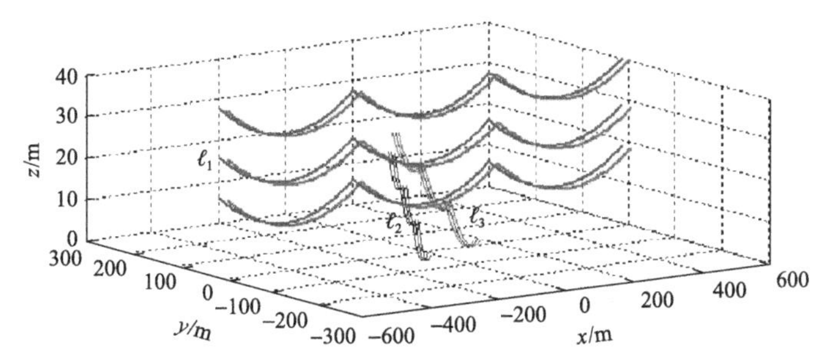

(a) 同塔双回500kV线路与两回220kV线路交错示意图

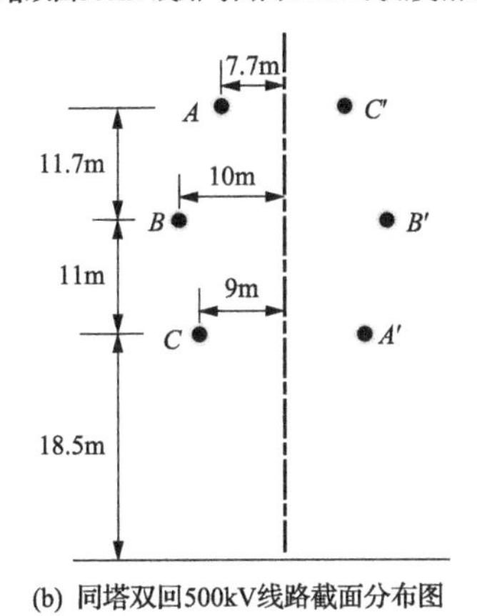

(b) 同塔双回500kV线路截面分布图

图 4.12　同塔双回 500kV 线路与两回 220kV 线路交错示意图

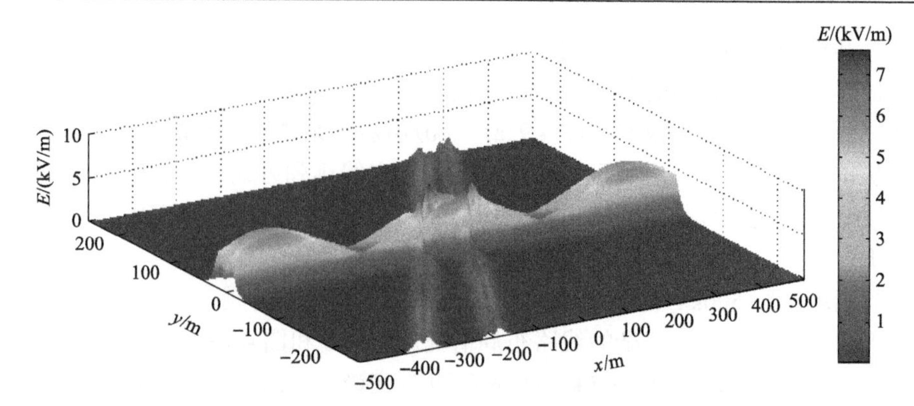

图 4.13　500kV 同塔双回与两回 220kV 线路交错时离地 1.5m 空间电场分布

4.2　高压交流输电线路空间磁场分析

4.2.1　架空输电线路电流-磁场三维数学模型

交流架空输电线路下方磁场微弱，远远小于 100μT，没有超出磁场安全限值的危险。因此，磁场通常作为电磁环境中被忽视的物理量，缺乏系统全面的研究。本书构建计及弧垂的输电线路磁场-电流三维数学模型，基于输电线路悬链线方程，根据毕奥-萨伐尔定律，对输电线路弯曲路径进行积分，推导出交流架空输电线路在其周围空间产生的三维工频磁场求解表达式。

在实际环境中，考虑地面与输电导线存在的涡流效应对计算的影响，基于毕奥-萨伐尔定律，得到第 n 相输电线上位于 (x_n, y_n, z_n) 的电流元 $I\mathrm{d}l_n$ 及其镜像 $I\mathrm{d}l_n'$ 在空间任意点 $P(x, y, z)$ 产生的磁场为

$$\mathrm{d}\boldsymbol{B}_n = \frac{\mu_0 I_n}{4\pi}\left(\frac{\mathrm{d}\boldsymbol{l}_n \times \boldsymbol{r}_0}{r_n^3} - \frac{\mathrm{d}\boldsymbol{l}_n' \times \boldsymbol{r}_0'}{r_n'^3}\right) \tag{4.21}$$

式中，μ_0 为空气磁导率；I_n 为第 n 相输电线电流；r_n、r_n' 分别为源点及其镜像到观测点的距离，可由式(4.22)计算得到。

$$\begin{cases} r_n = \sqrt{(x-x_n)^2 + (y-y_n)^2 + (z-z_n)^2} \\ r_n' = \sqrt{(x-x_n)^2 + (y-y_n)^2 + (z+z_n+\alpha)^2} \end{cases} \tag{4.22}$$

式中，$\alpha = \sqrt{2}\delta \mathrm{e}^{-\mathrm{j}\pi/4}$ 为大地镜像电流的深度，其中 $\delta = 503\sqrt{\rho/f}$ ，ρ 为大地电阻率，f 为电流频率。

由于土壤电阻率随土壤成分的改变而发生较大变化，在对应土壤电阻率取值

下，输电线路镜像导线的深度可达地面以下几百米。相较于地面高度几十米的输电线路，可忽略镜像导线对地上磁场的影响，得到空间磁场与导线电流的关系为

$$\boldsymbol{B}_n = \frac{\mu_0}{4\pi}\int_{l_n} \frac{I_n \mathrm{d}\boldsymbol{l}_n \times \boldsymbol{r}_n}{r_n^3} \tag{4.23}$$

式中，l_n 为第 n 相输电线路径，数学模型由 4.1 节可得。

将式(4.21)代入式(4.23)，采用叠加原理可以计算得到在 M 个档距范围内，N 相导线线下 K 个磁场测量点处的磁感应强度 $\boldsymbol{B}$ 与线路电流 $\boldsymbol{I}$ 的数学关系式为

$$\begin{bmatrix} \boldsymbol{B}_1 \\ \boldsymbol{B}_2 \\ \vdots \\ \boldsymbol{B}_K \end{bmatrix} = \begin{bmatrix} F_{1(1)} & F_{1(2)} & \cdots & F_{1(NM)} \\ F_{2(1)} & F_{2(2)} & \cdots & F_{2(NM)} \\ \vdots & \vdots & & \vdots \\ F_{K(1)} & F_{K(2)} & \cdots & F_{K(NM)} \end{bmatrix} \begin{bmatrix} I_1 \\ I_2 \\ \vdots \\ I_N \end{bmatrix} \tag{4.24}$$

式中，$F_{k(m)}$为磁感应强度系数，当磁感应强度分别取 B_x、B_y、B_z 三个方向分量时，对应的磁感应强度系数表达式为[3]

$$F_{k(m)} = \begin{cases} \dfrac{\mu_0}{4\pi}\displaystyle\int_{(m-1/2)L}^{(m+1/2)L} \frac{-(y-y_n)\sinh\dfrac{a(x_n - mL)}{L}}{r_n^3}\mathrm{d}x_n & (\text{求}B_x\text{分量}) \\ \dfrac{\mu_0}{4\pi}\displaystyle\int_{(m-1/2)L}^{(m+1/2)L} \left\{ \frac{(x-x_n)\sinh\dfrac{a(x_n - mL)}{L}}{r_n^3} - \frac{z - H_n - \dfrac{L}{a}\left[\cosh\dfrac{a(x_n - mL)}{L} - \cosh\dfrac{a}{2}\right]}{r_n^3} \right\}\mathrm{d}x_n & (\text{求}B_y\text{分量}) \\ \dfrac{\mu_0}{4\pi}\displaystyle\int_{(m-1/2)L}^{(m+1/2)L} \frac{(y-y_n)}{r_n^3}\mathrm{d}x_n & (\text{求}B_z\text{分量}) \end{cases} \tag{4.25}$$

4.2.2 算例分析[5]

1. 单回 220kV 与单回 1000kV 架空输电线路交叉跨越

假设已存在一回 220kV 线路 ℓ_1，拟新建一回 1000kV 线路 ℓ_2 从 ℓ_1 上方跨越。图 4.14(a)、(b)分别为两回输电线路在杆塔处的结构示意图，表 4.1 为架空输电

线路运行参数。为了研究可能出现的比较严重的磁场环境，在考虑各电压等级输电线路的输送功率和载流能力的条件下，线路运行电流取值较大。设每一回线路中均通入对称三相工频电流。

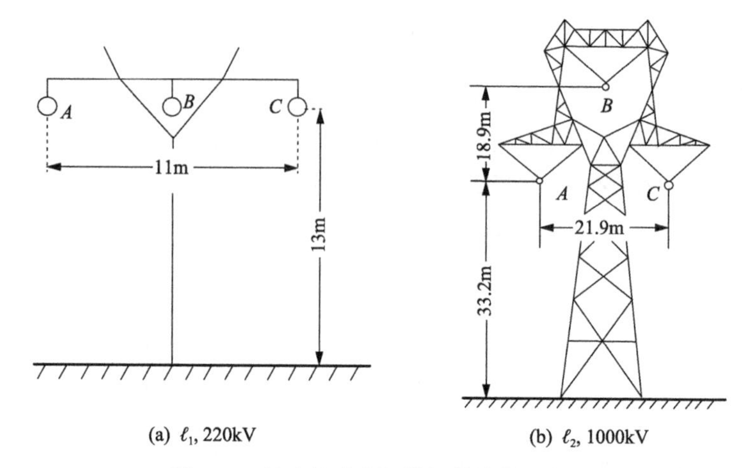

(a) ℓ_1, 220kV　　(b) ℓ_2, 1000kV

图 4.14　输电线路在杆塔处的结构示意图

表 4.1　架空输电线路运行参数

线路符号	额定电压(有效值)/kV	运行电流(有效值)/A	导线类型	档距/m
ℓ_1	220	1000	LGJ-400/35	300
ℓ_2	1000	3500	LGJ-500/45	450

图 4.15(a)、(b)分别为两回输电线路空间位置的三维简图和俯视图，每回线路各取 3 个档距。设线路 ℓ_1 的轴向为 x 方向，两回线路交叉角 θ=45°、d_x= –50m、d_u= –20m。

图 4.16(a)、(b)分别为 220kV 线路、1000kV 线路单独作用形成的磁场分布。采用本书提出的三维数学模型，能够清楚地显示出磁场随架空悬链导线离地高度变化的规律：沿线路轴向，杆塔位置处磁场值较小，档距中心位置磁场值较大；

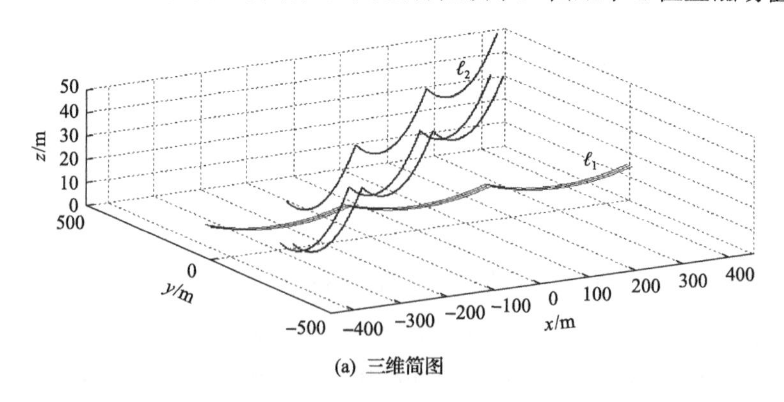

(a) 三维简图

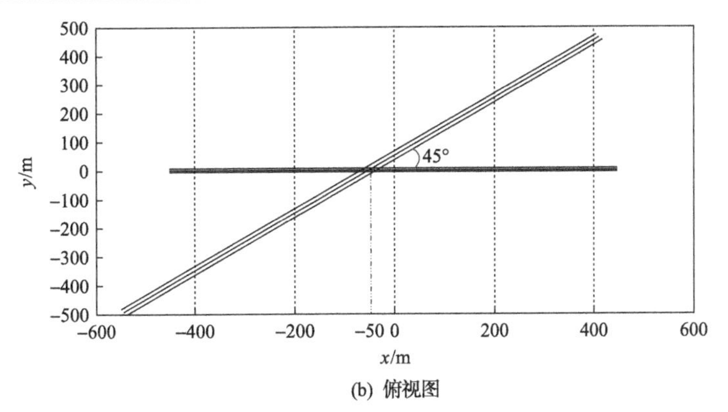

(b) 俯视图

图 4.15　两回架空输电线路空间结构示意图

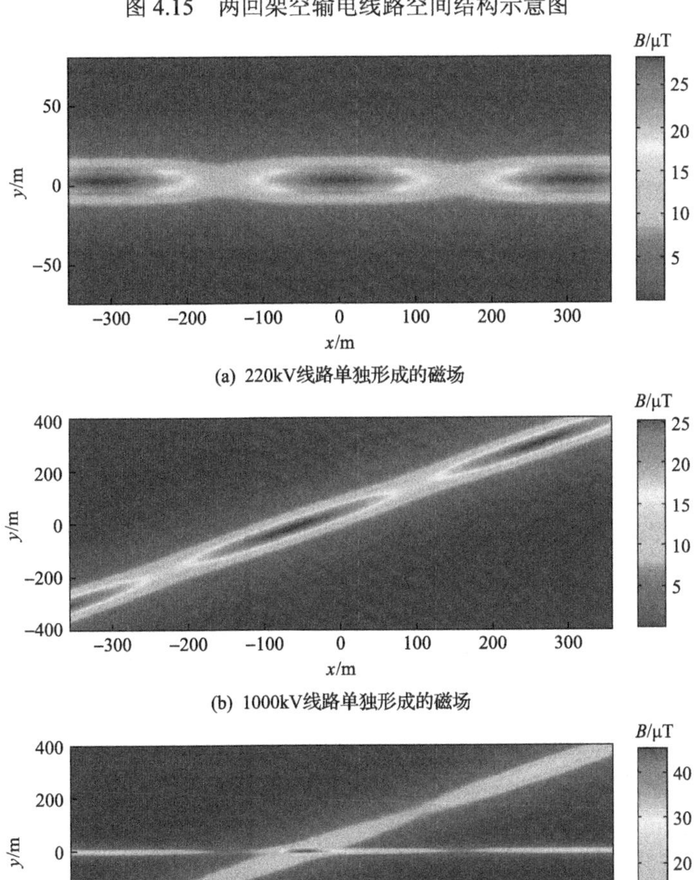

(a) 220kV线路单独形成的磁场

(b) 1000kV线路单独形成的磁场

(c) 220kV和1000kV线路共同形成的磁场

图 4.16　地面之上 1.5m 空间的磁场分布

磁场分布以档距为周期规律性变化。沿线路横截方向，中间相线下方磁场最大，朝两外侧衰减。220kV 线路、1000kV 线路单独产生的磁感应强度峰值分别为 28.1μT、25.8μT。

图 4.16(c)为两回线路共同形成的磁场分布。可以看出，计算所得的磁场分布与两回线路的空间位置关系较为吻合，交叉角呈 45°，合成磁场在两回线路交错区域(x=–50m 附近)显著增强，磁感应强度峰值达到 46.5μT。随着两回线路相对距离的增大，其相互影响也减弱。

下面进一步讨论交叉跨越线路合成磁场的影响因素。

1)交叉角 θ 的影响

保持其他参数不变，将两回输电线路的交叉角 θ 分别设置为 0°、15°、45°和 90°，x=–350～350m、y=0m 处磁场的分布曲线如图 4.17 所示。

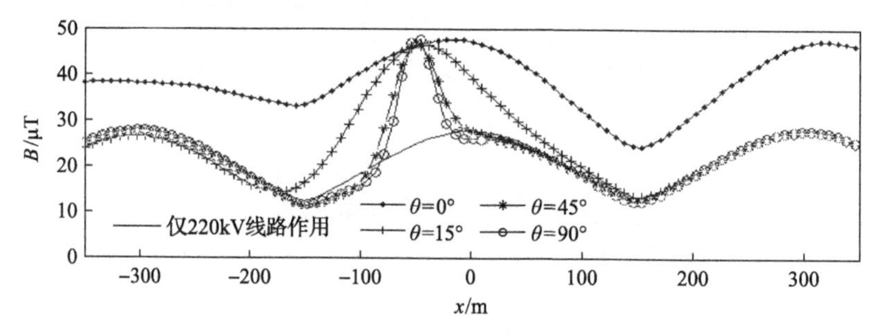

图 4.17　交叉角 θ 对磁场的影响

以 220kV 输电线路所形成的磁场作为比较，可以看出，两回输电线路的交叉角越小，其磁场叠加作用所影响的区域越宽。θ=0°是一种特殊情况，即两回输电线路完全并行，在整个并行段，合成磁场都比 220kV 输电线路产生的磁场大，但是由于两回输电线路具有不同的档距，其合成磁场并不像图 4.16(a)、(b)那样以某档距为周期变化。随着两回输电线路的交叉角增大，磁场叠加作用所影响的区域变窄，合成磁场峰值略有增大(θ=15°，B_{max}=46.5μT；θ=90°，B_{max}=47.7μT)，但变化微小。

2)交叉位置 d_x 的影响

取 θ=90°，平移 1000kV 线路，使两回输电线路的中间相线交叉处的 x 坐标 d_x 分别为–150m、–100m、–50m 和 0m，x=–350～350m、y=0m 处磁场的分布曲线如图 4.18 所示。

由图 4.18 可以看出，本书提出的计算模型能够较准确地追踪两回输电线路交叉位置的变化。x=0m 对应为 220kV 线路的弧垂最低处，磁感应强度最大，同时此处 1000kV 线路产生的磁感应强度也较大，其共同作用导致线下合成磁场峰值最大；交错位置朝 x=–150m(220kV 线路杆塔所在处)方向移动，220kV 线路离地高度增加，因而线下磁场有所减弱。也就是说，在架设新线路时，应尽量避免在两回线路档距中心位置处交叉跨越。

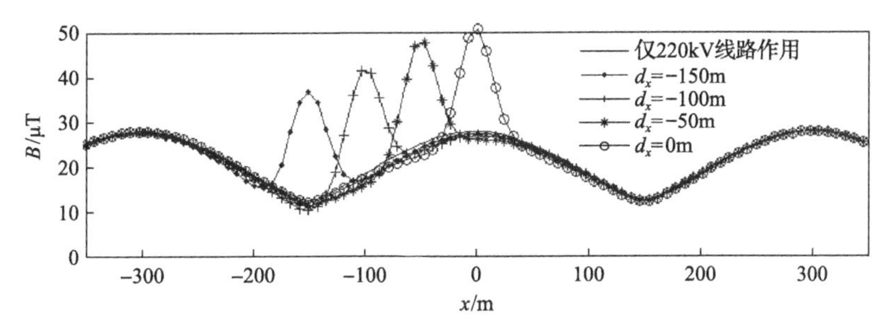

图 4.18　交叉位置 d_x 对磁场的影响

3) 电流相序排列的影响

考虑到输电线路存在换位，下面讨论三相电流相序排列对磁场的影响。如图 4.14 所示，从左至右，220kV 线路三相电流相序排列设定为正序 *A*、*B*、*C*；改变 1000kV 线路三相电流相序排列，分别取 *A*、*B*、*C*(排列Ⅰ)；*C*、*A*、*B*(排列Ⅱ)；*B*、*C*、*A*(排列Ⅲ)；*A*、*C*、*B*(排列Ⅳ)。取 $x=-350$～350m、$y=0$m 处磁场的分布曲线如图 4.19 所示，其中 $\theta=90°$，$d_x=-100$m。

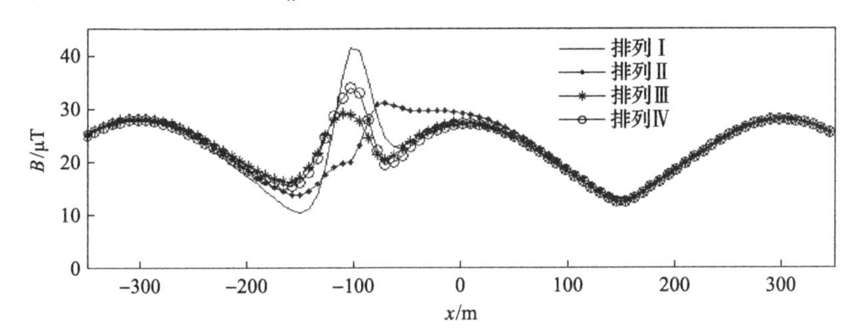

图 4.19　线路三相电流相序排列对磁场的影响

由图 4.19 可以看出，1000kV 线路三相电流相序排列不同时，线下合成磁场的分布特征基本相同，但是峰值有所变化。当 1000kV 线路三相电流相序排列取 *A*、*B*、*C* 时，与 220kV 线路一起形成的合成磁场峰值最大，为 41.5μT；取 *B*、*C*、*A* 时，合成磁场峰值最小，为 29.2μT。由此可得，合理设置两回输电线路在交叉跨越区段的电流相序排列关系，可以有效抑制合成磁场的峰值。

除了上述 3 个影响因素以外，从本书提出的计算模型可以看出，三相输电线路排列方式、导线高度、档距长度等均会影响线下的工频磁场，在此不再逐一比较分析。

2. 同塔双回 500kV 与两回 220kV 架空输电线路交叉跨越

下面分析一种更复杂的情况，同塔双回 500kV 线路 ℓ_1 与两回 220kV 线路 ℓ_2 和 ℓ_3 交叉跨越，空间结构如图 4.20 所示。其中，将 ℓ_1 线路轴向设置为 x 方向，ℓ_1 与 ℓ_2 的空间位置表征参数 θ=45°、d_x= –100m、d_u=0m；ℓ_1 与 ℓ_3 的空间位置表征参数 θ=30°、d_x=80m、d_u=60m。两回 220kV 线路结构及导线参数如图 4.14 和表 4.1 所示。同塔双回 500kV 线路结构如图 4.21 所示，档距为 400m，导线类型为 LGJ-400/50，运行电流为 1800A，双回逆序排列。

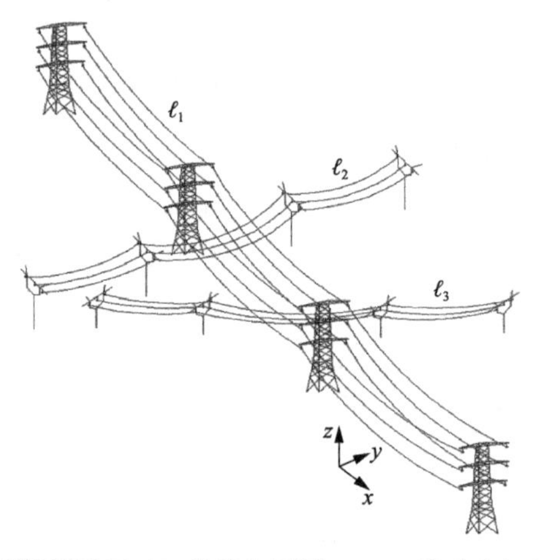

图 4.20　同塔双回 500kV 线路与两回 220kV 线路空间结构示意图

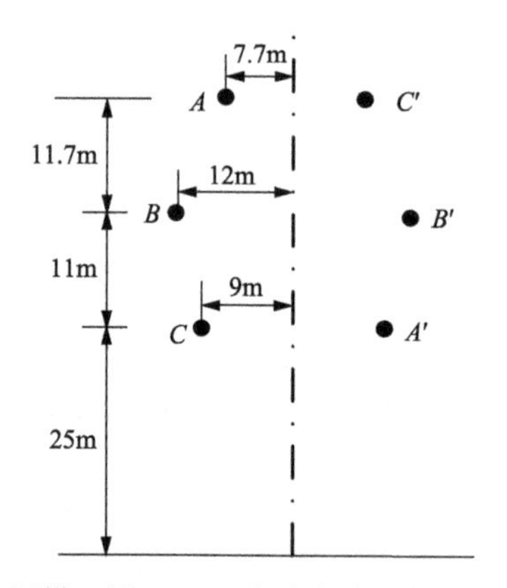

图 4.21　同塔双回 500kV 线路在杆塔处的结构示意图

线路下方离地 1.5m 空间的磁场分布如图 4.22 所示。

对比图 4.20 和图 4.22 可以看出，本书提出的计算模型能够较准确地反映多路架空输电线路交叉跨越区域的磁场分布。两个磁场峰值点分别位于 x= –100m 和 x=80m 处，峰值分别为 41.27μT 和 43.09μT。

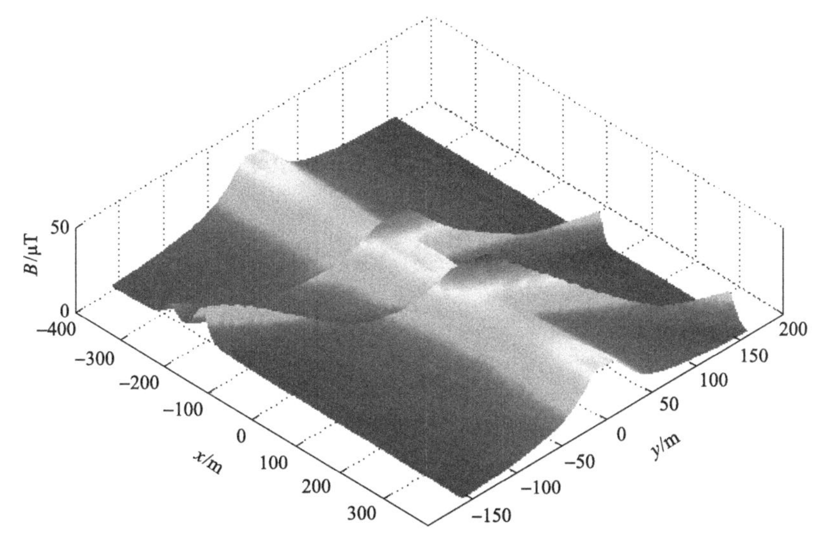

图 4.22　线路下方离地 1.5m 空间磁场分布

由于沿用了毕奥-萨伐尔定律求解输电线路磁场的方法，并且通过坐标变换实现磁场的叠加，算法简单有效，因此即使对于本算例所示的复杂线路结构，求解较大空间内的磁场，本书提出的方法也具备较快的计算速度。计算机为常规配置：Intel Core I5 CPU、3.2GHz 时钟频率、4GB 内存，利用 MATLAB 对本算例进行仿真计算，耗时约 36s，能够满足工程计算的需求。

参 考 文 献

[1] 郭思顺. 架空送电线路设计基础. 北京: 中国电力出版社, 2010.

[2] 李燕. 输电线路设计基础. 郑州: 黄河水利出版社, 2013.

[3] 谢雨桐. 交流架空输电线路电参数反演方法研究[硕士学位论文]. 重庆: 重庆大学, 2019.

[4] Xiao D P, Lei H, Zhang Z L, et al. Three-dimensional model analysis of electric field excited by multi-circuit intersecting overhead transimission lines. High Voltage Engineering, 2013, 39(8): 2006-2013.

[5] 肖冬萍, 刘淮通, 姜克儒, 等. 多回交叉跨越架空输电线下工频磁场计算方法. 中国电机工程学报, 2016, 36(15): 4127-4133.

第5章　高压直流输电线路空间合成电场分析

5.1　高压直流输电线路合成电场计算模型

当高压直流导线表面的电场强度达到空气的击穿强度时，导线表面会产生电晕放电。由于直流电压极性不变，与导线极性相反的空间带电离子被拉向导线，而与导线极性相同的离子将沿电力线背离导线运动，由此正极导线与地面区域充满正离子，负极导线与地面区域充满负离子，正负极导线间正负离子同时存在。导线表面电荷形成的电场称为标称电场，电晕效应产生的空间电荷形成的电场称为离子流场，二者叠加形成高压直流输电线路的合成电场。如图 5.1 所示，高压直流输电线路合成电场正问题物理模型由高压直流分裂子导线、电晕层区、空间离子运动区及大地组成。

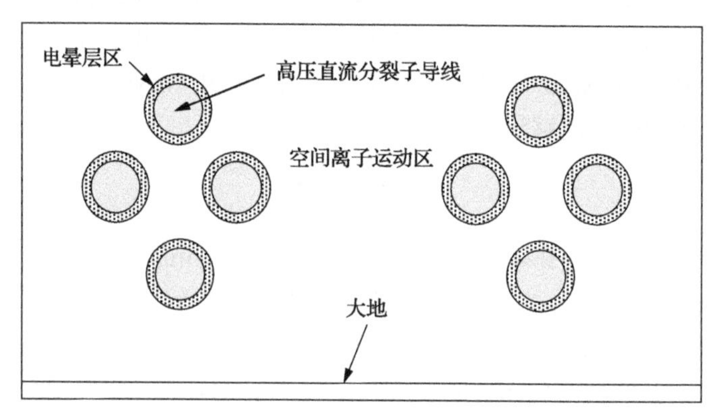

图 5.1　高压直流输电线路合成电场正问题物理模型

1) 电晕层区电场和放电离子计算模型

高压直流输电线路合成电场正问题物理模型的电晕层区呈流注放电特性。由于导线表面电晕层区的空气存在自由电子，在直流电场作用下自由电子定向运动产生动能，并与空气分子发生弹性或非弹性碰撞，当动能积累足够高时能够碰撞空气分子产生新的电子和正负离子，在空间电场作用下进行漂移、扩散运动，进而发生一系列碰撞、电离、附着、复合过程增加空气电离度，形成导线表面的电晕层区。因此，高压直流输电线路电晕层区的数学模型是式(5.1)所示电场泊松方程和式(5.2)所示离子流扩散方程的耦合：

$$\nabla^2\varphi_1 = -\frac{e\left(N_{\mathrm{P}} - N_{\mathrm{N}} - N_{\mathrm{e}}\right)}{\varepsilon_0} \\ \boldsymbol{E} = -\nabla\varphi_1 \tag{5.1}$$

式中，φ_1 和 $\boldsymbol{E}$ 分别为电晕层区任意一点的电位和电场强度；ε_0 为空气的介电常数，N_{P}、N_{N} 和 N_{e} 分别为电晕层区任意一点正离子、负离子和电子的浓度；e 为电子的电荷量。

$$\frac{\partial N_{\mathrm{e}}}{\partial t} + \nabla\cdot\left(-\mu_{\mathrm{e}}N_{\mathrm{e}}\boldsymbol{E} - \nabla(D_{\mathrm{e}}N_{\mathrm{e}})\right) = (\alpha-\eta)N_{\mathrm{e}} - \beta_{\mathrm{eP}}N_{\mathrm{e}}N_{\mathrm{P}} + S \\ \frac{\partial N_{\mathrm{P}}}{\partial t} + \nabla\cdot\left(-\mu_{\mathrm{P}}N_{\mathrm{P}}\boldsymbol{E} - \nabla(D_{\mathrm{P}}N_{\mathrm{P}})\right) = \alpha N_{\mathrm{P}} - \beta_{\mathrm{eP}}N_{\mathrm{e}}N_{\mathrm{P}} - \beta_{\mathrm{PN}}N_{\mathrm{P}}N_{\mathrm{N}} + S \\ \frac{\partial N_{\mathrm{N}}}{\partial t} + \nabla\cdot\left(\mu_{\mathrm{N}}N_{\mathrm{N}}\boldsymbol{E}\right) = \alpha N_{\mathrm{N}} - \beta_{\mathrm{PN}}N_{\mathrm{P}}N_{\mathrm{N}} \tag{5.2}$$

式中，μ_{P}、μ_{N}、μ_{e} 分别是正离子、负离子与电子的迁移速度；D_{e} 是电子的扩散系数；β_{eP} 和 β_{PN} 分别是电子与正离子、正离子与负离子的复合系数；S 是由背景辐射电离和光电离产生的电子和正离子密度；α 和 η 分别为电子的碰撞电离系数、附着系数，其计算公式[1]为

$$\alpha = \frac{p_{\mathrm{w}}}{p}\alpha_{\mathrm{w}} + \frac{p_{\mathrm{d}}}{p}\alpha_{\mathrm{d}} \\ \eta = \frac{p_{\mathrm{w}}}{p}\eta_{\mathrm{w}} + \frac{p_{\mathrm{d}}}{p}\eta_{\mathrm{d}} \tag{5.3}$$

式中，p 和 h 分别为电晕层区的大气压力和海拔，$p = 101.3\mathrm{e}^{-0.12h}$；$p_{\mathrm{w}}$ 和 p_{d} 分别是干空气和水蒸气在总的大气压力中的分压；α_{w} 和 α_{d} 分别是干空气和水蒸气的权重系数。干空气和水蒸气的分压及权重系数采用了 Morrow、Fouad 等提出的干空气和水蒸气参数表达式。查阅饱和蒸气压表可通过绝对湿度计算 p_{w} 和 p_{d}[2,3]。

2) 非电晕层区的合成电场计算模型

非电晕层区的合成电场是由图 5.1 中空气介质填充的计算区域，即整个计算区域减去双极导线及表面电晕层区的区域。基于 Deutsch 的假设，该区域的合成电场分布满足如下控制方程：

$$
\begin{cases}
\nabla^2\varphi_2 = -(\rho_+ - \rho_-)/\varepsilon_0 \\
\boldsymbol{E}_s = -\nabla\varphi_2 \\
\boldsymbol{j}_+ = \rho_+ k_+ \boldsymbol{E}_s \\
\boldsymbol{j}_- = \rho_- k_- \boldsymbol{E}_s \\
\nabla\cdot\boldsymbol{j}_+ = -\gamma\rho_+\rho_-/e \\
\nabla\cdot\boldsymbol{j}_- = \gamma\rho_+\rho_-/e
\end{cases} \tag{5.4}
$$

式中，$\boldsymbol{j}_+$ 和 $\boldsymbol{j}_-$ 为正、负极电流密度矢量且满足电流密度连续性条件；$\boldsymbol{E}_s$ 和 φ_2 分别为计算区域的合成电场矢量和电位；ρ_+ 和 ρ_- 分别为正、负空间电荷密度的绝对值；k_+ 和 k_- 分别为正、负离子迁移率；γ 为空气中的离子复合因子。

5.2 高压直流输电线路合成电场的数值求解

5.2.1 电晕层区电场和放电离子的计算方法

假设电晕层区计算区域 Ω 中包含 N 个节点，其中第 i 个节点为 x_i，因此电晕层区可构建电位近似函数 $\tilde{\varphi}(x_i)$：

$$
\begin{aligned}
&\tilde{\varphi}(x_i) = \sum_{k=1}^{m} p_k(x_i)a_k(x_i) = \boldsymbol{p}(x_i)\boldsymbol{a}^{\mathrm{T}}(x_i) \\
&\boldsymbol{p}(x_i) = [p_1(x_i), p_2(x_i), \cdots, p_m(x_i)] \\
&\boldsymbol{a}(x_i) = [a_1(x_i), a_2(x_i), \cdots, a_m(x_i)]
\end{aligned} \tag{5.5}
$$

式中，$\boldsymbol{a}(x)$ 为待定系数向量。

待定系数向量 $\boldsymbol{a}(x)$ 是通过对电位近似函数 $\tilde{\varphi}(x)$ 在点 $x = x_i$ 处的误差加权平均和来确定的，其计算式为

$$
\begin{aligned}
\boldsymbol{J}(\boldsymbol{a}(x)) &= \sum_{i=1}^{N} w_i(x)\left(\tilde{\varphi}(x_i) - \varphi_i\right)^2 \\
&= \sum_{i=1}^{N} w_i(x)\left(\boldsymbol{p}(x_i)\boldsymbol{a}^{\mathrm{T}}(x_i) - \varphi_i\right)^2 \\
&= \left(\boldsymbol{P}(x)\boldsymbol{a}^{\mathrm{T}}(x) - \boldsymbol{\varphi}\right)\boldsymbol{w}\left(\boldsymbol{P}(x)\boldsymbol{a}^{\mathrm{T}}(x) - \boldsymbol{\varphi}\right)
\end{aligned} \tag{5.6}
$$

式中，$w_i(x)$ 为 i 点的加权函数；φ_i 为 i 点的电位；矩阵 $\boldsymbol{P}(x)$ 和 $\boldsymbol{w}(x)$ 的定义为

$$\boldsymbol{P}(x)=\begin{bmatrix}1 & p_1(x_1) & p_2(x_1) & \cdots & p_m(x_1)\\ 1 & p_1(x_2) & p_2(x_2) & \cdots & p_m(x_2)\\ \vdots & \vdots & \vdots & & \vdots\\ 1 & p_1(x_N) & p_2(x_N) & \cdots & p_m(x_N)\end{bmatrix}$$

$$\boldsymbol{w}(x)=\begin{bmatrix}w_1(x_1) & \cdots & 0\\ \vdots & & \vdots\\ 0 & \cdots & w_N(x_N)\end{bmatrix}$$

$$w_i(x_i)=\begin{cases}\dfrac{\exp\left(-D_i^2\alpha^2\right)-\exp\left(-\alpha^2\right)}{1-\exp\left(-\alpha^2\right)}, & 0\leqslant D_i\leqslant 1\\ 0, & D_i>1\end{cases} \tag{5.7}$$

$$D_i=\sqrt{(x-x_i)^2+(y-y_i)^2}\Big/r_i$$

$$\alpha=r_i/c_i$$

式中，r_i 为第 i 个节点 (x_i,y_i) 的支持域尺寸；c_i 为常数，其选取方法见文献[4]。

式(5.6)中 $\boldsymbol{J}\left(\boldsymbol{a}(x)\right)$ 取极小值可得

$$\begin{aligned}\frac{\partial \boldsymbol{J}\left(\boldsymbol{a}(x)\right)}{\partial \boldsymbol{a}(x)}&=2\sum_{i=1}^{N}w_i(x)\left(\sum_{j=1}^{m}p_j(x_i)\left(p_j(x_i)a_j(x_i)-\varphi_i\right)\right)\\&=\boldsymbol{A}(x)\boldsymbol{a}^{\mathrm{T}}(x)-\boldsymbol{B}(x)\boldsymbol{\varphi}=0\end{aligned} \tag{5.8}$$

$$\boldsymbol{A}(x)=2\boldsymbol{P}^{\mathrm{T}}\boldsymbol{w}\boldsymbol{P}$$

$$\boldsymbol{B}(x)=2\boldsymbol{P}^{\mathrm{T}}\boldsymbol{w}$$

由式(5.8)可计算得出 $\boldsymbol{a}(x)$，并将其代入式(5.5)可得

$$\begin{aligned}&\tilde{\boldsymbol{\varphi}}(x)=\boldsymbol{\Phi}(x)\boldsymbol{\varphi}\\&\boldsymbol{\Phi}(x)=\boldsymbol{P}^{\mathrm{T}}(x)\boldsymbol{A}^{-1}(x)\boldsymbol{B}(x)\end{aligned} \tag{5.9}$$

式中，$\boldsymbol{\Phi}(x)$ 为形状函数。

因电晕层区与导线外表面的交界面 Γ_1 的电位为导线的运行电压，电晕层区与非电晕层区的交界面 Γ_2 满足电位连续条件，结合无网格形状函数，采用无网格伽辽金法离散控制方程式(5.1)，得到电晕层区电位控制方程的弱式形式的泛函 $F(\varphi)$ 为

$$F(\varphi)=\int_{\Omega}\left(\nabla^2\varphi\right)\mathrm{d}\Omega-\int_{\Omega}\left(\frac{e\left(N_{\mathrm{P}}-N_{\mathrm{N}}-N_{\mathrm{e}}\right)}{\varepsilon_0}\varphi\right)\mathrm{d}\Omega \tag{5.10}$$

无网格伽辽金法使用移动最小二乘拟合电位函数，本质边界条件不能自然满足克

罗内克δ函数 Delta 条件，因而电位近似函数$\tilde{\varphi}(x)$不是插值函数，但伽辽金弱式要求电位近似函数预先满足Γ_1的电位为导线的运行电压且Γ_2满足电位连续条件，为此，引入拉格朗日乘子法将这些约束条件引入式(5.10)，并作变分运算后可得

$$\begin{aligned}\delta F(\varphi)=&\int_{\Omega}\left(\left(\frac{\partial\varphi}{\partial x}\right)\delta\left(\frac{\partial\varphi}{\partial x}\right)+\left(\frac{\partial\varphi}{\partial y}\right)\delta\left(\frac{\partial\varphi}{\partial y}\right)\right)\mathrm{d}\Omega\\&-\int_{\Omega}\left(\frac{e\left(N_{\mathrm{P}}-N_{\mathrm{N}}-N_{\mathrm{e}}\right)}{\varepsilon_0}\delta\varphi\right)\mathrm{d}\Omega\\&+\int_{\Gamma_1}(\delta\lambda(\varphi-U)+\delta\lambda\varphi)\mathrm{d}\Gamma_1\\&+\int_{\Gamma_2}\left(\delta\mu(\varphi^{+}+\varphi^{-})+\delta\mu(\varphi^{+}-\varphi^{-})\right)\mathrm{d}\Gamma_2\end{aligned}\tag{5.11}$$

式中，φ^+和φ^-分别是Γ_2边界上处于电晕层区和非电晕层区的电位值，λ和μ分别为拉格朗日算子，其定义式为

$$\begin{aligned}\lambda(x)&=\sum_{k=1}^{m}N_k(s)\lambda_K\\\mu(x)&=\sum_{k=1}^{m}N_k(s)\mu_K\end{aligned}\tag{5.12}$$

式中，$N_k(s)$为拉格朗日插值基函数；s为边界弧长；m为插值节点数。

式(5.11)中令$\delta F(\varphi)$为零，由于$\delta\varphi$、$\delta\lambda$、$\delta\mu$具有任意性，结合式(5.5)，用电位近似函数$\tilde{\varphi}(x)$代替$\varphi(x)$可得

$$\begin{bmatrix}\boldsymbol{K}&\boldsymbol{G}_\lambda&\boldsymbol{G}_\mu\\\boldsymbol{G}_\lambda^{\mathrm{T}}&\boldsymbol{0}&\boldsymbol{0}\\\boldsymbol{G}_\mu^{\mathrm{T}}&\boldsymbol{0}&\boldsymbol{0}\end{bmatrix}\begin{bmatrix}\boldsymbol{\varphi}\\\boldsymbol{\lambda}\\\boldsymbol{\mu}\end{bmatrix}=\begin{bmatrix}\boldsymbol{f}\\\boldsymbol{q}\\\boldsymbol{0}\end{bmatrix}\tag{5.13}$$

$$\begin{aligned}&K_{ij}=\int_{\Omega}\begin{bmatrix}\Phi_{i,x}\\\Phi_{i,y}\end{bmatrix}^{\mathrm{T}}\begin{bmatrix}\Phi_{j,x}\\\Phi_{j,y}\end{bmatrix}\mathrm{d}\Omega\\&\left(G_\lambda\right)_{iK}=\int_{\Gamma_1}\Phi_i N_K\mathrm{d}\Gamma_1\\&\left(G_\mu\right)_{iL}=\int_{\Gamma_1}\left(\Phi_i^{+}-\Phi_i^{-}\right)N_L\mathrm{d}\Gamma_1\\&f_i=-\int_{\Omega}\left(\frac{e\left(N_{\mathrm{P}}-N_{\mathrm{N}}-N_{\mathrm{e}}\right)}{\varepsilon_0}\Phi_i\right)\mathrm{d}\Omega\\&q_K=\int_{\Gamma_1}UN_K\mathrm{d}\Gamma_1\end{aligned}\tag{5.14}$$

利用小波变换能够提高式(5.13)的计算效率。为简化计算，将式(5.13)写成简化的方程形式 $\boldsymbol{AX}=\boldsymbol{b}$，其中，$\boldsymbol{A}$ 为系数矩阵，$\boldsymbol{X}$ 和 $\boldsymbol{b}$ 分别为已知和未知的向量。为此，简化方程的小波变化得到

$$\begin{aligned}&\boldsymbol{WAW}^{-1}\boldsymbol{WX}=\boldsymbol{Wb}\\&\boldsymbol{W}=\boldsymbol{CHE}\\&\boldsymbol{W}^{-1}=(\boldsymbol{CHE})^{-1}=\boldsymbol{E}^{-1}\boldsymbol{H}^{\mathrm{T}}\boldsymbol{C}^{\mathrm{T}}\\&\boldsymbol{A}^{*}=\boldsymbol{WAW}^{-1}\end{aligned}\tag{5.15}$$

式中，$\boldsymbol{W}$ 为能够对任意长度的向量或矩阵进行变换的小波矩阵；$\boldsymbol{W}^{-1}$ 为 $\boldsymbol{W}$ 的逆矩阵；$\boldsymbol{H}$ 和 $\boldsymbol{H}^{\mathrm{T}}$ 为 Haar 小波矩阵及其转置矩阵；$\boldsymbol{C}$ 通过添加 0 的方式扩展向量的维数，$\boldsymbol{C}^{\mathrm{T}}$ 为 $\boldsymbol{C}$ 的转置矩阵，$\boldsymbol{E}$ 和 $\boldsymbol{E}^{-1}$ 分别为单位矩阵及其逆矩阵，$\boldsymbol{C}$、$\boldsymbol{H}$ 和 $\boldsymbol{E}$ 的构建方式参见文献[5]～文献[7]；$\boldsymbol{A}^{*}$ 为包含原系数矩阵重要参数的新系数矩阵，可通过设置阈值对 $\boldsymbol{A}^{*}$ 进行压缩，a_{ij}^{*} 为新系数矩阵 $\boldsymbol{A}^{*}$ 的元素，其压缩方式为[8]

$$\begin{aligned}&a_{ij}^{*}=\begin{cases}a_{ij}^{*}, & \left|a_{ij}^{*}\right|>\alpha\\ 0, & \left|a_{ij}^{*}\right|\leqslant\alpha\end{cases}\\&\alpha=\begin{cases}km, & (\mathrm{FT})\\ 2^{J-\frac{j+j'}{2}}km, \quad 0\leqslant j,j'\leqslant J & (\mathrm{VT2})\\ 0.5^{J-\frac{j+j'}{2}}km, \quad 0\leqslant j,j'\leqslant J & (\mathrm{VT0.5})\end{cases}\end{aligned}\tag{5.16}$$

式中，FT 为 FT 小波无网格边界元法；VT2 为 VT2 小波无网格边界元法；VT0.5 为 VT0.5 小波无网格边界元法；k 是自定义的值，为最大的小波水平；j 和 j' 为矩阵单元的小波水平；m 为矩阵单元的平均值，计算式为

$$m=\frac{1}{N^{2}}\sum_{i=1}^{N}\sum_{j=1}^{N}\left|a_{ij}^{*}\right|\tag{5.17}$$

式中，N 为小波变化矩阵最大的行数或列数。

为此，利用式(5.16)对式(5.15)进行压缩并求解，得到如下小波求解方程组：

$$\begin{aligned}&\boldsymbol{A}^{*}\boldsymbol{X}^{*}=\boldsymbol{b}^{*}\\&\boldsymbol{X}^{*}=\boldsymbol{WX}\\&\boldsymbol{b}^{*}=\boldsymbol{Wb}\end{aligned}\tag{5.18}$$

采用无网格计算方法，提高电晕层区高电场区的计算精度，结合求解连续性方程的通量校正传输算法，同时忽略连续性方程右边的源项。将连续性方程式(5.2)做离散化处理，电晕层区无网格节点数为L，节点i在t^n时刻带电粒子的密度为N_i^n，节点i在t^{n+1}时刻带电粒子密度N_i^{n+1}的近似估计值为

$$\tilde{N}_i^{n+1} = a_i N_{i-1}^n + b_i N_i^n + c_i N_{i+1}^n \tag{5.19}$$

根据带电粒子的密度守恒定律有

$$N_i^n = a_{i+1} N_i^n + b_i N_i^n + c_{i-1} N_i^n \tag{5.20}$$

式(5.19)、式(5.20)中的a_i、b_i和c_i为节点间的距离$\Delta z_{i+1/2}(\Delta z_{i+1/2} = z_{i+1} - z_i)$、节点处的速度$v_i$以及时间步长$\Delta t(\Delta t = t^{n+1} - t^n)$的函数，反扩散项为

$$\begin{aligned} \varphi_{i+1/2} &= F\left(N_{i-1}^n, N_i^n, N_{i+1}^n, N_{i+2}^n, \tilde{N}_i^{n+1}, \tilde{N}_{i+1}^{n+1}\right) \\ \varphi_{i-1/2} &= G\left(N_{i-2}^n, N_{i-1}^n, N_i^n, N_{i+1}^n, \tilde{N}_{i-1}^{n+1}, \tilde{N}_i^{n+1}\right) \end{aligned} \tag{5.21}$$

采用反扩散项进行修正[9]：

$$\begin{aligned} \tilde{\varphi}_{i+1/2} &= C_{i+1/2} \varphi_{i+1/2} \\ \tilde{\varphi}_{i-1/2} &= C_{i-1/2} \varphi_{i-1/2} \end{aligned} \tag{5.22}$$

基于修正后的反扩散项计算节点i处t^{n+1}时刻的密度N_{i+1}^n为

$$N_{i+1}^n = \tilde{N}_i^{n+1} - \tilde{\varphi}_{i+1/2} + \tilde{\varphi}_{i-1/2} \tag{5.23}$$

t^{n+1}时刻各个节点的电子、正离子及负离子的密度为$\hat{N}_{\mathrm{e}}^{n+1}$、$\hat{N}_{\mathrm{P}}^{n+1}$和$\hat{N}_{\mathrm{N}}^{n+1}$。计算区域的净电荷密度为

$$\hat{N}_0^{n+1} = \hat{N}_{\mathrm{P}}^{n+1} - \hat{N}_{\mathrm{N}}^{n+1} - \hat{N}_{\mathrm{e}}^{n+1} \tag{5.24}$$

若满足式(5.25)所示的条件[10]，则可获得收敛快的计算结果。

$$\Delta t \leqslant \min\left\{\Delta z / \left|v_{\mathrm{e}}\right|, \Delta z^2 / \left(2D_{\mathrm{e}}\right)\right\} \tag{5.25}$$

5.2.2　非电晕层区的合成电场计算方法

将非电晕层区的计算区域采用三角形单元进行网格剖分，生成N_1个单元和N_2个节点。采用有限元法对泊松方程式(5.4)进行离散化处理，可得

$$\sum_{j=1}^{N_2}\left(\sum_{e=1}^{N_1}\int_{\Omega_e}\varepsilon_0\nabla N_i^e\cdot\nabla N_j^e\mathrm{d}\Omega\right)(\varphi_2)_j=\sum_{e=1}^{N_1}\int_{\Omega_e}(\rho_+-\rho_-)N_i^e\mathrm{d}\Omega \tag{5.26}$$
$$\varphi_2=u,\quad i\in\partial\Omega$$

整理式(5.4)得

$$\begin{aligned}\nabla\rho_+\cdot V_+&=-\frac{k_+}{\varepsilon_0}\rho_+^2+\left(\frac{k_+}{\varepsilon_0}-\frac{R}{e}\right)\rho_+\rho_-\\ \nabla\rho_-\cdot V_-&=-\frac{k_-}{\varepsilon_0}\rho_-^2+\left(\frac{k_-}{\varepsilon_0}-\frac{R}{e}\right)\rho_+\rho_-\end{aligned} \tag{5.27}$$

式中，V_- 和 V_+ 分别是负、正离子的迁移速度。计算中忽略正、负离子迁移率的差别，其值取 $1.5\times10^{-4}\text{m}^2/(\text{V}\cdot\text{s})$，复合系数取常数 $2\times10^{-12}\text{m}^2/\text{s}$。

基于 Takuma 等采用的上流有限元法，结合导线电晕层区与非电晕层区交界面的电荷密度，逐步由内向外求解，直至计算得到空间所有节点的电荷密度。对于求解的任意单元，首先判定该单元是否为上流元。在三角形单元中，若根据已知电荷密度的节点 j 和 m 求解节点 i 的电荷密度，则必须判断该三角形单元是否构成上流元。沿节点 i 开始逆时针旋转，第 1 节点定义为 j，第 2 个节点定义为 m，若该单元满足式(5.28)，则判定该单元为上流元。

$$\begin{aligned}b_jV_x+c_jV_y&\leqslant0\\ b_mV_x+c_mV_y&\leqslant0\end{aligned} \tag{5.28}$$

式中，b_j、c_j、b_m 和 c_m 为节点坐标的函数。

基于有限元的插值函数对正、负离子进行插值，对坐标求偏导数，并代入式(5.27)，化简可得

$$\begin{aligned}A_+\rho_{i+}^2+B_+\rho_{i+}+C_+&=0\\ A_-\rho_{i-}^2+B_-\rho_{i-}+C_-&=0\end{aligned} \tag{5.29}$$

式中

$$A_+=\frac{k_+}{\varepsilon_0}$$
$$B_+=\frac{b_iV_{x+}+c_iV_{y+}}{2\varDelta}-\left(\frac{k_+}{\varepsilon_0}-\frac{R}{e}\right)\rho_{i-}$$
$$C_+=\frac{\left(b_jV_{x+}+c_jV_{y+}\right)\rho_{j+}}{2\varDelta}+\frac{\left(b_mV_{x+}+c_mV_{y+}\right)\rho_{m+}}{2\varDelta}$$

$$A_- = \frac{k_-}{\varepsilon_0}$$

$$B_- = \frac{b_i V_{x-} + c_i V_{y-}}{2\Delta} - \left(\frac{k_-}{\varepsilon_0} - \frac{R}{e}\right)\rho_{i+}$$

$$C_- = \frac{\left(b_j V_{x-} + c_j V_{y-}\right)\rho_{j-}}{2\Delta} + \frac{\left(b_m V_{x-} + c_m V_{y-}\right)\rho_{m-}}{2\Delta}$$

将式(5.29)计算的正、负离子密度代入式(5.26)求解非电晕层区各节点的电场和电位分布，将由式(5.26)计算得到的各节点的电场重新代入式(5.29)计算空间各节点的正、负离子密度，如此循环迭代求解直到所有节点的正、负离子密度和空间电场满足以下收敛条件：

$$\left|\frac{\rho_n(i) - \rho_{n-1}(i)}{\rho_{n-1}(i)}\right| \leqslant 1\%$$
$$\left|\frac{E_n(i) - E_{n-1}(i)}{E_{n-1}(i)}\right| \leqslant 1\% \tag{5.30}$$

式中，$E_n(i)$ 和 $E_{n-1}(i)$ 分别为节点 i 在 n 和 $n-1$ 步迭代中的电场值；$\rho_n(i)$ 和 $\rho_{n-1}(i)$ 分别为节点 i 在 n 和 $n-1$ 步迭代中的正(或负)离子密度。

5.3 合成电场正问题求解方法的特性分析

1)高压直流输电线路小波无网格计算法的收敛性分析

不同求解算法分析高压直流输电线路合成电场正问题模型的计算精度和迭代步数的关系如图 5.2 所示。在计算误差小于 10^{-9} 时 VT0.5 广义极小残值法(generalized mininal residual，GMRES)、VT2 GMRES 和 FT GMRES 无网格计算法(在图中分别简记为 VT0.5、VT2 和 FT，本章其余图的处理方法与此处一致)的迭代步数小于传统 GMRES 和共轭梯度法。其中，VT0.5 GMRES、VT2 GMRES 和 FT GMRES 的计算误差小于 10^{-9} 所需的迭代步数小于 550，但传统无网格法、GMRES 和共轭梯度法达到 10^{-9} 计算误差所需的迭代步数大于 1000，在相同的计算精度要求下，VT0.5 GMRES 无网格计算法的迭代步数小于 VT2 GMRES 和 FT GMRES 无网格计算法。VT2 GMRES 和 FT GMRES 无网格计算法在计算效率和精度方面均优于传统无网格法、GMRES 和共轭梯度法，但稍低于 VT0.5 GMRES 无网格计算法。

2)不同数据压缩率下合成电场计算精度分析

不同数据压缩率下合成电场计算精度分析如图 5.3 所示。数据压缩率是 VT0.5、VT2 和 FT 小波无网格边界元法变换压缩后矩阵中的非零值与被压缩前矩阵非零值的比值。当数据压缩率大于 0.75 时，相同数据压缩率下 VT0.5、VT2 和

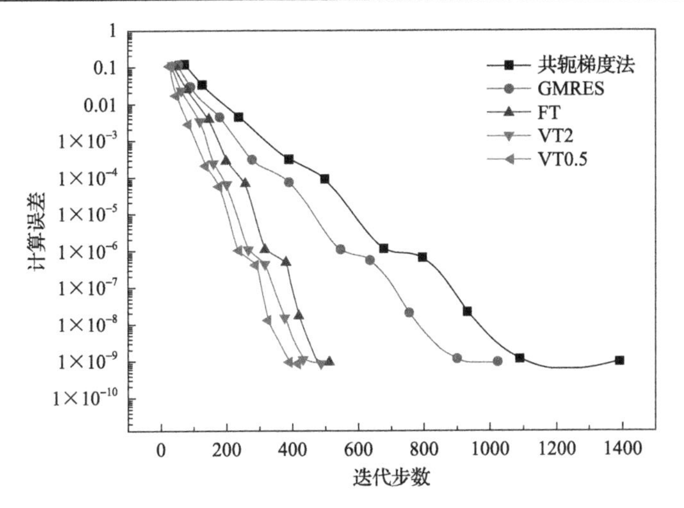

图 5.2　计算误差与迭代步数的关系

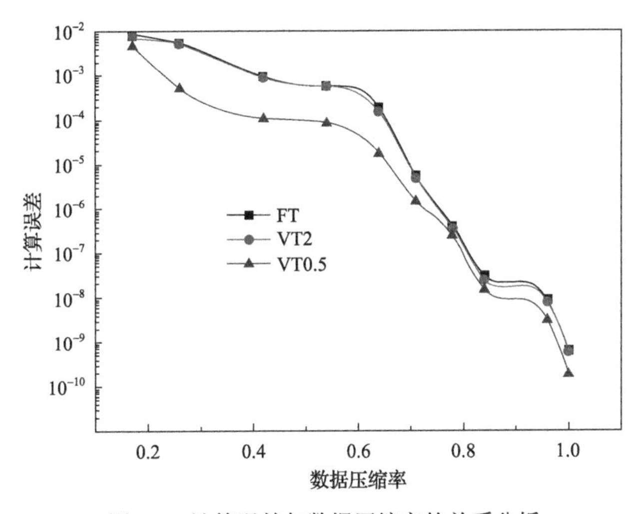

图 5.3　计算误差与数据压缩率的关系分析

FT 小波无网格边界元法的计算精度比较接近；当数据压缩率低于 0.75 时，相同数据压缩率下，VT0.5 小波无网格边界元法的计算精度优于 VT2 小波无网格边界元法和 FT 小波无网格边界元法。因此，相同数据压缩率下 VT0.5 小波无网格边界元法的计算精度最高。

3) 不同数据压缩率下合成电场计算时间分析

不同数据压缩率下合成电场计算时间如图 5.4 所示。相同数据压缩率下 VT0.5 小波无网格边界元法的计算时间小于 VT2 小波无网格边界元法和 FT 小波无网格边界元法，VT2 小波无网格边界元法和 FT 小波无网格边界元法的计算时间比较接近；随着数据压缩率的增加，VT0.5、VT2 和 FT 小波无网格边界元法的计算时间呈逐渐增长的趋势。因此，相同数据压缩率下 VT0.5 小波无网格边界元法的计算效率优于 VT2 小波无网格边界元法和 FT 小波无网格边界元法。

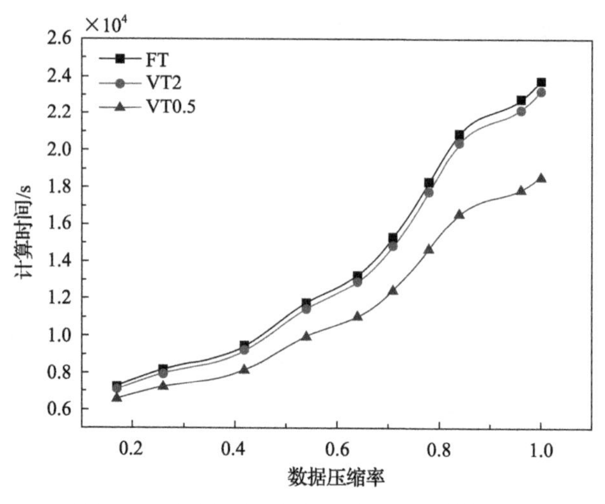

图 5.4　不同数据压缩率下合成电场计算时间

4) 不同仿真计算方法下合成电场计算时间分析

不同仿真计算方法下合成电场计算时间如图 5.5 所示。相同的计算模型节点数下，VT0.5、VT2 和 FT 小波无网格边界元法的计算时间小于传统有限单元法；同时 VT2 小波无网格边界元法和 FT 小波无网格边界元法的计算时间比较接近；随着计算模型节点数的增加，VT0.5、VT2、FT 小波无网格边界元法及传统有限单元法的计算时间呈逐渐增长的趋势，但传统有限单元法随着计算模型节点数的增加其计算时间的增长率明显大于 VT0.5、VT2、FT 小波无网格边界元法。

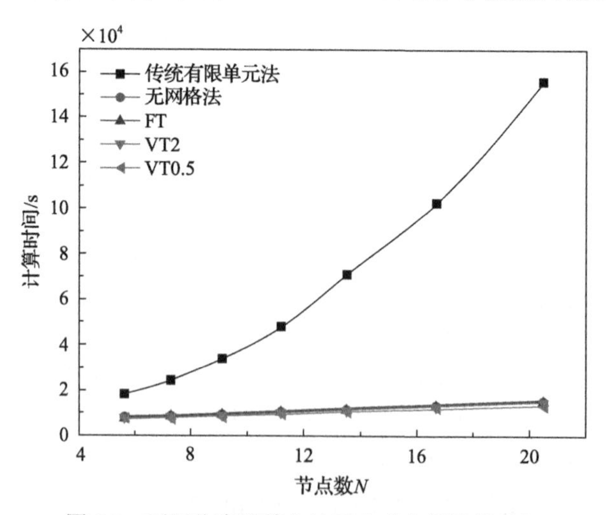

图 5.5　不同仿真计算方法下合成电场计算时间

5) 双极全压运行下高压直流输电线路合成电场仿真精度分析

双极全压运行下高压直流输电线路合成电场仿真精度分析如图 5.6 所示。该计算模型档距垂直断面的地势高度差最大值为 5.9m，双极全压运行下该点的风速为 2.6m/s，环境温度为 26.7℃，相对湿度为 45.7%，海拔为 74m。基于 VT0.5 小波无网格边界元法的高压直流输电线路合成电场仿真值与测量值的最大相对误差为 12.28%，最小误差为 7.0%，平均误差为 9.9%。因此，双极全压运行下仿真值与测量值的误差分析结果表明：高压直流输电线路合成电场计算的 VT0.5 小波无网格边界元法计算精度满足工程误差要求。

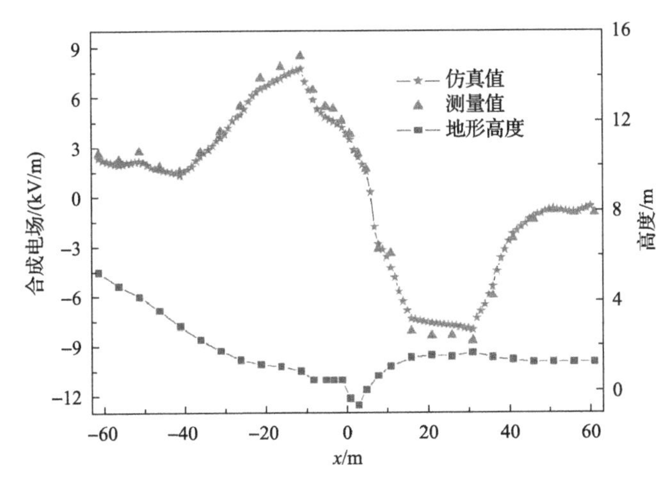

图 5.6　双极全压运行下高压直流输电线路合成电场仿真精度分析

6) 正极半压和负极全压运行下高压直流输电线路合成电场仿真精度分析

正极半压和负极全压运行下高压直流输电线路合成电场仿真精度分析如图 5.7 所示。该计算模型档距垂直断面的地势高度差最大值为 4.1m，正极半压和负极全压运行下该点的风速为 0.5m/s，环境温度为 35.2℃，相对湿度为 60%，海拔为 64m。基于 VT0.5 小波无网格边界元法的高压直流输电线路合成电场仿真值与测量值的最大相对误差为 13.2%，最小误差为 8.1%，平均误差为 10.8%。因此，正极半压和负极全压运行下仿真值与测量值的误差分析结果表明：用于高压直流输电线路合成电场计算的 VT0.5 小波无网格边界元法具有可靠的计算精度。

7) 不同温度下高压直流输电线路合成电场仿真分析

不同温度下高压直流输电线路合成电场仿真如图 5.8 所示。这种情况下，该点的相对湿度为 35.7%，海拔为 74m。随着环境温度的增高，双极导线合成电场呈逐渐增长的趋势；环境温度从 20℃升至 32℃的双极导线合成电场的变化率小于环境温度从 32℃升至 45℃的变化率。因为环境温度的升高，增加了电子的平均自由行程，导致容易发生电子碰撞，引起双极导线起晕电压降低，同样的运行电压下电晕更强烈，增大了合成电场值。

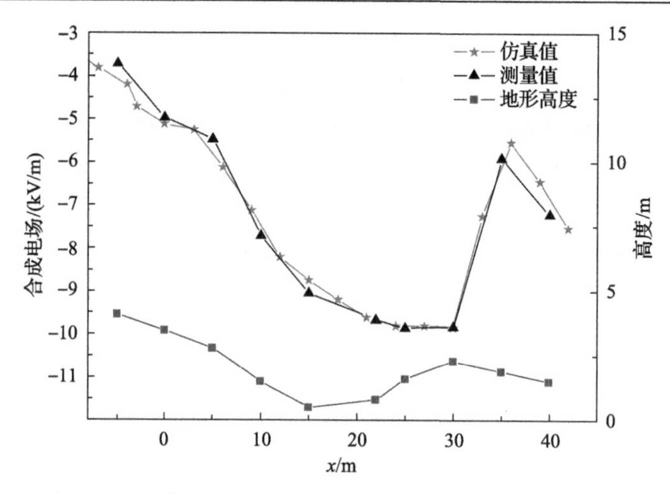

图 5.7　正极半压和负极全压运行下高压直流输电线路合成电场仿真精度分析

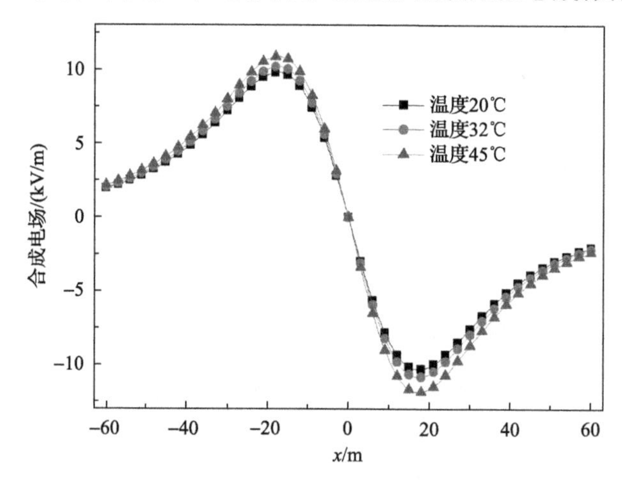

图 5.8　不同温度下高压直流输电线路合成电场仿真

8) 不同相对湿度下高压直流输电线路合成电场仿真分析

不同相对湿度下高压直流输电线路合成电场仿真如图 5.9 所示。这种情况下，该点的海拔为 74m，导线对地高度为 28.3m。随着环境相对湿度的升高，正极导线的合成电场呈逐渐减小的趋势，而负极导线的合成电场呈先增加后减小的趋势。主要原因是相对湿度的升高，增加了空气中的水分子数，因水分子的电负性吸附了空气中的电子，降低了电子的自由行程，减少了电子的碰撞，升高了双极导线的起晕电压，电晕变弱导致合成电场值变小。但随着相对湿度的进一步升高(从 55%到 85%)，因增加的水分子吸附在负极导线表面，增加了负极导线表面的粗糙度，降低了双极导线的起晕电压，电晕变强导致合成电场值升高。

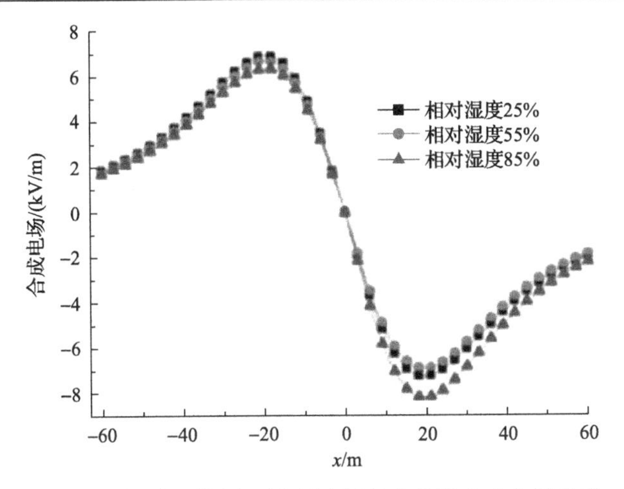

图 5.9　不同相对湿度下高压直流输电线路合成电场仿真

9) 不同海拔下高压直流输电线路合成电场仿真分析

不同海拔下高压直流输电线路合成电场仿真如图 5.10 所示。这种情况下，该点的环境温度为 28℃，相对湿度为 43.2%，导线对地高度为 31.2m。随着海拔的增高，双极导线的合成电场呈逐渐增长的趋势。因为海拔的增加引起大气压力和空气密度的降低，自由电子可累积高动能，降低了导线的起晕电压，相同的运行电压下高海拔地区的电晕变强，导致合成电场值增大。

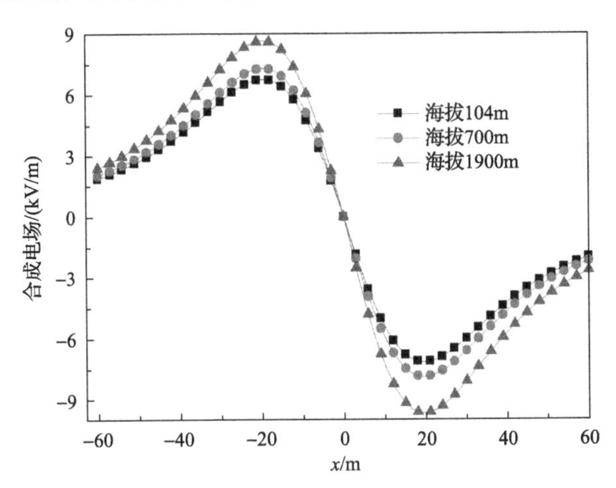

图 5.10　不同海拔下高压直流输电线路合成电场仿真

参 考 文 献

[1] Yu S, Akishev M E, Grushin A A, et al. Formation of a two-dimensional model for Trichel pulse formation. TRINITI Report by Contract with the ABB Firm, 1997.

[2] Zhang J, Adamiak K. A multi-species DC stationary model for negative corona discharge in oxygen: Point-plane configuration. Journal of Electrostatics, 2007, 65(7): 459-464.

[3] Naidis G V. On photoionization produced by discharges in air. Plasma Sources Science and Technology, 2006, 15(2): 253-255.

[4] Belytschko T, Lu Y Y, Gu L. Element-free Galerkin method. International Journal for Numerical Methods in Engineering, 1994, 37(2): 229-256.

[5] Ravnik J, Škerget L, Hriberšek M. The wavelet transform for BEM computational fluid dynamics. Engineering Analysis with Boundary Elements, 2004, 28(11): 1303-1314.

[6] Amini S, Nixon S P. Multiwavelet Galerkin boundary element solution of Laplace's equation. Engineering Analysis with Boundary Elements, 2006, 30(2): 116-123.

[7] Xiao J Y, Zhang D, Wen L. Fully discrete Alpert multiwavelet Galerkin BEM in 2D. Engineering Analysis with Boundary Elements, 2008, 32(2): 91-99.

[8] Harbrecht H, Schneider R. Wavelet Galerkin schemes for boundary integral equations-implementation and quadrature. SIAM Journal on Scientific Computing, 2006, 27(4): 1347-1370.

[9] 邓军. 高压直流输电线路合成电场及无线电干扰正逆问题研究[博士学位论文]. 广州: 华南理工大学, 2014.

[10] 丁大志. 复杂电磁问题的快速分析和软件实现[博士学位论文]. 南京: 南京理工大学, 2006.

第 6 章　变电站复杂工频电场计算方法

变电站是交流输变电工程中的重要纽带，内部包含变压器、断路器、隔离开关、电压电流互感器、电抗器等多种高压设备以及水泥支柱、绝缘支柱、杆塔等支撑物。变电站内工作走廊及其周围电场分布由各种高压带电设备、设备对地高度及线路运行电压决定，不同设备类型、结构尺寸、相对位置的差异性，导致变电站内电场分布极不均匀。通常采用现场测量的方式对内部电磁环境进行分析评估，但该方法受测量仪器及环境因素影响较大；运用有限元软件进行仿真需要对整个求解域进行剖分从而导致计算量、存储量很大，对计算机配置要求较高。本章提出以边界元方法为基础、结合新型快速多极子算法的快速计算方法。

6.1　边界元法数学基础

变电站内工频电场分布计算属于开域场问题，空间电场的求解可以看成多连通区域内的边值问题。对于不同的边界面，其边界已知量、未知量各不相同。为求解关注区域的电场分布，可建立图 6.1 所示的模型。

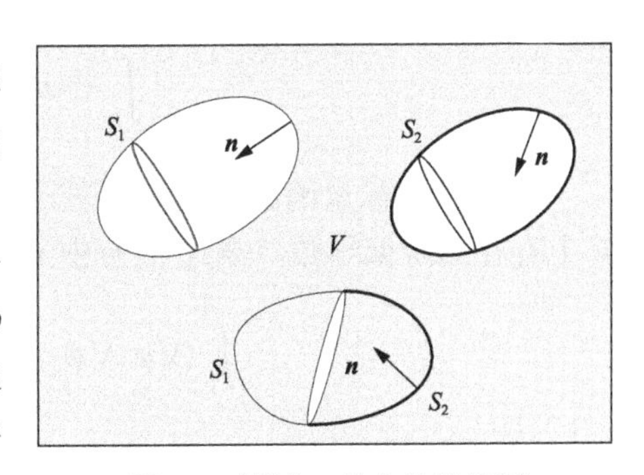

图 6.1　区域 V 的内边值问题

图 6.1 中，S_1、S_2 为不同种类介质边界面，区域 V 为电场求解域，其内部电位 φ 函数满足拉普拉斯方程，满足 Dirichlet 边界条件（式(6.1a)）或 Neumann 边界条件（式(6.1b)）。在此基础上，V 内任意一点的电位可以求出：

$$\begin{cases}\nabla^2\varphi=0\\ \varphi|_{S_i}=U_i\\ \varphi_1|_{S_{12}}=\varphi_2|_{S_{12}}\\ \varepsilon_1\dfrac{\partial\varphi_1}{\partial n}|_{S_{12}}=\varepsilon_2\dfrac{\partial\varphi_2}{\partial n}|_{S_{12}}\end{cases},\quad i=1,2 \tag{6.1a}$$

$$\begin{cases} \nabla^2 \varphi = 0 \\ -\varepsilon_i \dfrac{\partial \varphi}{\partial n}|_{S_i} = \sigma_i \\ \varphi_1 |_{S_{12}} = \varphi_2 |_{S_{12}} \\ \varepsilon_1 \dfrac{\partial \varphi_1}{\partial n}|_{S_{12}} = \varepsilon_2 \dfrac{\partial \varphi_2}{\partial n}|_{S_{12}} \end{cases}, \quad i = 1,2 \tag{6.1b}$$

6.1.1 边界积分方程的建立

边界积分方程建立的流程如下。

(1)将三维拉普拉斯算子的基本解作为权函数，根据 Green 等式建立求解域积分方程；

(2)借助 Gauss 公式建立域内积分和边界积分的关系，从而得到求解域内任意一点 P 处的电位积分表达式；

(3)将基本解的奇异点 P 区域边界点 p 求解，得到边界积分方程。

假设求解域 V 是由光滑曲面 S 所围成的有限区域，$\boldsymbol{n}$ 为其单位外法线矢量。如果矢量 $\boldsymbol{m}$ 满足在闭区域 $\bar{V}(S+V)$ 上连续，在开区域 V 上有连续偏导，则矢量 $\boldsymbol{m}$ 满足如下恒等式：

$$\int_V \nabla \cdot \boldsymbol{m} \mathrm{d}V = \int_S \boldsymbol{n} \cdot \boldsymbol{m} \mathrm{d}S \tag{6.2}$$

假设辅助标量函数 φ 与 ϕ 及其一阶偏导数在闭区域 $\bar{V}$ 上连续，并且在开区域 V 上存在二阶偏导数，令式(6.2)中 $\boldsymbol{m}=\phi\nabla\varphi$，则可以得到 Green 第一等式：

$$\int_V (\nabla\phi \cdot \nabla\varphi + \phi\nabla^2\varphi)\mathrm{d}V = \oint_S \phi \frac{\partial \varphi}{\partial n} \mathrm{d}S \tag{6.3}$$

将式(6.3)中的 φ 与 ϕ 交换位置，并与式(6.3)相减可以得到 Green 第二等式：

$$\int_V (\phi\nabla^2\varphi - \varphi\nabla^2\phi)\mathrm{d}V = \oint_S (\phi\nabla\varphi - \varphi\nabla\phi) \cdot \boldsymbol{n} \mathrm{d}S \tag{6.4}$$

若求解域为以 S 为内边界的开区域 V，为满足 Green 等式的适用条件，以原点为圆心，以 r 为半径作一包含求所有解域的球面 S_r，则在 S 与 S_r 之间的闭区域内满足 Green 第二等式：

$$\int_{V_r \cap V} (\phi\nabla^2\varphi - \varphi\nabla^2\phi)\mathrm{d}V = \oint_S (\phi\nabla\varphi - \varphi\nabla\phi) \cdot \boldsymbol{n} \mathrm{d}S + \oint_{S_r} (\phi\nabla\varphi - \varphi\nabla\phi) \cdot \boldsymbol{n} \mathrm{d}S \tag{6.5}$$

若 $r\to\infty$，式(6.5)仍然成立，那么必须满足

$$\lim_{r\to\infty}\oint_{S_r}(\phi\nabla\varphi-\varphi\nabla\phi)\cdot\boldsymbol{n}\mathrm{d}S=0 \tag{6.6}$$

由此可以得到以 S 为内边界的开区域 V 上的 Green 等式，与 S 为外边界的求解表达式一致，即式(6.4)：

$$\int_V(\phi\nabla^2\varphi-\varphi\nabla^2\phi)\mathrm{d}V=\oint_S(\phi\nabla\varphi-\varphi\nabla\phi)\cdot\boldsymbol{n}\mathrm{d}S$$

为得到形如式(6.1)、满足拉普拉斯方程并给定求解域边界条件问题解的积分表达式，需利用方程的单位点源奇异解(基本解)，即如下方程在无限域上的解：

$$\nabla^2\phi^s(P,Q)=-\Delta(P,Q) \tag{6.7}$$

式中，ϕ^s 表示方程对应的基本解，该解不仅是场点 Q 的函数，也是源点(奇异点)P 的函数；$\Delta(P,Q)$ 表示以源点 P 为奇异点的 Dirac Delta 函数，因此无限域问题(6.4)左边的积分式可表示为

$$\int_V(\phi\nabla^2\varphi-\varphi\nabla^2\phi)\mathrm{d}V=\int_V\varphi\Delta(P,Q)\mathrm{d}V=\varphi(P) \tag{6.8}$$

对于三维拉普拉斯方程，其基本解可以表示为 $\phi^s=1/(4\pi r)$，其中 r 为源点与场点之间的距离。

将三维拉普拉斯方程基本解 ϕ^s 作为辅助函数 ϕ 代入式(6.4)，可以得到域内任意一点电位的积分表达式：

$$\varphi(P)=\oint_S\left[\phi^s(P,q)\frac{\partial\varphi}{\partial n}(q)-\frac{\partial\phi^s(P,q)}{\partial n(q)}\varphi(q)\right]\mathrm{d}S(q) \tag{6.9}$$

式中，P 表示求解域内任意一点；q 表示边界面场点。为得到电位求解的边界积分方程，可以将基本解的奇异点 P 从域内 V 趋于边界点 p，于是有

$$c(p)\varphi(p)=\int_S\left[\phi^s(p,q)\frac{\partial\varphi}{\partial n}(q)-\frac{\partial\phi^s(p,q)}{\partial n(q)}\varphi(q)\right]\mathrm{d}S(q),\quad\forall p\in S \tag{6.10}$$

式中，p、q 分别表示边界面上的源点和场点；对于光滑边界，$c(p)=1/2$，对于角点 p，$c(p)=\delta/(4\pi)$，δ 为角点处域内一侧度量的立体角的弧度。

因此当对整个求解域内电位求解时，$c(p)$ 的选择为

$$c(p)=\begin{cases}1/2, & \text{源点位于光滑边界面}\\ \delta/(4\pi), & \text{源点位于角点}\\ 1, & \text{源点位于求解域内}\\ 0, & \text{源点位于求解域外}\end{cases} \tag{6.11}$$

一般情况下，可以将边界面 S 分为给定电位值(第一类边界条件)边界 S_1 及给定电位值法向导数(第二类边界条件)边界 S_2(图 6.1)，则式(6.10)可以改写为

$$\begin{aligned} c(p)\varphi(p) = &\int_{S_1}\left[\phi^s(p,q)\frac{\partial\varphi}{\partial n}(q) - \frac{\partial\phi^s(p,q)}{\partial n(q)}\varphi(q)\right]\mathrm{d}S(q) \\ &+\int_{S_2}\left[\phi^s(p,q)g(q) - \frac{\partial\phi^s(p,q)}{\partial n(q)}\varphi(q)\right]\mathrm{d}S(q) \end{aligned} \tag{6.12}$$

式中，$\varphi(q)$ 为 S_1 边界给定电位值；$g(q)$ 为 S_2 边界给定的电位值法向导数，因此每个边界点对应一个边界未知量 $\partial\varphi(q)/\partial n$ 或者 $\varphi(q)$。通过式(6.12)就可以求出边界面上每一点的电位，然后根据求解需要，利用叠加原理求出求解域 V 内任意点处的电位值和电场值。直接求解边界积分方程工作量会很大，而且被积函数的原函数不一定存在或很难找到，因此需要对问题求解边界进行离散化处理，采用数值方法进行求解。

6.1.2　边界积分方程的离散

边界元法是采用类似有限元的分元、离散思想建立起来的。边界元法具有降低求解问题空间维数的优点，因此边界元中三维问题的离散对应于有限元中的二维面单元，可以采用 MSC/PATRAN 软件进行前处理形成边界点及边界单元信息。不同的设备具有不同形状的边界面，如平面、圆柱面、圆锥面等[1]。

1) 平面边界单元

平面边界面元通常包含四边形单元和三角形单元两类。对于平面单元剖分，一般采用一阶三节点插值就可以满足计算要求，其所在面单元节点由三角形的顶点构成，如图 6.2 所示。对每个单元建立局部坐标系(ξ_1, ξ_2, ξ_3)，对于任意函数μ，局部坐标系与全局坐标系的关系为$\partial\mu/\partial\xi_i=J_{ij}\partial\mu/\partial x_j$，其中 J_{ij} 表示用于坐标变换的雅可比行矩阵中的一个元素。

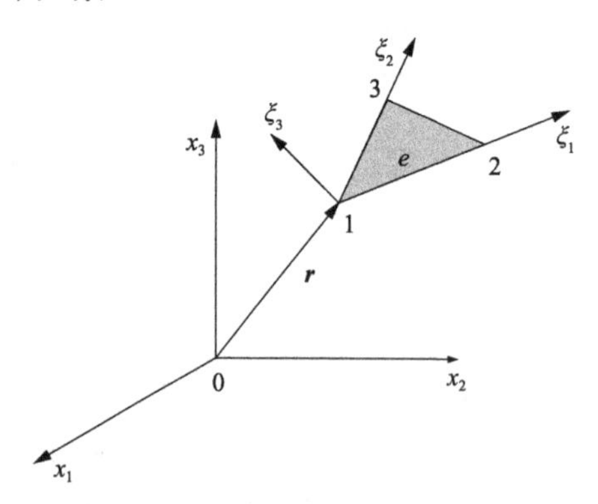

图 6.2　三角形剖分单元

局部坐标系内面积微元可以表示为

$$\mathrm{d}S=\left|\frac{\partial \boldsymbol{r}}{\partial \xi_1}\times\frac{\partial \boldsymbol{r}}{\partial \xi_2}\right|\mathrm{d}\xi_1\mathrm{d}\xi_2 \tag{6.13}$$

式中

$$\frac{\partial \boldsymbol{r}}{\partial \xi_i}=\left(\frac{\partial x_1}{\partial \xi_i},\frac{\partial x_2}{\partial \xi_i},\frac{\partial x_3}{\partial \xi_i}\right)$$

$$\begin{aligned}\left|\frac{\partial \boldsymbol{r}}{\partial \xi_1}\times\frac{\partial \boldsymbol{r}}{\partial \xi_2}\right|=&\left(\frac{\partial x_2}{\partial \xi_1}\frac{\partial x_3}{\partial \xi_2}-\frac{\partial x_3}{\partial \xi_1}\frac{\partial x_2}{\partial \xi_2}\right)^2\\&+\left(\frac{\partial x_3}{\partial \xi_1}\frac{\partial x_1}{\partial \xi_2}-\frac{\partial x_1}{\partial \xi_1}\frac{\partial x_3}{\partial \xi_2}\right)^2+\left(\frac{\partial x_1}{\partial \xi_1}\frac{\partial x_2}{\partial \xi_2}-\frac{\partial x_2}{\partial \xi_1}\frac{\partial x_1}{\partial \xi_2}\right)^2\end{aligned} \tag{6.14}$$

因此剖分单元的未知量就可以通过插值点处的电位值进行表示：

$$\begin{aligned}\varphi_e&=\sum_{l=1}^{m}N_l^{(m)}(\xi_1,\xi_2)\varphi_i(\xi_{1l},\xi_{2l})\\\frac{\partial \varphi_e}{\partial n}&=\sum_{l=1}^{m}N_l^{(m)}(\xi_1,\xi_2)\frac{\partial \varphi_i}{\partial n}(\xi_{1l},\xi_{2l})\end{aligned} \tag{6.15}$$

$N_l^{(m)}(\xi_1,\xi_2)$ 表示二维插值函数，若采用三节点线性插值多项式对电位函数进行插值，其相应形状函数可以表示为

$$\begin{cases}N_1^e=\xi_1(2\xi_1-1)\\N_2^e=\xi_2(2\xi_2-1)\\N_3^e=\xi_3(2\xi_3-1)\end{cases} \tag{6.16}$$

对于非平面设备的边界，为了得到高精度的计算结果，必须使剖分单元尽可能与实际边界接近，可以通过加密剖分增加离散单元数量来逼近实际边界，这将导致存储量的大幅度增加；高阶曲边形剖分单元可以提高计算精度，但是将增加节点数量，从而导致计算时间延长，影响计算效率。本书采用坐标系映射方式，将直角坐标系所对应的曲边形单元转换为柱坐标系下的直边单元进行插值计算。

2) 圆柱面边界单元

对于圆柱形设备，其表面任意点的位置可以通过直角坐标 (x, y, z) 或柱坐标 (r, θ, z) 来表示，因此圆柱面上对应的边界积分既可以在直角坐标系下计算，也可以

在柱坐标系下计算，柱坐标系中的面积微元可以通过直角坐标系转换来表示：

$$\mathrm{d}S = r\mathrm{d}\theta\mathrm{d}z \tag{6.17}$$

式中，$\theta\in[0, 2\pi]$为圆柱面对应的方位角。

直角坐标系到圆柱坐标系的转换关系为

$$\begin{cases} x = r\cos\theta \\ y = r\sin\theta \\ z = z \end{cases} \tag{6.18}$$

圆柱面外法向单位矢量 $\boldsymbol{e}_r$ 的三个方向分量可表示为

$$\begin{cases} e_{rx} = \cos\theta \\ e_{ry} = \sin\theta \\ e_{rz} = 0 \end{cases} \tag{6.19}$$

当圆柱体的半径 r 一定时，可以将边界区域表示为柱坐标系下由θ、z 所确定的矩形区域，当剖分按圆柱面的等 θ 线及等 z 线进行时，圆柱面上各曲边四边形单元与(θ, z)平面的矩形单元一一对应(图 6.3(a))；当剖分按任意曲面四边形进行时，直角坐标系下的曲面四边形与(θ, z)平面上的直边四边形一一对应(图 6.3(b))，由此可以将曲面积分转化为平面积分，从而运用平面单元插值技术进行求解。

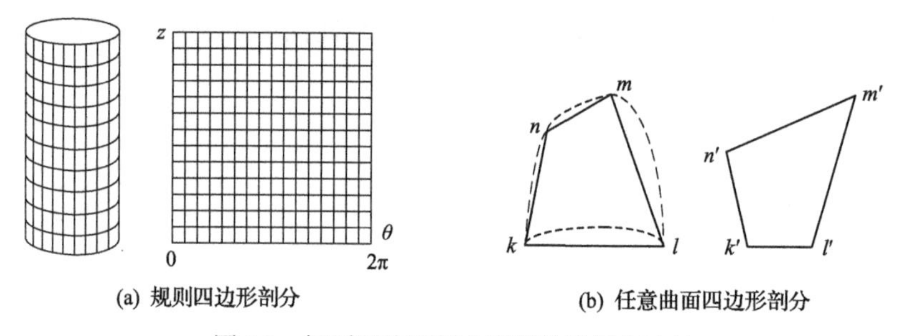

(a) 规则四边形剖分　　(b) 任意曲面四边形剖分

图 6.3　规则四边形和曲面四边形剖分映射

为了得到离散方程，可以将平面边界中面单元采用的形状函数运用于柱坐标系下的平面单元，建立单元对应的局部坐标系，通过坐标变换可以得到基于柱坐标平面单元的面单元为

$$\mathrm{d}S = r\mathrm{d}\theta\mathrm{d}z = r\left|\boldsymbol{J}\right|\mathrm{d}\xi\mathrm{d}\eta \tag{6.20}$$

式中，$|\boldsymbol{J}|$为边界单元从全局坐标系(θ, z)变换到局部坐标系(ξ, η)的雅可比行列式，其表达式为

$$|\boldsymbol{J}| = \frac{\partial\theta}{\partial\xi}\frac{\partial z}{\partial\eta} - \frac{\partial\theta}{\partial\eta}\frac{\partial z}{\partial\xi} \tag{6.21}$$

3) 圆锥面边界单元

与圆柱面相似，圆锥面上的点也可以通过直角坐标系(x, y, z)及柱坐标系(r, θ, z)分别表示。当r一定时，圆锥面上的任意一点便可以通过(θ, z)唯一确定，由于柱坐标系属于正交坐标系，直角坐标系下圆锥面上的点将与由θ、z围成的矩形域内的点一一对应，如图6.4所示。

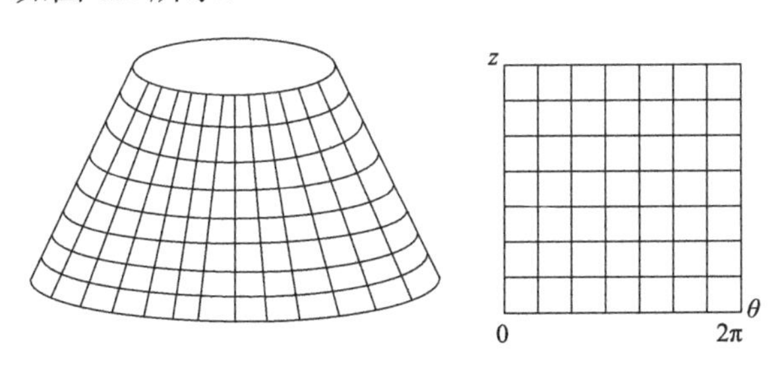

图6.4　圆锥面坐标系转换

为了得到直角坐标系下曲面元到柱坐标系下平面元的转换关系，建立图6.5所示的圆锥曲面，其中r_1与r_2分别为圆锥台上下平面的半径，h为圆锥台高度，α为母线与下表面的夹角。对于圆锥面上的任一点，r满足$r=r_2-z\cot\alpha$，由此可以得到柱坐标系下表示的圆锥面面元：

$$\mathrm{d}S = \frac{r}{\sin\alpha}\mathrm{d}\theta\mathrm{d}z = \frac{r_2 - z\cot\alpha}{\sin\alpha}\mathrm{d}\theta\mathrm{d}z \tag{6.22}$$

式中，$\cot\alpha = \dfrac{1}{\tan\alpha} = \dfrac{r_2 - r_1}{h}$。

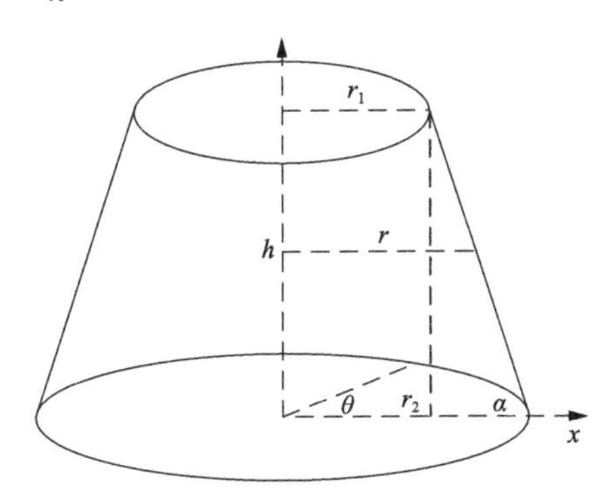

图6.5　柱坐标系下圆锥曲面

其直角坐标系到柱坐标系的转换关系与式(6.18)一致，圆锥面外法线方向$\boldsymbol{e}_r$

的三个分量可以表示为

$$\begin{cases} e_{rx} = \sin\alpha\cos\theta \\ e_{ry} = \sin\alpha\sin\theta \\ e_{rz} = \cos\alpha \end{cases} \tag{6.23}$$

这样，通过坐标变换就可以将圆锥面边界积分转化为柱坐标系下(θ, z)平面矩形区域内的积分，然后利用平面单元插值方法进行离散处理。

6.2　变电站工频电场边界元方程组的建立与求解

6.2.1　边界元方程组的建立

当设备稳定运行时，变电站内及周围工频电场分布属于静电场问题。以高压侧开关场为例，由于支柱、互感器、开关等多种设备的存在，内部电场分布受进线高度、设备表面电位分布、设备高度等多种因素的影响，因高压引线引入电流互感器设备内，在电流互感器与断路器之间将出现高场强区域。因此分析开关场周围电场分布时，必须以实际尺寸进行建模，综合考虑各种面电荷分布，进行离散叠加求解。根据材料特性的不同，变电站开关场设备可分为绝缘支柱、金属支柱、水泥支柱、悬浮导体。在高压进线的作用下，各设备表面将产生不同类型的电荷分布：①自由面电荷分布(金属支柱、悬浮导体表面)；②介质表面极化电荷分布(绝缘支柱、绝缘子表面)；③大地表面自由电荷分布。

为简化求解物理模型，现做如下假设：

(1)变电站设备稳定运行，忽略暂态因素影响(如过电压等)，忽略高次谐波的影响，工频电场为准静态场，忽略电磁波推迟作用；

(2)不同介质(如电极与空气、绝缘子与空气等)分界面处应满足电通连续性条件；

(3)大地电位为零，与大地相连的水泥支柱或金属支柱表面的电位分布为零，研究高压侧开关场电位分布时，忽略周边设备对电场分布的影响；

(4)忽略电晕效应、局部放电等局部因素对整体电位分布的影响；

(5)导体、绝缘支柱与绝缘子均为各向同性介质。

通过以上假设处理，变电站内开关场电场分布应为自由电荷、极化电荷共同作用产生的结果。计算模型中将高压进线、设备间连接短导线、水泥支柱、金属支柱视为圆柱体或立方体；绝缘子、绝缘支柱表面视为圆锥面。按 6.1.2 节进行平面三角形或规则曲面四边形剖分。

对于变电站内任意点的电位，可以通过叠加原理，将所有设备表面等效电荷产生的空间电位进行叠加求得：

$$\begin{aligned}&\sum_{k=1}^{N_a}\int_{S_k}G(p,q)\sigma(q)\mathrm{d}S_k+\sum_{l=1}^{N_b}\int_{S_l}G(p,q)\sigma_f(q)\mathrm{d}S_l+\int_{S_g}G(p,q)\sigma_f(q)\mathrm{d}S_g\\&+\sum_{m=1}^{N_c}\int_{S_m}G(p,q)\sigma_f(q)\mathrm{d}S_m+\sum_{d=1}^{N_d}\int_{S_d}G(p,q)\sigma_f(q)\mathrm{d}S_d=\varphi(p)\end{aligned} \tag{6.24}$$

式中，N_a 为绝缘子数量；S_k 为第 k 个绝缘设备的边界面；N_b 为水泥支柱、金属支柱的数量；S_l 为第 l 个支柱设备的边界面；N_c 为悬浮导体的数量；S_m 为第 m 个悬浮导体的边界面；S_g 为变电站大地表面；N_d 为高压进线、设备间连接短线的数量；S_d 为第 d 段高压进线或设备间连接短线边界面；$\sigma(q)$ 为介质表面极化电荷密度；$\sigma_f(q)$ 为自由电荷面密度；$\varphi(p)$ 为变电站求解域内边界面上任意点处的电位。

三维电场调和方程的基本解可以表示为

$$G(p,q)=\frac{1}{4\pi\varepsilon r} \tag{6.25}$$

$$r=\sqrt{(x-x_o)^2+(y-y_o)^2+(z-z_o)^2} \tag{6.26}$$

式中，ε 为介质介电常数(根据不同介质材料属性来定)；r 为场点与源点之间的距离。由此可以看出，如果已知边界节点的电位，就可以得到各设备边界面的电荷分布密度，从而通过叠加原理求得求解域内任意点处的电位值或电场强度。然而一般情况下，绝缘子、悬浮导体的表面电位是未知的，因而必须建立其边界面连续性方程，施加约束条件，完成电位求解。不同分界面示意图如图 6.6 所示。

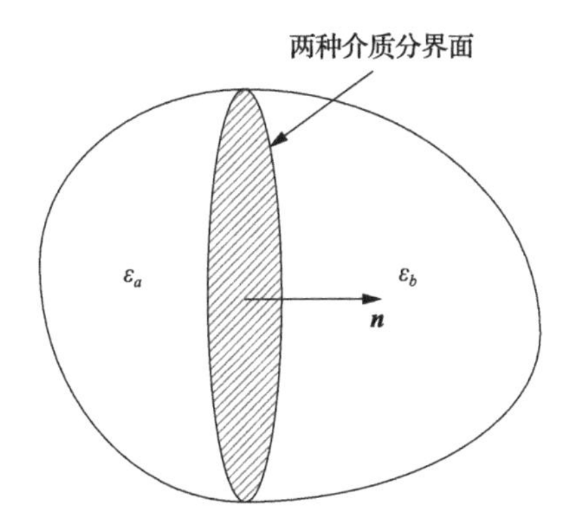

图 6.6　不同介质分界面示意图

不同介质分界面满足连续性条件，有

$$\varepsilon_a\left.\frac{\partial\varphi}{\partial n}\right|_a=\varepsilon_b\left.\frac{\partial\varphi}{\partial n}\right|_b \tag{6.27}$$

$\boldsymbol{n}$ 为边界面正法向矢量，ε_a 和 ε_b 分别为不同介质的相对介电常数。对于变电站开关场区域，主要存在绝缘介质与空气的分界面以及悬浮导体与空气的分界面。

1)绝缘子与空气分界面的边界积分方程

$$\begin{aligned}&\frac{1}{2\varepsilon_0}\frac{\varepsilon_b+\varepsilon_a}{\varepsilon_b-\varepsilon_a}\sigma_i+\sum_{k=1}^{N_a}\int_{S_k}\frac{\partial G(p,q)}{\partial n_i}\sigma(q)\mathrm{d}S_k\\&+\sum_{l=1}^{N_b}\int_{S_l}\frac{\partial G(p,q)}{\partial n_i}\sigma_f(q)\mathrm{d}S_l+\int_{S_g}\frac{\partial G(p,q)}{\partial n_i}\sigma_f(q)\mathrm{d}S_g\\&+\sum_{m=1}^{N_c}\int_{S_m}\frac{\partial G(p,q)}{\partial n_i}\sigma_f(q)\mathrm{d}S_m+\sum_{d=1}^{N_d}\int_{S_d}\frac{\partial G(p,q)}{\partial n_i}\sigma_f(q)\mathrm{d}S_d=0\end{aligned}\tag{6.28}$$

2)悬浮导体与空气交界面的边界积分方程

悬浮导体的相对介电常数可视为无穷大，即当$\varepsilon_b\to\infty$时，有

$$\begin{aligned}&\frac{1}{2\varepsilon_0}\sigma_i+\sum_{k=1}^{N_a}\int_{S_k}\frac{\partial G(p,q)}{\partial n_i}\sigma(q)\mathrm{d}S_k\\&+\sum_{l=1}^{N_b}\int_{S_l}\frac{\partial G(p,q)}{\partial n_i}\sigma_f(q)\mathrm{d}S_l+\int_{S_g}\frac{\partial G(p,q)}{\partial n_i}\sigma_f(q)\mathrm{d}S_g\\&+\sum_{m=1}^{N_c}\int_{S_m}\frac{\partial G(p,q)}{\partial n_i}\sigma_f(q)\mathrm{d}S_m+\sum_{d=1}^{N_d}\int_{S_d}\frac{\partial G(p,q)}{\partial n_i}\sigma_f(q)\mathrm{d}S_d=0\end{aligned}\tag{6.29}$$

运用三角形单元和曲面四边形单元(圆柱面及圆锥面)对整个求解边界面进行剖分，重新组合便可以得到线性方程组。

利用有限元离散技术，将设备表面 S 按不同的剖分方式进行离散，剖分得到的节点数为 $N=N_i+N_s+N_b+N_l+N_g$，其中，N_i 为绝缘子及绝缘支柱剖分节点数；N_s 为悬浮导体的剖分节点数；N_b 为水泥或金属支柱剖分的节点数；N_l 为高压侧进线及设备间连接短线的节点数；N_g 为大地表面的节点数。按 6.1.2 节的离散方法对求解域进行离散得到如下形式的边界元表达形式：

$$\begin{bmatrix}\boldsymbol{A}_1\\\boldsymbol{A}_2\\\boldsymbol{A}_3\end{bmatrix}\boldsymbol{\sigma}=\begin{bmatrix}0\\0\\\boldsymbol{V}\end{bmatrix}\tag{6.30}$$

式中，$\boldsymbol{A}_1$ 为设备绝缘子及支柱绝缘子对应的系数矩阵，维数为 $N_i\times N$；$\boldsymbol{A}_2$ 为悬浮导体对应的系数矩阵，维数为 $N_s\times N$；$\boldsymbol{A}_3$ 为大地、支柱和连接线组成的电位已知的系数矩阵，维数为$(N_b+N_l+N_g)\times N$；$\boldsymbol{\sigma}$ 为求解各区域物体的电荷密度向量；$\boldsymbol{V}$ 为大地、支柱和连接线组成的已知电位向量。

系数矩阵离散求解表达式分别如下所示：

$$
\begin{aligned}
A_{1ij} &= \frac{1}{2\varepsilon_0}\frac{\varepsilon_b+\varepsilon_a}{\varepsilon_b-\varepsilon_a}\sum_e \iint_{S_e} N_i N_j \frac{\partial G(p,q)}{\partial n_i}\mathrm{d}S_e + \sum_e\sum_{e'}\iint_{S_e}\iint_{S_{e'}} N_i N_j \frac{\partial G(p,q)}{\partial n_i}\mathrm{d}S_e \mathrm{d}S_{e'} \\
&= \frac{1}{2\varepsilon_0}\frac{\varepsilon_b+\varepsilon_a}{\varepsilon_b-\varepsilon_a}\sum_e \int_0^1\int_0^{1-\xi} N_i N_j \frac{\partial G}{\partial n}|\boldsymbol{J}|\mathrm{d}\xi\mathrm{d}\eta \\
&\quad + \sum_e \int_0^1\int_0^{1-\xi} N_i \left(\sum_{e'}\int_0^1\int_0^{1-\xi} N_j \frac{\partial G}{\partial n}|\boldsymbol{J}|\mathrm{d}\xi\mathrm{d}\eta\right)|\boldsymbol{J}|\mathrm{d}\xi\mathrm{d}\eta
\end{aligned} \tag{6.31}
$$

$$
\begin{aligned}
A_{2ij} &= \frac{1}{2\varepsilon_0}\sum_e \iint_{S_e} N_i N_j \frac{\partial G(p,q)}{\partial n_i}\mathrm{d}S_e + \sum_e\sum_{e'}\iint_{S_e}\iint_{S_{e'}} N_i N_j \frac{\partial G(p,q)}{\partial n_i}\mathrm{d}S_e \mathrm{d}S_{e'} \\
&= \frac{1}{2\varepsilon_0}\sum_e \int_0^1\int_0^{1-\xi} N_i N_j \frac{\partial G}{\partial n}|\boldsymbol{J}|\mathrm{d}\xi\mathrm{d}\eta \\
&\quad + \sum_e \int_0^1\int_0^{1-\xi} N_i \left(\sum_{e'}\int_0^1\int_0^{1-\xi} N_j \frac{\partial G}{\partial n}|\boldsymbol{J}|\mathrm{d}\xi\mathrm{d}\eta\right)|\boldsymbol{J}|\mathrm{d}\xi\mathrm{d}\eta
\end{aligned} \tag{6.32}
$$

$$
\begin{aligned}
A_{3ij} &= \sum_e\sum_{e'}\iint_{S_e}\iint_{S_{e'}} N_i N_j G(p,q)\mathrm{d}S_e \mathrm{d}S_{e'} \\
&= \sum_e \int_0^1\int_0^{1-\xi} N_i \left(\sum_{e'}\int_0^1\int_0^{1-\xi} N_j G(\xi,\eta)|\boldsymbol{J}|\mathrm{d}\xi\mathrm{d}\eta\right)|\boldsymbol{J}|\mathrm{d}\xi\mathrm{d}\eta
\end{aligned} \tag{6.33}
$$

式中，e 为场边界；e'为源边界；S_e 为场边界对应的面元；$S_{e'}$为源边界对应的面元；$|\boldsymbol{J}|$为转换雅可比矩阵。平面、圆柱面、圆锥面按 6.1.2 节采用相应的表达形式。

系数矩阵得到后，根据线性方程组 $\boldsymbol{A\sigma}=\boldsymbol{\varphi}$，在已知设备边界面电位的情况下，可求得带电设备电荷密度 $\boldsymbol{\sigma}$。对于求解空间中的观测点，根据其坐标位置重新求解系数矩阵 $\boldsymbol{A}'$，再求线性方程组可得观测点的电位，进而可求解其电场分量：

$$
E_x(x,y,z) = -\frac{\varphi(x+\Delta x,y,z)-\varphi(x-\Delta x,y,z)}{2\Delta x} \tag{6.34}
$$

$$
E_y(x,y,z) = -\frac{\varphi(x,y+\Delta y,z)-\varphi(x,y-\Delta y,z)}{2\Delta y} \tag{6.35}
$$

$$
E_z(x,y,z) = -\frac{\varphi(x,y,z+\Delta z)-\varphi(x,y,z-\Delta z)}{2\Delta z} \tag{6.36}
$$

6.2.2 边界元方程组的求解

1) GMRES 迭代算法

由于边界元代数方程组的系数矩阵一般情况为非对称满阵，其计算存储量为 $O(N^2)$，直接求解计算量为 $O(N^3)$。当求解问题规模较小时，可以运用 Gauss 消去法等直接算法进行求解，但随着问题规模的扩大，系数矩阵 $\boldsymbol{A}$ 的维数将不断增加，从而导致存储量、计算量显著增大，因此需要采用迭代方法进行求解。目前应用最广泛的迭代法为 GMRES。该方法在保持存储量不变的情况下，将计算量降低为 $O(N^2)$。本书后面也将采用此方法进行变电站开关场电场分布的求解。

GMRES 是基于 Krylov 向量子空间发展起来的一种高效迭代算法。针对形如 $\boldsymbol{A\sigma}=\boldsymbol{\varphi}$ 的线性方程组，其求解步骤如下[2,3]：

(1) 选择初始向量 $\boldsymbol{\sigma}_0\in\mathbf{R}^n$，计算 $\boldsymbol{r}_0=\boldsymbol{\varphi}-\boldsymbol{A\sigma}_0$，$\boldsymbol{v}_1=\boldsymbol{r}_0/\|\boldsymbol{r}_0\|$；

(2) 设置收敛残差为ε，k 从 1 开始循环，直到最大求解步数；

(3) 对于 $j=1, 2,\cdots, k$，计算过程如下：

$$h_{ij}=(\boldsymbol{v}_i,\boldsymbol{A}\boldsymbol{v}_j),\quad i=1,2,\cdots,j$$

$$\tilde{\boldsymbol{v}}_{j+1}=\boldsymbol{A}\boldsymbol{v}_j-\sum_{i=1}^{j}\boldsymbol{v}_i h_{ij}$$

$$h_{(j+1)j}=\left\|\tilde{\boldsymbol{v}}_{j+1}\right\|$$

$$\boldsymbol{v}_{j+1}=\tilde{\boldsymbol{v}}_{j+1}/h_{(j+1)j}$$

(4) 求解最小二乘问题：

$$\min_{y\in\mathbf{R}^k}\left\|\beta\boldsymbol{e}_1-\bar{\boldsymbol{H}}_k\boldsymbol{y}\right\|$$

求得 $\boldsymbol{y}$，进而得到

$$\boldsymbol{\sigma}_k=\boldsymbol{\sigma}_0+\boldsymbol{V}_k\boldsymbol{y}$$

式中，$\boldsymbol{e}_1=\{1, 0, 0,\cdots\}^{\mathrm{T}}$，$\boldsymbol{V}_k=[\boldsymbol{v}_1,\boldsymbol{v}_2,\cdots,\boldsymbol{v}_k]$。

(5) $\boldsymbol{r}_k=\boldsymbol{\varphi}-\boldsymbol{A\sigma}_k$，如果$\|\boldsymbol{r}_k\|/\beta<\varepsilon$，迭代收敛，$\boldsymbol{\sigma}_k$ 即为所求方程组的收敛解，如果不满足收敛条件，则回到(2)重新开始计算。

上述 GMRES 中，$\|\bullet\|$表示范数；$\bar{\boldsymbol{H}}_k$ 表示修正的$(k+1)\times k$ 阶上三角 Hessenberg 矩阵，h_{ij} 为矩阵 $\bar{\boldsymbol{H}}_k$ 的元素；$\boldsymbol{V}_k$ 是 Krylov 矢量子空间。从算法的描述可以看出，算法的每一步都包含系数矩阵 $\boldsymbol{A}$ 和其他矢量的乘积运算，因此保持了矩阵结构的完整性。该算法的迭代收敛速度和方程组系数矩阵条件数直接相关，因此使用适当的预条件处理，降低系数矩阵条件数，将得到更好的收敛性能。

2) 预条件处理技术

在运用 GMRES 进行方程组的求解过程中，其收敛速度取决于方程组系数矩阵 $\boldsymbol{A}$ 的谱性质，因此在求解之前可以先对系数矩阵 $\boldsymbol{A}$ 进行预条件处理，将其转化为谱性质较好的等效矩阵来进行求解。假设存在一个与系数矩阵 $\boldsymbol{A}$ 相近似的矩阵 $\boldsymbol{P}$，那么可以将原边界元方程组改写为 $\boldsymbol{P}^{-1}\boldsymbol{A}\boldsymbol{\sigma}=\boldsymbol{P}^{-1}\boldsymbol{\varphi}$，可以看出此方程组与原边界元方程组具有相同的解，但由于 $\boldsymbol{P}^{-1}\boldsymbol{A}$ 的谱性质比系数矩阵 $\boldsymbol{A}$ 好，从而使得求解方程组具有更好的收敛性。因此，本书在运用 GMRES 求解边界元方程组时，首先寻找一个与系数矩阵 $\boldsymbol{A}$ 相近似的谱性质更好的矩阵，然后进行迭代求解。预条件处理矩阵 $\boldsymbol{P}$ 的选择必须具备以下两个条件：预条件处理矩阵的引入必须使迭代收敛速度加快；矩阵 $\boldsymbol{P}$ 增加的额外计算量和存储量要小。本书采用不完全 LU(ILU) 分解法来改善系数矩阵 $\boldsymbol{A}$ 的谱性质。

进行 LU 分解后，原系数矩阵 $\boldsymbol{A}$ 的零元素位置将用非零元素填充，这些元素称为填充元素。ILU 分解法为将其中一部分非零填充元素忽略，从而保留了部分稀疏特性，该方法的处理效果取决于所选矩阵 $\boldsymbol{P}^{-1}$ 与系数矩阵 $\boldsymbol{A}^{-1}$ 的相似程度。本书选择 D-ILU 进行因子分解，因为该方法比其他 ILU(0) 方法需要的存储量要少，并且 D-ILU 方法仅改变对角线上的元素，因此可以不进行元素的填充。该方法的实现过程为：将 $\boldsymbol{A}$ 分解为 $\boldsymbol{A}=\boldsymbol{D}_A+\boldsymbol{L}_A+\boldsymbol{U}_A$(其中 $\boldsymbol{D}_A$、$\boldsymbol{L}_A$、$\boldsymbol{U}_A$ 分别为系数矩阵 $\boldsymbol{A}$ 的对角矩阵、下三角矩阵及上三角矩阵)，那么预条件处理矩阵 $\boldsymbol{P}$ 可以表示为 $\boldsymbol{P}=(\boldsymbol{D}+\boldsymbol{L}_A)\boldsymbol{D}^{-1}(\boldsymbol{D}+\boldsymbol{U}_A)$，$\boldsymbol{D}$ 为由主元素组成的对角矩阵。

6.3　新型快速多极边界元算法

通过引入 GMRES 迭代算法求解边界元形成的线性方程组，缩短了求解时间，运用预条件处理技术改善了系数矩阵 $\boldsymbol{A}$ 的谱性质从而得到较好的收敛性能。但是 GMRES 迭代算法并没有降低计算存储量。随着问题规模的扩大，计算量、存储量都与剖分单元数的平方成正比，因此很难运用其解决大规模变电站复杂工频电场问题，亟须采用更有效的方法来提高边界元线性方程组的求解效率。

快速多极子算法的引入解决了边界元求解大规模问题的局限性，运用多极展开、局部展开和展开系数的传递来求解大量远距单元的矩阵与向量乘积，采用自适应树结构隐式存储方程组的系数矩阵，从而将计算量和存储量都降低至 $O(N)$。

6.3.1　快速多极子算法基础

假设在点 $X_1(\rho_1, \alpha_1, \beta_1), X_2(\rho_2, \alpha_2, \beta_2), \cdots, X_N(\rho_N, \alpha_N, \beta_N)$ 处分别具有强度为 $q_1, q_2, \cdots, q_N$ 的点电荷，所有点均位于以源点为圆心、a 为半径的球内，那么对于球外任意点 $X(r, \theta, \xi)$，由球内点电荷产生的电位可以表示为

$$\phi(X)=\sum_{n=0}^{\infty}\sum_{m=-n}^{n}\frac{M_n^m}{r^{n+1}}\cdot Y_n^m(\theta,\xi) \tag{6.37}$$

式中

$$M_n^m=\sum_{i=1}^{N}q_i\cdot\rho_i^n\cdot Y_n^{-m}(\alpha_i,\beta_i) \tag{6.38}$$

$$Y_n^m(\theta,\xi)=\sqrt{\frac{(n-|m|!)}{n+|m|!}}\cdot P_n^{|m|}(\cos\theta)\mathrm{e}^{\mathrm{j}m\xi} \tag{6.39}$$

$$P_n^m(x)=(-1)^m(1-x^2)^{m/2}\frac{d^m}{dx^m}P_n(x) \tag{6.40}$$

其中，$P_n^m(x)$为勒让德多项式。

对于多极展开阶数$(p\geqslant1)$，其截断误差可以表示为

$$\left|\phi(X)-\sum_{n=0}^{p}\sum_{m=-n}^{n}\frac{M_n^m}{r^{n+1}}\cdot Y_n^m(\theta,\xi)\right|\leqslant\frac{\sum_{i=1}^{N}|q_i|}{r-a}\left(\frac{a}{r}\right)^{p+1} \tag{6.41}$$

假设在点$X_1(\rho_1,\alpha_1,\beta_1),X_2(\rho_2,\alpha_2,\beta_2),\cdots,X_N(\rho_N,\alpha_N,\beta_N)$处分别具有强度为$q_1,q_2,\cdots,q_N$的点电荷，所有点均位于以源点为圆心、$a$为半径的球外，那么对于球内任意点$X(r,\theta,\xi)$，由球外点电荷产生的电位可以表示为

$$\phi(X)=\sum_{i=0}^{\infty}\sum_{k=-i}^{i}L_i^k\cdot Y_i^k(\theta,\xi)\cdot r^i \tag{6.42}$$

式中

$$L_i^k=\sum_{l=1}^{N}q_l\cdot\frac{Y_i^{-k}(\alpha_l,\beta_l)}{\rho_l^{i+1}} \tag{6.43}$$

对于局部展开阶数$(p\geqslant1)$，其截断误差可以表示为

$$\left|\phi(X)-\sum_{i=0}^{p}\sum_{k=-i}^{i}L_i^k\cdot Y_i^k(\theta,\xi)\cdot r^{i+1}\right|\leqslant\left(\frac{\sum_{i=1}^{N}|q_i|}{a-r}\right)\left(\frac{r}{a}\right)^{p+1} \tag{6.44}$$

快速多极子算法主要依赖多极展开阶数以及局部展开系数的传递，主要包括

多极聚合、多极转移、多极发散，其相应的传递表达式分析如下。

假设在以 $X_0(\rho, \alpha, \beta)$ 为圆心、a 为半径的球内包含 N 个强度分别为 $q_1, q_2, \cdots, q_N$ 的点电荷，那么对于球外任意点 $X(r, \theta, \xi)$，由球内点电荷产生的电位可以表示为

$$\phi(X) = \sum_{n=0}^{\infty} \sum_{m=-n}^{n} \frac{O_n^m}{r^{m+1}} \cdot Y_n^m(\theta', \xi') \tag{6.45}$$

式中，(r', θ', ξ') 表示矢量 $\boldsymbol{XX}_0$ $(\boldsymbol{XX}_0 = X - X_0)$。源点在圆心、半径为 $a+\rho$ 的球外任意点的电位可以表示为

$$\phi(X) = \sum_{i=0}^{\infty} \sum_{k=-i}^{i} \frac{M_i^k}{r^{i+1}} \cdot Y_i^k(\theta, \xi) \tag{6.46}$$

式中

$$M_i^k = \sum_{n=0}^{i} \sum_{m=-n}^{n} \frac{O_{i-n}^{k-m} \cdot \mathrm{j}^{|k|-|m|-|k-m|} \cdot A_n^m \cdot A_{i-n}^{k-m} \cdot \rho^n \cdot Y_n^{-m}(\alpha, \beta)}{A_i^k} \tag{6.47}$$

$$A_n^m = \frac{(-1)^n}{\sqrt{(n-m)!(n+m)!}} \tag{6.48}$$

对于多极展开阶数 $(p \geqslant 1)$，多极转移带来的截断误差可以表示为

$$\left| \phi(X) - \sum_{i=0}^{p} \sum_{k=-i}^{i} \frac{M_i^k}{r^{i+1}} \cdot Y_i^k(\theta, \xi) \right| \leqslant \left(\frac{\sum_{i=1}^{n} |q_i|}{r - (a+\rho)} \right) \left(\frac{a+\rho}{r} \right)^{p+1} \tag{6.49}$$

假设在以 $X_0(\rho, \alpha, \beta)$ 为圆心、a 为半径的球内包含 N 个强度分别为 $q_1, q_2, \cdots, q_N$ 的点电荷，并且有 $\rho > (c+1)a$，其中 $c > 1$。由式(6.45)可以得到以源点为圆心、a 为半径的球内任意点 $X(r, \theta, \xi)$ 的电位：

$$\phi(X) = \sum_{i=0}^{\infty} \sum_{k=-i}^{i} L_i^k \cdot Y_i^k(\theta, \xi) \cdot r^i \tag{6.50}$$

式中

$$L_i^k = \sum_{n=0}^{\infty} \sum_{m=-n}^{n} \frac{O_n^m \cdot \mathrm{j}^{|k-m|-|k|-|m|} \cdot A_n^m \cdot A_i^k \cdot Y_{i+n}^{m-k}(\alpha, \beta)}{(-1)^n A_{i+n}^{m-k} \cdot \rho^{i+n+1}} \tag{6.51}$$

对于多极展开阶数($p\geqslant 1$)，多极转移带来的截断误差可以表示为

$$\left|\phi(X)=\sum_{i=0}^{p}\sum_{k=-i}^{i}L_i^k\cdot Y_i^k(\theta,\xi)\cdot r^{i+1}\right|\leqslant\left(\frac{\sum_{i=1}^{n}|q_i|}{ca-a}\right)\left(\frac{1}{c}\right)^{p+1}\tag{6.52}$$

式中，c 为多极矩与局部展开点之间的距离。

假设点 X_0、X 分别位于(ρ,α,β)、(r,θ,ξ)，(r',θ',ξ')表示矢量 $\boldsymbol{XX}_0$，使 X_0 为 p 阶局部展开的中心，X 处的电位可表示为

$$\phi(X)=\sum_{n=0}^{p}\sum_{m=-n}^{n}O_n^m\cdot Y_n^m(\theta',\xi')\cdot r'^n\tag{6.53}$$

$$\phi(X)=\sum_{i=0}^{p}\sum_{k=-i}^{i}L_i^k\cdot Y_i^k(\theta,\xi)\cdot r^i\tag{6.54}$$

$$L_i^k=\sum_{n=i}^{p}\sum_{m=-n}^{n}\frac{O_n^m\cdot \mathrm{j}^{|m|-|m-k|-|k|}\cdot A_{n-i}^{m-k}A_i^k\cdot Y_{n-i}^{m-k}(\alpha,\beta)\cdot\rho^{n-i}}{(-1)^{n+i}\cdot A_n^m}\tag{6.55}$$

6.3.2　自适应树结构

自适应树结构的引入可以平衡 FMM 计算单元与直接求解单元之间的选择，能够最优地降低直接计算带来的计算量。其基本原理为：运用一个足够大的立方体包围整个电位求解区域，并作为树结构(图 6.7)中的第 0 层；将每一层的每个立方体分成 8 个等大小的小立方体，去除不含求解边界单元的立方体，在同层的两个立方体之间，如果具有至少一个相邻边界点就称两个立方体为近亲立方体(立方体本身也包含在内)，否则被认为是远亲立方体。从第 2 层开始的每个立方体 b 都包含一个相互作用列表，包含其父层立方体与 b 的父层立方体相邻但本身与立方体 b 不相邻的所有立方体。为更好地实施自适应快速多极子算法，现对所有立方体间的相互作用关系分为如下四类(图 6.8)：

第 1 类包含所有与立方体 b(无子层立方体)相邻的无子层立方体，当立方体 b 包含子层立方体时，该类为空；

第 2 类指 b 的相互作用列表所包含的所有立方体；

第 3 类包含所有 l+1 层的立方体 c，其中 c 与无子层立方体 b 不相邻但相隔一个与 c 大小相同的立方体；并且包含 l–1 层所有无子层立方体 c'，其中 c'与 b(并不必须要求为无子层)不相邻但与 b 相隔一个与 b 大小相同的立方体；

第 4 类包含所有大于 l+1 层的立方体 c，其中 c 与无子层立方体 b 不相邻但相

隔一个与 c 同大小的立方体；并且包含小于 l–1 层的立方体 c'，其中 c' 与 b(并不必须是无子集的)不相邻但相隔一个与 b 同大小的立方体。

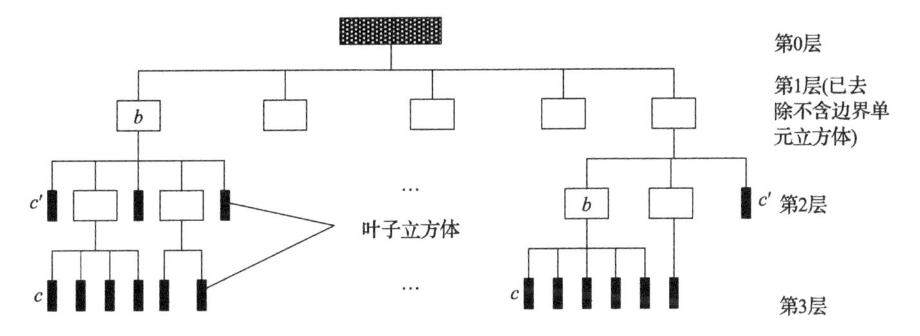

图 6.7　三维问题八叉树结构

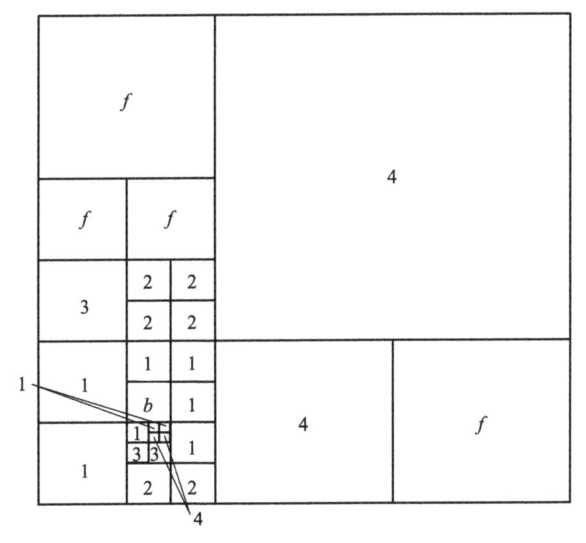

图 6.8　相互作用立方体单元分类

1-近亲无子集；2-远亲无子集；3-子层无子集；4-父层无子集；f-无任何关系子集

6.4　变电站工频电场求解的新型自适应快速多极边界元法

6.4.1　边界积分表达式的展开与传递

针对变电站工频电场分布的计算，通过边界元法降维、有限元技术剖分离散后，电位的求解主要体现为面单元积分的求和。对于求解域内的任意一点，其电位为

$$\varphi[r(P,Q)]=\frac{1}{4\pi\varepsilon_0}\int_{S'}\frac{\sigma(r')\mathrm{d}S'}{r(P,Q)} \tag{6.56}$$

快速多极子边界元法通常与迭代算法配合使用，其基本思想是：在边界元迭代求解的每一步迭代中，使用树结构来描述系数矩阵与迭代矢量的相乘运算，因此系数矩阵不需要使用数组来显示存储，通过对树结构的一次递归操作，就可以得到系数矩阵与迭代矢量相乘的结果，而且计算精度可以通过调节展开阶数的大小来进行控制；快速多极子边界元法的第一步是将核函数展开成两个谐函数系列的乘积之和，其中一个谐函数仅与源点有关，另外一个谐函数仅与场点有关，假设源点 P 位于 (ρ_1,θ_1,ξ_1)，场点 Q 位于 (ρ_2,θ_2,ξ_2)，则三维静电场问题核函数可以表示为

$$\frac{1}{4\pi\varepsilon r(P,Q)}=\frac{1}{4\pi\varepsilon}\sum_{l=0}^{\infty}\sum_{m=-l}^{l}S_{lm}(\overrightarrow{OP})R_{lm}(\overrightarrow{OQ}) \tag{6.57}$$

式中，S_{lm}、R_{lm} 分别为与源点、场点有关的球谐函数。其求解如下：

$$S_{lm}(\overrightarrow{OP})=(l-m)!P_l^m(\cos\theta_1)\mathrm{e}^{\mathrm{j}m\xi_1}\frac{1}{\rho_1^{\ l+1}} \tag{6.58}$$

$$R_{lm}(\overrightarrow{OQ})=\frac{1}{(l+m)!}P_l^m(\cos\theta_2)\mathrm{e}^{\mathrm{j}m\xi_2}\rho_2^{\ l} \tag{6.59}$$

式中，P_l^m 可通过式(6.40)求得。将式(6.57)代入式(6.10)，可以得到式(6.10)右边第一项的展开式：

$$\int_S\phi^s(p,q)\frac{\partial\varphi}{\partial n}(q)\mathrm{d}S=\frac{1}{4\pi\varepsilon}\sum_{l=0}^{\infty}\sum_{m=-l}^{l}S_{lm}(\overrightarrow{OP})M_l^m(O) \tag{6.60}$$

式中，$M_l^m(O)$ 表示中心在源点的多极矩，其计算表达式为

$$M_l^m(O)=\int_S R_{lm}(\overrightarrow{OQ})\frac{\partial\varphi}{\partial n}(q)\mathrm{d}S(q) \tag{6.61}$$

边界元积分方程的第二项可以表示为

$$\int_S\frac{\partial\phi^s(p,q)}{\partial n(q)}\varphi(q)\mathrm{d}S=\frac{1}{4\pi\varepsilon}\sum_{l=0}^{\infty}\sum_{m=-l}^{l}S_{lm}(\overrightarrow{OP})\tilde{M}_l^m(O) \tag{6.62}$$

式中，多极展开系数 $\tilde{M}_l^m(O)$ 可以表示为

$$\tilde{M}_l^m(O)=\int_S\frac{\partial R_{lm}(\overrightarrow{OQ})}{\partial n}\varphi(q)\mathrm{d}S(q) \tag{6.63}$$

一般情况下，多极展开阶数并不是无穷的，因此会存在一定的截断误差，可

以通过控制多极展开阶数 p 的大小来控制算法的计算精度，从而满足工程要求。

由 6.3.1 节可以得到多极展开系数的传递关系为

$$\text{M2M:}\quad M_l^m(O')=\sum_{l'=0}^{l}\sum_{m'=-l'}^{l'}R_{l'm'}(\overrightarrow{O'O})M_{l-l',m-m'}(O) \tag{6.64}$$

$$\text{M2L:}\quad L_l^m(P')=\sum_{l'=0}^{l}\sum_{m'=-l'}^{l'}(-1)^l S_{l+l',m+m'}(\overrightarrow{O'P'})M_{l'}^{m'}(O') \tag{6.65}$$

$$\text{L2L:}\quad L_l^m(P'')=\sum_{l'=l}^{\infty}\sum_{m'=-l'}^{l'}R_{l'-l,m'-m}(\overrightarrow{P'P''})L_{l'}^{m'}(P') \tag{6.66}$$

6.4.2　快速多极边界元算法的实现

(1) 边界单元的离散。将求解问题边界面进行剖分离散。这一步与常规边界元方法一致。

(2) 生成自适应树结构。设定树结构中叶子立方体允许包含的最大边界单元数 m，根据问题边界的几何形状和边界单元的离散情况，去除不含任何求解边界的立方体，生成自适应八叉树结构。

从下一步开始到最后一步，每次计算迭代算法中系数矩阵与迭代矢量乘积均会被调用一次。

(3) 下行遍历计算多极展开系数。首先使用迭代矢量作为边界未知量，对于每一个边界单元，根据其所在边界 S_e 的边界条件类型，以该单元所属的树结构叶子立方体的中心为展开点，将包含边界未知量的积分根据式(6.60)与式(6.62)进行多极展开，将树结构每一个叶子立方体内的所有边界单元形成的多极展开系数累加，即得到该叶子立方体的多极展开系数，展开点为叶子立方体的中心，如图 6.9 中(1)所示；叶子立方体的多极展开系数计算完毕后，利用多极展开系数的传递关系(式(6.64))，从叶子立方体开始，将每个节点的多极展开系数传递并累加至下一层立方体的多极展开系数，新的展开点是其下层立方体的中心，直到树结构的第二层立方体的多极展开系数计算完毕，如图 6.9 中(2)所示。

(4) 上行遍历计算局部展开系数。多极展开系数计算完毕后，利用对自适应树结构的一次从第 0 层向叶子立方体方向的上行遍历可以计算出所有立方体对应的局部展开系数，即从树结构的第二层开始，直至叶子立方体。首先对于树结构中第二层的每一个立方体，利用多极展开向局部展开的传递关系式(式(6.65))，将该立方体的相互作用列表中所有立方体(图 6.8 中的第 2 类)的多极展开系数传递并累加到该节点的局部展开系数，局部展开点为该节点的中心，如图 6.9 中(3)所示；从第二层开始向树结构的上方递归，一直到叶子立方体，当第 l 层所有立方体的局部展开系数计算完毕后，对第 l+1 层的每一个立方体，利用同样的方式得到其局部展开系数，同时利用局部展开系数之间的传递关系式(式(6.66))，将其下一层节点(第 l 层)的局部展开系数传递并累加到该立方体的局部展开系数，局部展开点是该立方体的中心，如图 6.9 中(4)所示。

(5)利用树结构完成积分计算。按照树结构对叶子立方体的分类分别进行如下计算，第 1 类使用常规方法直接求解；对于第 2 类，如果 b 所在叶子立方体的邻近立方体(不一定是叶子立方体)包含的边界与 b 满足多极展开所需的几何关系，则利用该节点的多极展开系数计算积分，否则利用常规方法直接求解；对于第 3 类和第 4 类节点，它们包含的边界单元积分已经通过树结构的递归运算，累加到 b 所在的叶子节点的局部展开系数，因此通过局部展开系数计算积分即可，如图 6.9 中(5)所示。对所有的源点循环一次就等价于完成一次系数矩阵与迭代矢量的乘积运算。

(6)更换迭代未知量并返回至(3)。

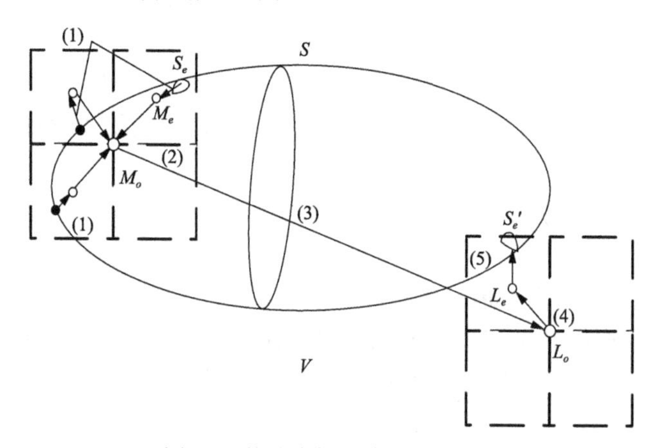

图 6.9　快速多极子算法实现过程

6.4.3　旋转算子

新型快速多极子算法的多极转移过程是通过一系列的坐标旋转来实现的，主要包括多极展开系数和局部展开系数的旋转。

假设具有如下三个三维标准正交基向量：

$$\begin{cases} \boldsymbol{e}_1 = (1,0,0) \\ \boldsymbol{e}_2 = (0,1,0) \\ \boldsymbol{e}_3 = (0,0,1) \end{cases} \tag{6.67}$$

谐函数 $\Phi(X) = \sum\limits_{n=0}^{p} \sum\limits_{m=-n}^{n} \dfrac{M_n^m}{r^{n+1}} \cdot Y_n^m(\theta,\xi)$，其中$(r, \theta, \xi)$是 X 关于基向量组$(\boldsymbol{e}_1, \boldsymbol{e}_2,$

$\boldsymbol{e}_3$)的球坐标，那么存在旋转系数 $R_n^{m,m'}$ 使得对于任意点 X 有

$$\Phi(X)=\sum_{n=0}^{p}\sum_{m'=-n}^{n}\frac{\tilde{M}_n^{m'}}{r^{n+1}}\cdot Y_n^{m'}(\theta',\xi') \tag{6.68}$$

式中，(r,θ',ξ') 是 X 关于另外一个基向量组($\boldsymbol{\omega}_1,\boldsymbol{\omega}_2,\boldsymbol{\omega}_3$)坐标系下的球坐标，

$$\tilde{M}_n^{m'}=\sum_{m=-n}^{n}R_n^{m,m'}\cdot M_n^m \tag{6.69}$$

对所有 $n=0,1,\cdots,p$，$m=-n,\cdots,n$，$m'=-n,\cdots,n$ 均成立，该过程即为多极矩的旋转表达式。

假设谐函数 $\Phi(X)$ 满足

$$\Phi(X)=\sum_{n=0}^{p}\sum_{m=-n}^{n}L_n^m r^{n+1}Y_n^m(\theta,\xi) \tag{6.70}$$

式中，(r,θ,ξ) 为 X 关于基向量组($\boldsymbol{e}_1,\boldsymbol{e}_2,\boldsymbol{e}_3$)的球坐标，同理对于任意的 X，我们可以找到一个旋转算子，使得新坐标系($\boldsymbol{\omega}_1,\boldsymbol{\omega}_2,\boldsymbol{\omega}_3$)下的局部展开系数可以表示为

$$\tilde{L}_n^{m'}=\sum_{m=-n}^{n}R_n^{m,m'}\cdot L_n^m \tag{6.71}$$

其相关参数定义与式(6.69)一致。由式(6.69)与式(6.70)可以看出，旋转多极展开系数及局部展开系数所需的计算量为 $O(p^3)$。

6.4.4 新型快速多极子算法介绍

新型快速多极子算法引入指数展开来完成多极转移过程，其展开条件如图 6.10 所示。假设源点及场点满足 $p\in R, q\in Q$，其中场点及源点的坐标分别为 $p(x_1,x_2,x_3)$，$q(y_1,y_2,y_3)$，若每个小立方体的边长为 1，那么指数展开的条件为

$$\begin{aligned}&1\leqslant y_3-x_3\leqslant 4\\&0\leqslant\sqrt{(y_1-x_1)^2+(y_2-x_2)^2}\leqslant 4\sqrt{2}\end{aligned} \tag{6.72}$$

新型快速多极子算法是将源点与场点间距离的倒数用指数形式展开[4]：

$$\begin{aligned}\frac{1}{r}=&\frac{1}{2\pi}\int_0^{\infty}\exp\{-\lambda(y_3-x_3)\}\mathrm{d}\lambda\\&+\int_0^{\infty}\int_0^{2\pi}\exp\{\mathrm{j}\lambda[(y_1-x_1)\cos\alpha+(y_2-x_2)\sin\alpha]\}\mathrm{d}\alpha\mathrm{d}\lambda\end{aligned} \tag{6.73}$$

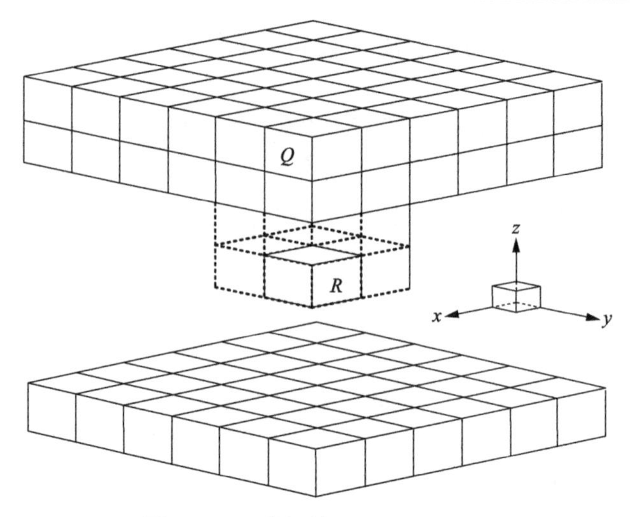

图 6.10　三维指数展开的几何条件

其中必须保证 $y_3 > x_3$，关于α的内部积分可以通过梯形积分法求得，外部积分可以运用广义高斯积分法求得。给定精度ε的展开形式如下所示：

$$\begin{aligned}\frac{1}{r} = &\sum_{l=1}^{s(\varepsilon)} \frac{\omega_l}{M_l} \sum_{m=1}^{M_l} \exp\{-\lambda_l (y_3 - x_3)\} \\ &\times \exp\{\mathrm{j}\lambda_l [(y_1 - x_1)\cos\alpha_{m,l} + (y_2 - x_2)\sin\alpha_{m,l}]\} + \varepsilon\end{aligned} \tag{6.74}$$

式中，$\alpha_{m,l}=2\pi m/M_l$，参数值 M_l、ω_l、$\lambda_l (l=1, 2,\cdots, s(\varepsilon))$的具体选择依据所要求的精度 ε 而定。

当图 6.10 中小立方体的边长 L 不为 1 时，可以通过坐标缩放来实现 $1/r$ 的指数展开，如下所示：

$$\begin{aligned}\frac{1}{r} = &\sum_{l=1}^{s(\varepsilon)} \frac{\omega_l}{M_l L} \sum_{m=1}^{M_l} \exp\left\{-\frac{\lambda_l}{L}(y_3 - x_3)\right\} \\ &\times \exp\left\{\mathrm{j}\frac{\lambda_l}{L}[(y_1 - x_1)\cos\alpha_{m,l} + (y_2 - x_2)\sin\alpha_{m,l}]\right\} + \varepsilon\end{aligned} \tag{6.75}$$

由此可以得到边界积分方程(6.11)的指数展开形式：

$$\begin{aligned}\int_S \phi^s(p,q)\frac{\partial\varphi}{\partial n}\mathrm{d}S(q) = &\frac{1}{4\pi\varepsilon}\sum_{l=0}^{s(\varepsilon)}\sum_{m=1}^{M_l} W_{l,m}(O)\exp\left\{-\frac{\lambda_l}{L}(y_3 - x_3)\right\} \\ &\times \exp\left\{\mathrm{j}\frac{\lambda_l}{L}[(y_1 - x_1)\cos\alpha_{m,l} + (y_2 - x_2)\sin\alpha_{m,l}]\right\}\end{aligned} \tag{6.76}$$

$$\int_S \frac{\partial \phi^s(p,q)}{\partial n(q)} \varphi(q) \mathrm{d}S(q) = \frac{1}{4\pi\varepsilon} \frac{\partial}{\partial n(q)} \sum_{l=0}^{s(\varepsilon)} \sum_{m=1}^{M_l} W_{l,m}(O) \times \exp\left\{-\frac{\lambda_l}{L}(y_3 - x_3)\right\} \exp\left\{\mathrm{j}\frac{\lambda_l}{L}[(y_1 - x_1)\cos\alpha_{m,l} + (y_2 - x_2)\sin\alpha_{m,l}]\right\} \tag{6.77}$$

式中，$W_{l,m}$ 表示展开中心在 O 点处的指数展开系数，由以下公式求得

$$W_{l,m}(O) = \frac{\omega_l}{M_l L} \sum_{n=-\infty}^{p} (-1)^n \exp\left(-\mathrm{j}m\alpha_{m,l}\right) \sum_{k=|n|}^{p} \left(\frac{\lambda_l}{L}\right)^k \frac{M_{nk}(O)}{\sqrt{(k-n)!(k+n)!}} \tag{6.78}$$

式(6.78)即为多极矩 M 转变为指数展开系数的表达关系(M2X 变换)，其中 l=1, 2,⋯, $s(\varepsilon)$，m=1, 2,⋯, M_k，其计算量与展开阶数 p 的立方成正比，内部和所需计算量为 $O(s(\varepsilon)p^2)$，外部和所需计算量为 $O(pS_{\exp})$，其中 $S_{\exp}$ 为指数展开的总项数，因此整个 M2X 变换所需计算量为

$$O(s(\varepsilon)p^2 + pS_{\exp}) \sim O(p^3) \tag{6.79}$$

原始 FMM 的多极聚合过程(X2X)及多极转移过程(X2L)可以表示为

$$V_{l,m}(O') = W_{l,m}(O) \exp\left\{-\frac{\lambda_l}{L}(\overrightarrow{OO'})_3\right\} \times \exp\left\{\mathrm{j}\frac{\lambda_l}{L}[(\overrightarrow{OO'})_1 \cos\alpha_{m,l} + (\overrightarrow{OO'})_2 \sin\alpha_{m,l}]\right\} \tag{6.80}$$

$$L_l^m(O'') = \frac{(-1)^{|m|}}{\sqrt{(l-m)!(l+m)!}} \sum_{n=1}^{s(\varepsilon)} \left(\frac{\lambda_n}{L}\right)^l \sum_{k=1}^{M_j} V_{nk}(O'') \exp(\mathrm{j}m\alpha_{n,k}) \tag{6.81}$$

式中，$(\overrightarrow{OO'})_1$、$(\overrightarrow{OO'})_2$ 及 $(\overrightarrow{OO'})_3$ 分别表示两展开中心坐标在 x、y、z 方向上的坐标差值。

对于任意源点 P，场点 Q 所在位置可以分为六个方向：上($+y_3$ 方向)、下($-y_3$ 方向)、北($+y_2$ 方向)、南($-y_2$ 方向)、东($+y_1$ 方向)、西($-y_1$ 方向)，而上述新型快速多极子算法的 M2X、X2X、X2L 求解过程严格针对场点处于源点上方而言，对于一般情况下的任意场点 Q，如果其不位于源点上方，则可以通过 6.4.3 节介绍的旋转坐标系来使场点位于新坐标系 $\tilde{y}_3$ 的上方。新坐标系下的多极矩可以表示为

$$\tilde{M}_{l,m}(O) = \sum_{m'=-l}^{l} R_{l,m,m'}(\boldsymbol{v}, \alpha) M_{l,m'}(O) \tag{6.82}$$

式中，$R_{l,m,m'}(\boldsymbol{v}, \alpha)$ 为旋转因子，$\boldsymbol{v}$ 表示平行于旋转轴的单位矢量，α 为旋转角度，$R_{l,m,m'}(\boldsymbol{v}, \alpha)$ 可由式(6.83)求得。

$$R_{l,m,m'}(\boldsymbol{v},\alpha)=(-1)^{m+m'}(l+m')!(l-m')!\times\sum_k\frac{(\alpha_0-\mathrm{j}\alpha_3)^{l+m-k}(-\mathrm{j}\alpha_1-\alpha_2)^{m'-m+k}(-\mathrm{j}\alpha_1+\alpha_2)^k(\alpha_0+\mathrm{j}\alpha_3)^{l-m'-k}}{(l+m-k)!(m'-m+k)!k!(l-m'-k)!} \tag{6.83}$$

式中，$\alpha_0=\cos(\alpha/2)$，$\alpha_i=-v_i\ \sin(\alpha/2)$。因此对于不同方向上的多极矩可以通过如下旋转得到：

$$\begin{cases}\tilde{M}_{l,m}^{\mathrm{U}}(O)=M_{l,m}(O), & \text{场点位于源点上方}\\ \tilde{M}_{l,m}^{\mathrm{D}}(O)=\sum\limits_{m'=-l}^{l}R_{l,m,m'}(\boldsymbol{e}_1,\pi)M_{l,m'}(O), & \text{场点位于源点下方}\\ \tilde{M}_{l,m}^{\mathrm{N}}(O)=\sum\limits_{m'=-l}^{l}R_{l,m,m'}\left(\boldsymbol{e}_1,\dfrac{\pi}{2}\right)M_{l,m'}(O), & \text{场点位于源点北方}\\ \tilde{M}_{l,m}^{\mathrm{S}}(O)=\sum\limits_{m'=-l}^{l}R_{l,m,m'}\left(\boldsymbol{e}_1,-\dfrac{\pi}{2}\right)M_{l,m'}(O), & \text{场点位于源点南方}\\ \tilde{M}_{l,m}^{\mathrm{E}}(O)=\sum\limits_{m'=-l}^{l}R_{l,m,m'}\left(\boldsymbol{e}_2,-\dfrac{\pi}{2}\right)M_{l,m'}(O), & \text{场点位于源点东方}\\ \tilde{M}_{l,m}^{\mathrm{W}}(O)=\sum\limits_{m'=-l}^{l}R_{l,m,m'}\left(\boldsymbol{e}_2,\dfrac{\pi}{2}\right)M_{l,m'}(O), & \text{场点位于源点西方}\end{cases} \tag{6.84}$$

式中，$\boldsymbol{e}_i(i=1,2)$表示笛卡儿坐标系下的基向量。

由此便可以运用式(6.78)、式(6.80)及式(6.81)求得新坐标系下的局部展开系数，完成多极转移过程还需将新坐标系还原为原坐标系，原坐标系对应的局部展开系数可以通过式(6.85)旋转得到：

$$\begin{cases}L_{l,m}^{\mathrm{U}}(O'')=\tilde{L}_{l,m}^{\mathrm{U}}(O''), & \text{场点位于源点上方}\\ L_{l,m}^{\mathrm{D}}(O'')=\sum\limits_{m'=-l}^{l}R_{l,m',m}(\boldsymbol{e}_1,\pi)\tilde{L}_{l,m'}^{\mathrm{D}}(O''), & \text{场点位于源点下方}\\ L_{l,m}^{\mathrm{N}}(O'')=\sum\limits_{m'=-l}^{l}R_{l,m',m}\left(\boldsymbol{e}_1,\dfrac{\pi}{2}\right)\tilde{L}_{l,m'}^{\mathrm{N}}(O''), & \text{场点位于源点北方}\\ L_{l,m}^{\mathrm{S}}(O'')=\sum\limits_{m'=-l}^{l}R_{l,m',m}\left(\boldsymbol{e}_1,-\dfrac{\pi}{2}\right)\tilde{L}_{l,m'}^{\mathrm{S}}(O''), & \text{场点位于源点南方}\\ L_{l,m}^{\mathrm{E}}(O'')=\sum\limits_{m'=-l}^{l}R_{l,m',m}\left(\boldsymbol{e}_2,-\dfrac{\pi}{2}\right)\tilde{L}_{l,m'}^{\mathrm{E}}(O''), & \text{场点位于源点东方}\\ L_{l,m}^{\mathrm{W}}(O'')=\sum\limits_{m'=-l}^{l}R_{l,m',m}\left(\boldsymbol{e}_2,\dfrac{\pi}{2}\right)\tilde{L}_{l,m'}^{\mathrm{W}}(O''), & \text{场点位于源点西方}\end{cases} \tag{6.85}$$

因此总的局部展开系数为

$$L_{l,m}(O'') = \sum_{k=\mathrm{U,D,N,S,E,W}} L_{l,m}^{k}(O'') \tag{6.86}$$

6.4.5　新型快速多极子算法的实现

新型快速多极子算法只改变原先的多极转移过程，其余过程与原始 FMM 保持一致。其主要区别在于以下三个步骤：

(1) 上行遍历计算指数展开系数。多极展开系数计算完后，从树结构第二层立方体开始向上进行第一次遍历，一直到叶子立方体结束：对每一个立方体，利用多极展开向指数展开系数的传递关系式(式(6.78))，配合坐标旋转(式(6.84))，将多极展开系数转换成分别代表上、下、北、南、东、西六个方向的共六组指数展开系数，称为发送指数展开系数。

(2) 上行遍历传递指数展开系数。从树结构第二层立方体开始向上进行第二次遍历，一直到叶子立方体结束。对每一个立方体，利用指数展开系数的传递关系(式(6.80))，将该立方体的相互作用列表中所有立方体的发送指数展开系数传递并累加到该立方体对应方向上的指数展开系数，共六组，称为接收指数展开系数。

(3) 上行遍历计算局部展开系数。从树结构的第二层立方体开始向上进行第三次遍历，一直到叶子立方体结束。对每一个立方体，利用指数展开向局部展开系数的传递关系(式(6.81))，将代表六个方向的接收指数展开系数转换(通过坐标转换表达式(6.85))并累加到局部展开系数。

6.5　快速多极子边界元优化算法

引入快速多极子算法使得边界元积分方程组求解的计算量和存储量大大降低。由于原始快速多极子算法的多极转移过程占总计算量的主导，完成一次转移的计算量为 $O(p^4)$，新型快速多极子算法引入指数展开和坐标旋转使得该计算量降为 $O(p^3)$ 与 $O(p^2)$，其中 p 为多极展开阶数或指数展开阶数。通过分析可以看出，快速多极子算法多极转移过程的转移算子可以表示为一系列多极矩与其相关球谐函数的离散卷积，因此可以采用快速傅里叶变换(fast Fourier transform，FFT)来进一步加速该过程的求解。

6.5.1　线卷积的快速傅里叶变换计算

对于如下离散响应系统：

$x(n)$ → $h(n)$ → $y(n)$

输出序列 $y(n)$ 可以通过输入序列 $x(n)$ 与响应函数 $h(n)$ 的线卷积求得

$$y(n)=x(n)*h(n)=\sum_{k=-\infty}^{\infty}x(k)h(n-k) \tag{6.87}$$

假设序列 $x(n)$ 的长度为 N_1，序列 $h(n)$ 的长度为 N_2，那么其线卷积 $y(n)$ 序列的长度为 N_1+N_2-1。由于 $x(n)$ 的每一个样值都需要和 $h(n)$ 的每一个样值进行一次相乘运算，因此需 $N_1 N_2$ 的计算量；当取 $N_1=N_2=N$ 时，计算量为 N^2。

如果将上述离散响应系统中 $x(n)$ 序列与 $h(n)$ 序列的长度通过补零扩展至 N，其中 $N\geqslant N_1+N_2-1$，那么就可以运用 $x(n)$ 与 $h(n)$ 的圆周卷积代替原来的线卷积。假设序列 $x(n)$、$h(n)$ 均加长至 N，原线卷积可以表示为

$$y_1(n)=x(n)*h(n)=\sum_{k=0}^{N-1}x(k)h(n-k) \tag{6.88}$$

其中非零长度仍然为 N_1+N_2-1，两序列相应的圆周卷积可以表示为

$$\begin{aligned}
y_2(n)=x(n)\otimes h(n)&=\sum_{k=0}^{N-1}x(k)h_p(n-k)R_N(k)\\
&=\left[\sum_{k=0}^{N-1}x(k)\sum_{r=-\infty}^{\infty}h(n+rN-k)\right]R_N(n)\\
&=\left[\sum_{r=-\infty}^{\infty}\sum_{k=0}^{N-1}x(k)h(n+rN-k)\right]R_N(n)\\
&=\left[\sum_{r=-\infty}^{\infty}y_1(n+rN)\right]R_N(n)\\
&=y_{1p}(n)R_N(n)
\end{aligned} \tag{6.89}$$

将 $y_1(n)$ 与 $y_2(n)$ 作周期延拓，所得新序列具有相同的主值序列，因此可以用圆周卷积代替线卷积，从而可以采用快速傅里叶变换进行求解加速，其原理框图如图 6.11 所示。

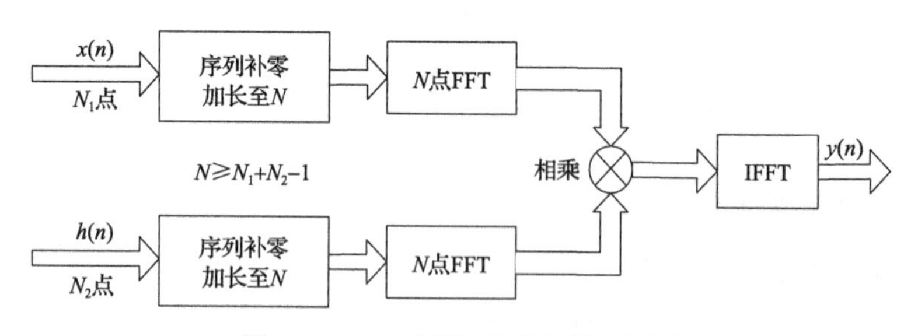

图 6.11　FFT 求解圆周卷积原理框图

由图 6.11 可以看出，原线卷积的计算可以转化为两次快速傅里叶变换(FFT)求解与一次快速傅里叶逆变换(IFFT)的求解，其计算量约为 $2N(1+\log_2 2N)$，当 N 较大时计算效率将得到极大的改善。

快速多极子算法多极转移过程如式(6.65)所示，该转移因子的计算可以写成如下一系列三维离散卷积之和：

$$L_s^t(x',y',z') \approx \sum_{n=0}^{p}\sum_{m=-n}^{n}\left[\sum_x\sum_y\sum_z M_n^m(x,y,z) * T_{s,n}^{t,m}(x'-x,y'-y,z'-z)\right] \tag{6.90}$$

$$T_{s,n}^{t,m} = \frac{\mathrm{j}^{|t-m|-|t|-|m|} A_n^m A_s^t Y_{s+n}^{m-t}}{(-1)^n A_{s+n}^{m-t} r^{s+n+1}} \tag{6.91}$$

式中，$T_{s,n}^{t,m}$ 表示多极矩 M_n^m 对于局部展开系数 L_s^t 的响应函数，(x,y,z) 与 (x',y',z') 分别表示场点与多极矩的离散坐标。方括号中的离散卷积可以按图 6.11 所示结构经过两次快速傅里叶变换求得 $\{M_n'^m * T_{s,n}'^{t,m}\}$，然后经过一次快速傅里叶逆变换并求和得到局部展开系数 L_s^t，其中 $M_n'^m$ 和 $T_{s,n}'^{t,m}$ 分别表示 M_n^m 与 $T_{s,n}^{t,m}$ 的离散傅里叶变换。

目前在快速多极子算法中引入快速傅里叶变换可以分为两种情况，一种是依然采用八叉树结构，在原始 FMM 算法的基础上引入快速傅里叶变换；另一种则是采用均分网格，摒弃复杂的八叉树结构。下面分别就这两种方法的实现及计算复杂度进行理论分析。

6.5.2　树结构下快速傅里叶变换的引入

该方法是在原有自适应快速多极子算法的基础上运用快速傅里叶变换来加速求解 FMM 多极转移过程中的矩阵向量乘积(matrix-vector product，MVP)，由于每个相互作用的立方体都需要进行一次乘积运算，因此直接求解所需计算量为 $O(M^2)$，其中 M 表示八叉树结构中相互作用列表非空立方体的个数。该算法利用树结构中各立方体之间有规则的几何间隔，将相互作用列表中不同立方体间多极转移过程看作一个三维圆周卷积，因此可以运用快速傅里叶变换来加速该过程的计算。

快速傅里叶变换的引入使得快速多极子算法多极转移过程中的计算量从 $O(M^2)$ 降低为 $O(Q\log_2 Q)$，其中，Q 表示相互作用列表立方体总数，其包含不含任何边界单元的空立方体；该优化处理的计算效率并没有多层快速多极子算法(multilevel fast multipole method，MFMM)好，但是相对于常规的快速多极子算法，快速傅里叶变换的引入使得计算复杂度得到显著的改善，最主要的是它保留着单层快速傅里叶变换算法易于扩展并行化的优点，因此为超大规模问题的并行求解奠定基础。

对于常规树结构下快速傅里叶变换的引入，当求解问题规模过大时，需要大量的存储空间去存储近距立方体单元间的耦合系数矩阵、多极聚合及多极配置矩阵。因此一般采用近距细分方式来降低存储量。该方法的实现如下。

首先对场点进场区域的原始自适应八叉树结构进行一步或多步细分；运用快速傅里叶变换算法求解原树结构中相互作用列表间的多极转移过程；近场区域间耦合系数矩阵的计算与存储按细分后的树结构进行，从而近距间的一部分立方体(图 6.12 中白色部分)也可以运用快速傅里叶变换来完成计算。

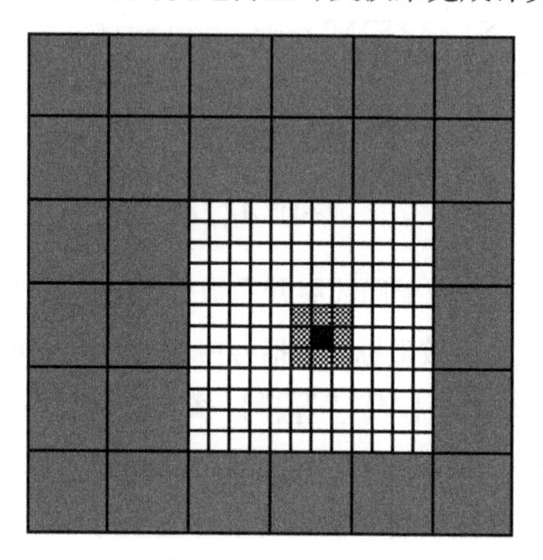

图 6.12　树结构细分原理图

图 6.12 中外围深色立方体表示原树结构所对应的相互作用列表立方体(快速傅里叶变换求解)；白色立方体表示树结构细分后所对应的内部相互作用立方体(快速傅里叶变换求解)；阴影立方体表示细分后所对应的近距立方体(直接求解)。该方法通过树结构的进一步细分，重新定义了原树结构中的近场区域，将其中一部分在细分树结构中看成相互作用列表，并运用快速傅里叶变换加速求解多极转移过程，由于近场间耦合系数矩阵的计算和存储在最细层进行，从而使得该部分存储量大大降低。

为简要分析该算法的计算复杂度，首先定义如下参数：Q_f和 Q_c 分别表示第一层和叶子层立方体的个数；K_f和 K_c 分别表示第一层和最底层相互作用列表对应的立方体个数；M_f和 M_c 分别表示第一层和最底层非空立方体个数，并且有 $K_f \propto N/M_f$，$Q_c \propto N/M_c$，$Q_f/M_c \approx (M_f/M_c)^{3/2}$，其中 N 表示求解域离散单元数。该方法的计算量和存储量与 M_c 和 M_f 的大小密切相关，如果有 $M_f \propto N$，$M_c \approx N^{1/2}$，本方法的主要复杂度则为 $O(N^{5/4}\log_2 N)$。其中包含最底层多极聚合与多极配置的计算以及近场系数矩阵的计算量为 $O(N^2/M_f)$；最底层快速傅里叶变换的计算量为 $O(N(M_f/M_c)^{1/2}\log_2(M_f/M_c))$。第一层快速傅里叶变换所需计算量为 $O(NM_c^{1/2}\log_2 M_c)$，插值运算产生的计算量为 $O(Nn_l) \approx O(N\log_2(M_f/M_c))$，其中 n_l 表示第一层和最底层之间的层数。对于存储量的估算如下：近距立方体系数矩阵、多极聚合与多极配置

矩阵所需存储量为 $O(N^2/M_f)$。树结构中最后一层以及第一层的快速傅里叶变换所需存储量分别为 $O(N/M_c)$ 及 $O(NM_c^{1/2})$。合理选择相应参数，多极转移过程总的存储量为 $O(N^{5/4})$。基于自适应树结构形成及近距网格细分的复杂性，本书主要研究基于均匀网格的快速傅里叶变换引入，算例分析中也采用均分网格结构。

6.5.3　不采用树结构快速傅里叶变换算法的引入

该优化算法(FMM-FFT)与 FMM 的主要区别在于多极转移过程[5]，其实现步骤如下(图 6.13)：

(1)将求解域进行离散；

(2)将每个小单元内的电荷分布表示为以展开点为单元中心的多极矩 M；

(3)运用多极矩 M 计算每个单元中心处的局部展开系数 L，这个过程可以看作一系列离散卷积的计算，引入快速傅里叶变换算法来加速求解；

(4)运用局部展开(L2P)计算场点处的电位，该过程仅考虑远距单元的贡献，近距单元的贡献通过 Q2P 直接叠加到场点上。

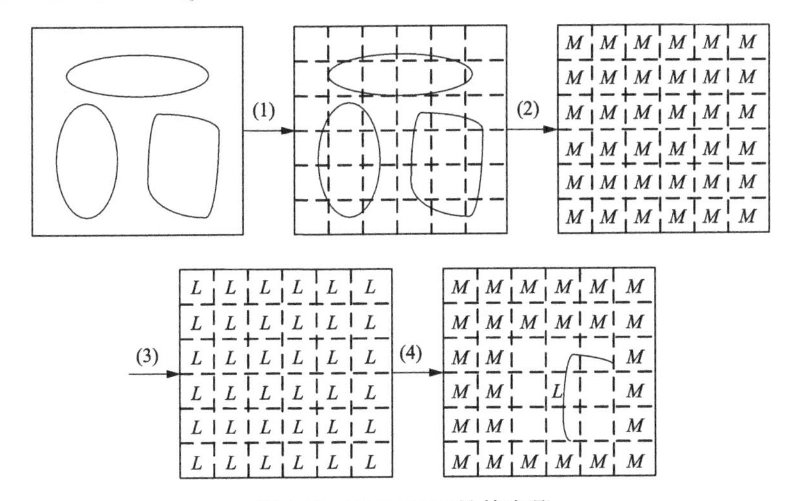

图 6.13　FMM-FFT 计算步骤

不采用树结构快速傅里叶变换算法的具体实现过程如下。

(1)求解域离散化。此过程将求解域离散为一定数量的较小单元(图 6.13(1))，并将求解边界分配到这些单元内。其目的是可以将单元内所有离散边界面单元的作用通过展开点位于单元中心的多极矩进行简化表示，并且有助于远距单元与近距单元的区分。如果两个单元之间具有至少一个共同顶点则称这两个单元为近距单元，因此在三维问题中，每个单元至少有 27 个近距单元(包含该单元本身，除位于边界处单元外)，并称其为第一层近距单元。第二层近距单元为所有与第一层近距单元相邻的单元，共包含 125 个单元。依次类推，第 k 层近距单元至少含有

$(2k+1)^3$ 个相邻单元。运用快速傅里叶变换计算离散卷积必须要在维数上严格满足卷积要求，如果维数不对应则必须通过添加虚拟的零单元层来满足计算要求。这个过程通常称为零填充，它的引入将增大快速傅里叶变换的规模，增加不必要的计算量。目前国外已经具有免费的 FFTW 软件用以求解任意维数的离散卷积问题，从而提高计算效率，最小化零单元的填充。

(2)面电荷到多极矩的转变。该转变可以简称为 Q2M。该过程与快速多极子算法的多极展开相同。它将每个单元内任意分布的所有面单元等效为一系列位于单元中心的多极矩，如图 6.13(2)所示。

对于直接边界积分方程，基于核函数$\partial(1/(4\pi r))/\partial n$ 多极矩的求解，可以将核函数看作对偶极子μ所对应的响应函数，其多极矩表示如下：

$$\begin{cases} M_1^{-1}(y)=\left(-\dfrac{n_1}{\sqrt{2}}-\dfrac{n_2}{\sqrt{2}}\mathrm{j}\right)\mu \\ M_1^0(y)=n_3\mu \\ M_1^1(y)=\left(-\dfrac{n_1}{\sqrt{2}}+\dfrac{n_2}{\sqrt{2}}\mathrm{j}\right)\mu \end{cases} \tag{6.92}$$

式中，n_1、n_2、n_3 表示法向方向矢量 $\boldsymbol{n}$ 的分量，当 $n\neq1$ 时，$M_n^m(y)=0$。由此直接边界元法多极聚合可以表示为

$$M_j^k(O)=\sum_{n=0}^{j}\sum_{m=-n}^{n}M_{j-n}^{k-m}(y)\cdot \mathrm{j}^{|k|-|m|-|k-m|}\cdot A_{j-n}^{k-m}\cdot\rho^n\cdot Y_n^{-m}/A_j^k \tag{6.93}$$

(3)运用多极矩计算局部展开系数。该步骤计算场点的局部展开系数 L，该系数位于单元中心，由所有单元的多极矩产生。每个单元中心有规律的间隔使得该过程可以运用离散卷积理论采用快速傅里叶变换算法来进行加速。假设步骤(1)离散得到的总的单元数为 $N_xN_yN_z$。为了包含所有单元多极矩 M_n^m 对场点的影响，响应函数的定义区间应为$-N_i\sim N_i(i=x,y,z)$，因此离散卷积的实际规模为 $8N_xN_yN_z$。

(4)场点电位的求解。对于一个给定的场单元，近距单元多极矩对其产生的影响通常是不准确的。但是可以通过局部修正来解决此问题，通常修正过程包括：①计算离散卷积时去掉近距单元多极矩的贡献；②运用直接求解计算近距单元的影响。在本书优化算法中，通过将近距单元点处的响应函数设为 0 可以很容易消除上述问题，即

$$T_{s,n}^{t,m}(x-x',y-y',z-z')=0,\quad |x-x'|\leqslant D,|y-y'|\leqslant D,|z-z'|\leqslant D \tag{6.94}$$

式中，D 表示定义为近距单元的层数，其单元内面电荷的贡献通过直接计算求得。

对于远距单元的作用，运用局部展开系数的发散(L2P)求得其在场点处的影响，最后加上直接计算部分(Q2P)就可以得到场点处总的电位。

6.5.4　优化算法计算精度和计算复杂度分析

1)计算精度分析

FMM-FFT 算法与 FMM 算法的区别可以用图 6.14 简单表示。

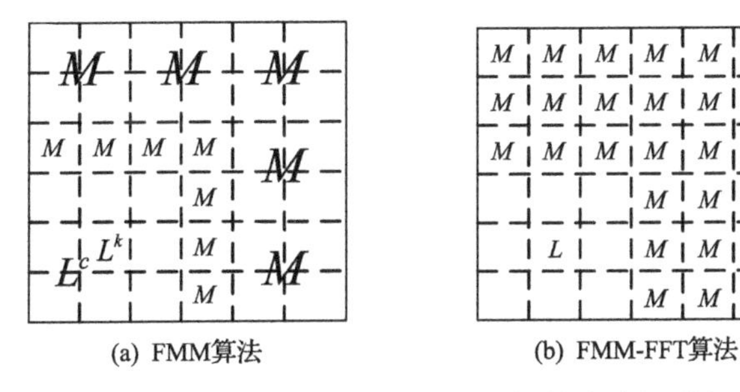

图 6.14　FMM 与 FMM-FFT 多极转移过程对比

FMM 算法运用大量的多极聚合、多极转移、多极配置来降低计算量，其中具体包含分层树结构方案的多极展开与局部展开，该过程将导致不同层多极矩与场点处局部展开系数之间的距离 c 大小不一，如图 6.14(a)所示。由于位于不同层相互作用单元间的相对距离保持在一个相对狭窄的范围内(通常为 1～3 个单元距离)，因此对于一个给定多极展开阶数 p，由于 c 并没有显著的区别，根据式(6.52)可知不同层多极转移的变换基本相当，表明随着多极展开阶数的增加，精度的改善非常慢。

FMM-FFT 通过一系列的离散卷积来有效地计算多极转移过程，从而可以引入快速傅里叶变换来加快求解过程。该方法的计算精度与直接计算矩阵向量相当，由于大多数远距单元间距 c 显著大于 FFM，因此对于相同的多极展开阶数 p，FMM-FFT 的计算精度较 FMM 更高。

2)计算复杂度分析

为了定量分析 FMM-FFT 的计算效率，定义如下符号：p 表示多极展开阶数；s 表示立方体内所对应的平均面单元数；M 表示近距立方体数量(依赖所定义的近距层数 D)，通常为 27 或 125；N 表示求解问题离散单元总数；N_c 表示离散化所用立方体数；K_{iters} 表示得到期望的计算精度所需迭代步数。下面分别对 FMM-FFT 算法的计算量、存储量进行分析。

(1)算法初始化过程的复杂度分析。初始化过程的主要计算量在于各种转换矩阵的形成。其中包含每个单元多极矩的形成(Q2M)；远距单元对所求场点的作用(L2P)；近距单元作用的直接计算(Q2P)及响应函数 $T_{s,n}^{t,m}$ 与其傅里叶变换 $T_{s,n}^{\prime t,m}$ 所产生的计算量。Q2M 和 L2P 的计算量和存储量均为 $O((p+1)^2N)$；Q2P 的计算量和存储量均为 $O(\text{NMs})$；计算响应函数 $T_{s,n}^{t,m}$ 及其傅里叶变换的计算量和存储量分别为 $O((p+1)^4N)$ 和 $O((p+1)^4N_c\lg N_c)$。利用响应函数的对称关系可以避免零填充。从而初始化过程总的计算时间和存储量为

$$\text{Time} = 2(p+1)^2 N + (p+1)^4 (N_c + N_c \lg N_c) + \text{NMs} \tag{6.95}$$

$$\text{Memory} = 2(p+1)^2 N + (p+1)^4 N_c + \text{NMs} \tag{6.96}$$

从式(6.96)可以看出，快速傅里叶变换部分的存储量并不占整个算法的主导地位，只是整个存储量很少的一部分。假设 s 约等于 $(p+1)^2$，并且 N_c 与 N 近似相等，那么由式(6.90)可以得到，快速傅里叶变换过程响应函数所需内存与 Q2P 矩阵所需内存的比约为 $(p+1)^2:M$，对于采用 2 层近距单元的情况，即 M=125，p 取 10 以上才会使快速傅里叶变换存储量明显大于 Q2P 部分所需存储量。然而如果多极展开阶数取为 10 以上，可以使精度保证小数点后 6 位小数，这在实际工程应用中并不多见。因此表明初始化过程中 Q2P 内存需求量占主导地位。

(2)迭代过程的复杂度。在迭代过程中，主要关心的是计算时间，因为它直接决定算法的计算效率。内存复杂度相比初始化过程并不重要，主要的存储量需求包含如下几部分。$O[(p+1)^2 8N_c]$用来存储多极矩矩阵 M_n^m 及局部展开系数矩阵 L_s^t。$K_{\text{iters}}N$ 矩阵用来存储 GMRES 产生的基础向量矩阵，此处可以进一步运用 6.2.2 节提到的预条件处理技术来改善 GMRES 的收敛性能。

迭代过程的计算量由以下几部分构成：运用 Q2M 计算多极矩，运用 L2P 计算远距单元的贡献需要的计算量为 $O[2(p+1)^2N]$；完成离散卷积的求解需要计算量 $O[2(p+1)^2(8N_c\lg N_c)+(p+1)^4 8N_c]$，其中包含多极矩的快速傅里叶变换计算量 $O(p+1)^2$，局部展开系数的快速傅里叶逆变换计算量 $O(p+1)^2$，多极矩与相应的函数卷积计算量 $O(p+1)^4$；运用 Q2P 计算近邻单元的贡献计算量 $O(\text{NMs})$；因此迭代过程总的计算量和存储量可以表示为

$$\text{Time} = 2(p+1)^2 N + \text{NMs} + (p+1)^2[16N_c \lg(8N_c)] + (p+1)^4 8N_c \tag{6.97}$$

$$\text{Memory} = (p+1)^2 8N_c + K_{\text{iters}} N \tag{6.98}$$

6.6 试验及仿真验证

对于图 6.15 所示 110kV 变电站进线端开关场，运用各开关设备的实际尺寸比例进行实体建模[6]，通过红外测距仪测得各开关场设备相关参数如表 6.1 所示。

图 6.15　110kV 变电站进线端开关场

表 6.1　110kV 变电站进线端开关场设备参数

高压开关设备名称	相关参数
电压互感器	总高 5.1m，其中金属支柱高 2.5m；绝缘体高 1.35m；绝缘体共一段。相间距为 2.0m
隔离开关	总高 4.31m，其中金属支柱高 2.7m；绝缘体高 1.42m；绝缘体共一段。相间距为 2.0m
电流互感器	总高 5.5m，其中金属支柱高 2.5m；绝缘体高 1.35m；绝缘体共一段。相间距为 2.0m
断路器	总高 5.2m，其中金属支柱高 2.5m；绝缘体高 1.35m；绝缘体共一段。相间距为 2.0m

(1) 建模剖分。按照 6.1 节对变电站模型的假设处理，短导线采用细小圆柱体进行模拟，大地采用长方体结构，运用 Patran 2010 按表 6.1 进行实体建模，其模型如图 6.16 所示。针对不同的开关场设备，根据设备表面结构差异运用前面所述剖分方法分别进行三角形或规则四边形剖分，其剖分效果如图 6.17 所示。

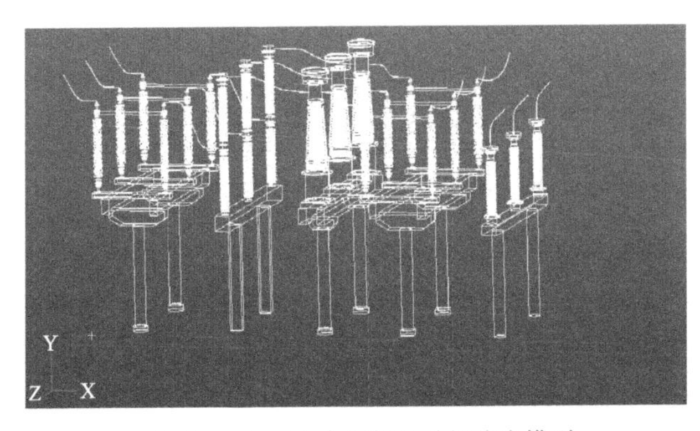

图 6.16　110kV 高压侧开关场仿真模型

图 6.17　110kV 高压侧开关场网格剖分

⑵加载求解。由于进线端线电压为 110kV，因此每相导线加载$110/\sqrt{3}$ kV 的相电压，水泥支柱或金属支柱的电位视为 0，大地电位为 0，悬浮导体与绝缘层电位未知。将剖分的节点及单元信息、边界已知电位值及边界条件信息代入本书算法进行求解，运用 Tecplot 软件进行后处理三维显示，其设备表面电位云图分布如图 6.18 所示。

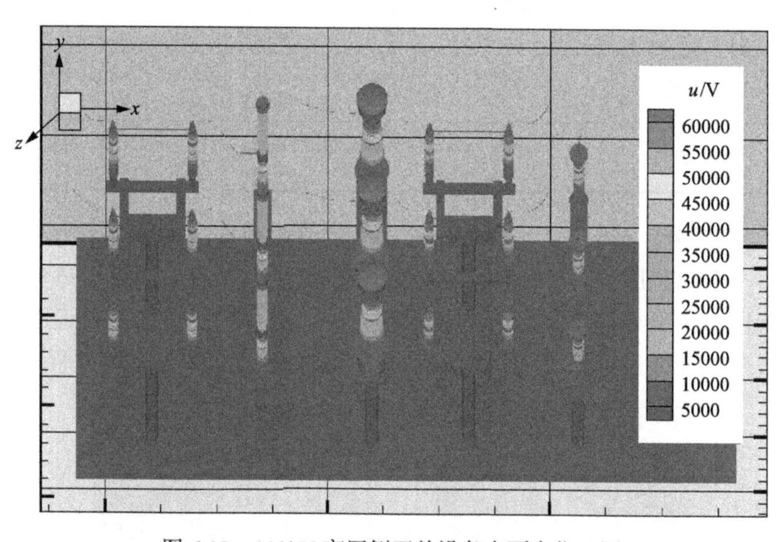

图 6.18　110kV 高压侧开关设备表面电位云图

⑶结果分析。已知设备表面电位分布后，就可以运用叠加原理求解空间任意一点处的电位或电场。为与实测数据进行对比，将测量点处的电场值进行了计算，其结果对比如图 6.19 所示。

由图 6.19 可以看出，本书算法求解的仿真计算值与实测数据的相对误差在10%以内，能够比较真实地反映变电站开关场周围的电场分布情况。

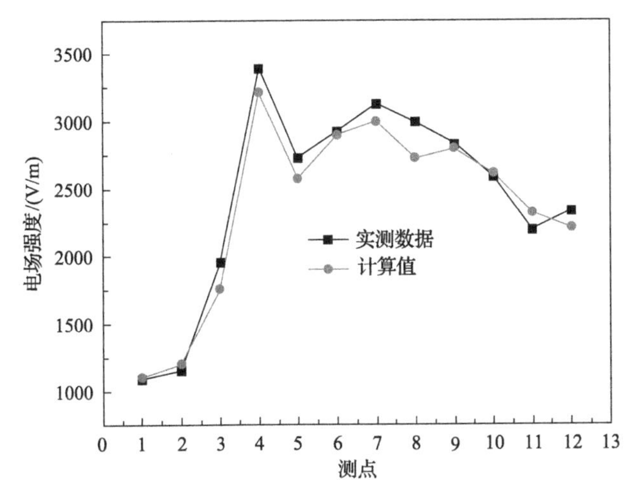

图 6.19　测量点仿真计算值与实测数据比较

参 考 文 献

[1] 丁大志. 复杂电磁问题的快速分析和软件实现[D]. 南京: 南京理工大学, 2006.

[2] 姚振汉, 王海涛. 边界元法. 北京: 高等教育出版社, 2010.

[3] 邓军. 基于边界元法的变电站内工频电场计算方法研究[硕士学位论文]. 重庆: 重庆大学, 2010.

[4] Yoshida K, Nishimura N, Kobayashi S. Application of new fast multipole boundary integral equation method to crack problems in 3D. Engineering Analysis with Boundary Elements, 2011, 25(4): 239-247.

[5] Lim K M, He X F, Lim S P. Fast Fourier transform on multipoles(FFTM) algorithm for Laplace equation with direct and indirect boundary element method. Computational Mechanics, 2008, 41: 313-323.

[6] 朱祯海. 变电站复杂工频电场快速计算方法及实验研究[硕士学位论文]. 重庆: 重庆大学, 2012.

第 7 章　变电站开关操作空间瞬态电场分析

变电站开关操作所产生的瞬变脉冲群，除了对回路和二次设备产生传导干扰外，还会在变电站空间产生瞬态电磁场辐射。本章首先分析开关操作引起的瞬态电磁场的产生机理，基于变电站内隔离开关操作的等效电路模型，获取开关操作所产生的瞬变脉冲群，并对其特征进行分析；其次简述有限差分时域(FDTD)法在瞬态问题研究上的优越性，针对母线在空间的对称结构，在柱坐标系下采用 FDTD 法对母线产生的空间电场进行离散计算，可得到任意时刻的空间电场分布情况。

7.1　开关操作产生瞬态电磁干扰的机理

在高压变电站中，因运行或维护需要，需要进行各种倒闸操作，这会造成系统中的电感和电容构成的振荡回路产生很复杂的过渡过程，形成电快速瞬变脉冲群。在隔离开关闭合的过程中，开关两触头之间的间隙缩小致空气击穿，产生第一次电弧。电弧的产生伴随着一系列的高频振荡电流，经过短暂的振荡过程后，空载母线上的电位会从初始状态的零值跳变到当时电压的瞬时值。随后振荡电流会发生衰减，电弧熄灭，开关两端不再连接，母线上会保持电弧熄灭时的电位值。电源电压的变化又会使触头间的电位差增大，再次达到击穿电压时，又引发电弧再次熄灭，如此反复，直到动触头和静触头接触，开关的断开操作过程与闭合过程刚好相反。在前面的开关操作过程中，断口电弧会反复切断和重燃，使系统中产生电快速瞬变脉冲群。这些幅值和频率很高的电快速瞬变脉冲群会通过电压互感器和电流互感器等以传导的方式干扰二次设备，也会在空间形成瞬态电磁场，以场线耦合等方式干扰二次设备的正常工作。

7.1.1　隔离开关操作引起的波过程

在系统中用隔离开关断开感性负载时，触点间将产生间熄电弧现象，其等效电路模型如图 7.1 所示[1]。

图 7.1 中，L_0为回路的杂散电感，R_0为导线电阻，C_0为杂散电容。电感中的电流不能突变，开关断开感性负载电路后，此电流会反向流向杂散电容 C_0，电容反向充电，会导致电容两端出现暂态过电压，此时开关触头两端的电压为该过电压与电源电压的叠加。当触头两端之间的电压比介质击穿电压高时，触头间就会

形成电弧，开关导通。一旦开关导通，杂散电容 C_0 将放电，产生高频电流，触头间的重燃电弧将会熄灭，开关两端重新出现过电压。上述过程不断循环，直到动、静触头两端的电压不能再击穿开关之间的空气绝缘。

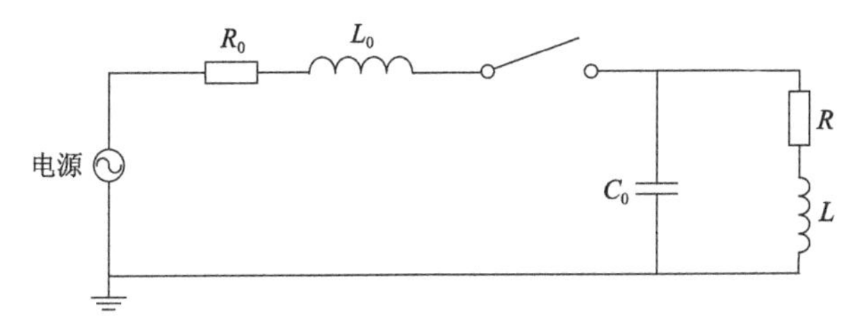

图 7.1　隔离开关操作等效电路

根据基尔霍夫电压定律建立电路模型的二阶微分方程，得到杂散电容 C_0 两端的电压即开关操作过电压为

$$u(t)=\frac{U}{\omega_2 C_0\sqrt{R^2+\omega_1{}^2L^2}}\mathrm{e}^{-\alpha t}\sin(\omega_2 t) \tag{7.1}$$

式中，ω_1 为电源电压角频率；ω_2 为自由谐振角频率；α 为衰减系数。

7.1.2　母线电流计算

开关操作尤其是隔离开关操作时会在母线上产生一系列的瞬变脉冲电流，可用贝吉龙法[2,3]来计算开关操作时的节点电流和节点电压。

贝吉龙法引入等值电流源，建立各电气元件的等值电路和数学模型，行波的折反射是通过各节点在不同时刻下电压和电流的关系来表示的，能够精确分析网络波过程。

某 500kV 三相线路合闸后的等效电路如图 7.2 所示，其节点处的操作电流如图 7.3 和图 7.4 所示，电源内电阻 R=8.1947Ω，内电感 L=0.30562H。

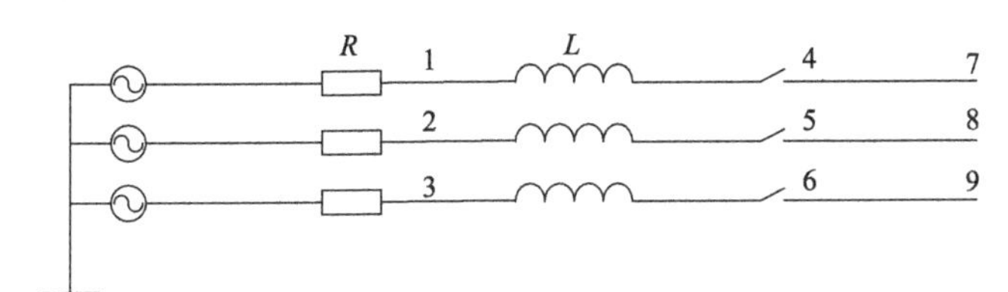

图 7.2　三相线路合闸等效电路图

从图 7.3 中可以看出，节点 4 和节点 7 处的电流都是标准衰减波形，一段时间后最终都会衰减到 0，电流波形峰值达到 150A，且节点 7 处的电流幅值比节点 4 要小，所以开关操作在传输线上引起的电流可用正弦指数衰减函数来表示。从图 7.4 中可以看出，不同相的同一位置处电流响应不同，中间相的幅值要比两边相稍大，

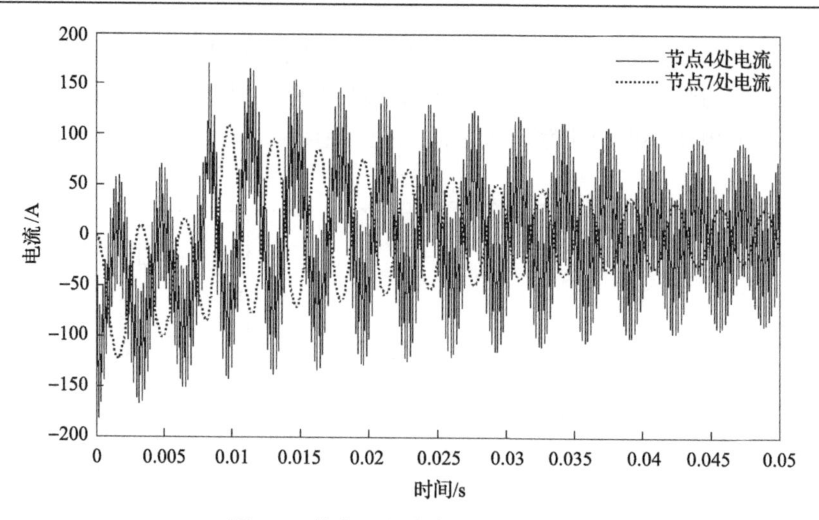

图 7.3　节点 4 和节点 7 处电流对比

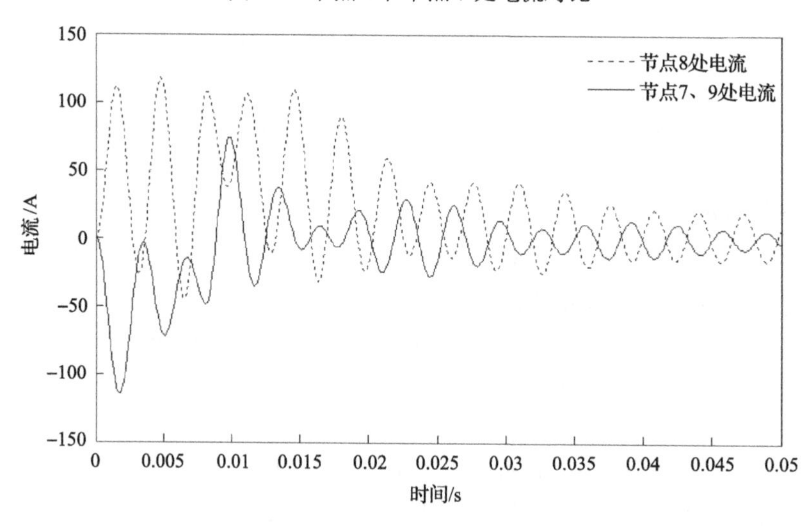

图 7.4　同一位置处三相电流

相位相反，三相计算可简化为计算某一相的响应。从计算的波形来看，开关操作电流波形可用正弦函数衰减形式表示为

$$i(0,t)=I_{\mathrm{m}}\mathrm{e}^{-\alpha t}\sin(2\pi ft) \tag{7.2}$$

式中，I_{m} 为暂态电流峰值；f 为信号主要频率；α 与空气有关，一般取 $\alpha=5\times10^{5}$。

7.2　FDTD 法

FDTD 法[4,5]是一种简单、直观的时域方法，它直接以麦克斯韦旋度方程为基础，用变量离散的含有有限个未知数的差分方程近似代替变量连续的微分方程，不再需要任何导出方程。矩量法或其他频域方法最终会归结为求解代数方程组，而在 FDTD 法每一个时间步中，直接利用每个网格点的场量来计算相邻场量，以得到空间场量随时间变化的情况。因此我们只需要知道空间某些点处的电磁场，就可以计算整个空间的电磁场分布情况。

7.2.1　麦克斯韦方程和 Yee 氏网格

麦克斯韦旋度方程为

$$\nabla \times \boldsymbol{H} = \varepsilon \frac{\partial \boldsymbol{E}}{\partial t} + \sigma \boldsymbol{E} \tag{7.3}$$

$$\nabla \times \boldsymbol{E} = -\mu \frac{\partial \boldsymbol{H}}{\partial t} - \sigma_{\mathrm{m}} \boldsymbol{H} \tag{7.4}$$

式中，ε 为介电常数；μ 为磁导率；σ 为电导率；σ_{m} 为等效磁阻率。

引入 σ_{m} 的主要目的是使式(7.3)和式(7.4)具有对称性。在直角坐标系中，式(7.3)和式(7.4)等价的电磁场各分量分别满足：

$$\frac{\partial H_z}{\partial y} - \frac{\partial H_y}{\partial z} = \varepsilon \frac{\partial E_x}{\partial t} + \sigma E_x \tag{7.5}$$

$$\frac{\partial H_x}{\partial z} - \frac{\partial H_z}{\partial x} = \varepsilon \frac{\partial E_y}{\partial t} + \sigma E_y \tag{7.6}$$

$$\frac{\partial H_y}{\partial x} - \frac{\partial H_x}{\partial y} = \varepsilon \frac{\partial E_z}{\partial t} + \sigma E_z \tag{7.7}$$

以及

$$\frac{\partial E_z}{\partial y} - \frac{\partial E_y}{\partial z} = -\mu \frac{\partial E_x}{\partial t} - \sigma_{\mathrm{m}} H_x \tag{7.8}$$

$$\frac{\partial E_x}{\partial z} - \frac{\partial E_z}{\partial x} = -\mu \frac{\partial E_y}{\partial t} - \sigma_{\mathrm{m}} H_y \tag{7.9}$$

$$\frac{\partial E_y}{\partial x} - \frac{\partial E_x}{\partial y} = -\mu \frac{\partial H_z}{\partial t} - \sigma_{\mathrm{m}} H_z \tag{7.10}$$

一般地，任一时变参量 F 与空间坐标和时间变量都有关，可简化表示为

$$F^n(i,j,k) = F(i\Delta x, j\Delta y, k\Delta z, n\Delta t) \tag{7.11}$$

在 Yee 氏网格中，麦克斯韦旋度方程的差分表达式中对空间和时间的微商均

采用具有二阶精度的中心差分近似，使场量之间相距半个空间步长，时间相隔半个时间步长来进行计算，这样，$F^n(i,j,k)$沿 x 轴的中心差分和沿时间的中心差分可以分别近似表示为

$$\frac{\partial F^n(i,j,k)}{\partial x}=\frac{F^n\left(i+\frac{1}{2},j,k\right)-F^n\left(i-\frac{1}{2},j,k\right)}{\Delta x}+O(\Delta x^2) \tag{7.12}$$

$$\frac{\partial F^n(i,j,k)}{\partial t}=\frac{F^{n+\frac{1}{2}}(i,j,k)-F^{n-\frac{1}{2}}(i,j,k)}{\Delta t}+O(\Delta t^2) \tag{7.13}$$

Yee 元胞中，每一个电场分量被 4 个磁场分量环绕，每一个磁场分量被 4 个电场分量环绕，在时间顺序上对电场和磁场进行交替抽样，抽样时间间隔半个时间步[6]。在经 FDTD 法离散后电场和磁场各节点的空间排布如图 7.5 所示。

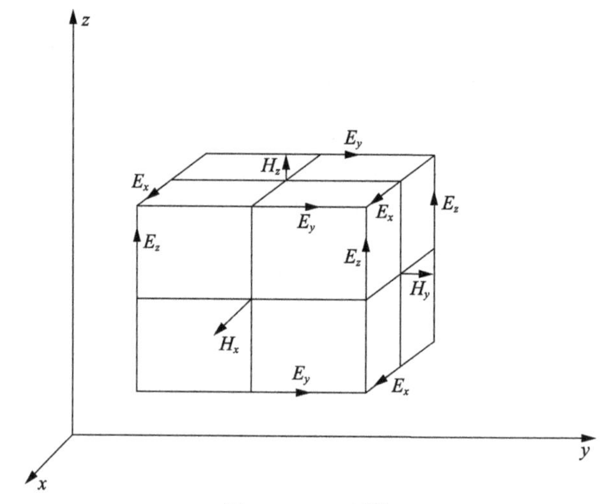

图 7.5　Yee 元胞

用式(7.12)和式(7.13)所示的中心差分代替式(7.5)～式(7.10)中的微商，就可得到 Yee 所给出的差分方程。例如，对点$(i+1/2,j,k)$处的 E_x 分量，在第 n+1/2 时间步，由式(7.5)可得

$$\begin{aligned}E_x^{n+1}(i+1/2,j,k)=&CA(i+1/2,j,k)\cdot E_x^n(i+1/2,j,k)+CB(i+1/2,j,k)\\&\times\left[\frac{H_z^{n+1/2}(i+1/2,j+1/2,k)-H_z^{n+1/2}(i+1/2,j-1/2,k)}{\Delta y}\right.\\&\left.-\frac{H_y^{n+1/2}(i+1/2,j,k+1/2)-H_y^{n+1/2}(i+1/2,j,k-1/2)}{\Delta z}\right]\end{aligned} \tag{7.14}$$

$$CA(i+1/2,j,k)=\frac{2\varepsilon(i+1/2,j,k)-\sigma(i+1/2,j,k)\Delta t}{2\varepsilon(i+1/2,j,k)+\sigma(i+1/2,j,k)\Delta t} \tag{7.15}$$

$$CB(i+1/2,j,k)=\frac{2\Delta t}{2\varepsilon(1+1/2,j,k)+\sigma(i+1/2,j,k)\Delta t} \tag{7.16}$$

同样可以求得其他电场分量满足的差分方程。根据场的对称性也很容易求得磁场各分量满足的差分方程。从 Yee 元胞图中就可以看出，FDTD 法中任一网格点上的电场(或磁场)分量，只与其上一个时间步的值及其四周环绕的磁场(或电场)分量有关。

7.2.2　数值稳定性分析

麦克斯韦旋度方程按 Yee 氏网格导出的差分方程，通过按时间步推进计算电磁场来描述在网格空间内的变化规律[7]。为了保持计算的数值稳定性，差分方程要求 Δt 与 Δx、Δy、Δz 之间必须满足一定的条件，否则计算的场量会随着时间步长的增大而无限增大。任意电磁场分量均满足齐次波动方程，根据齐次波动方程可以得到 Courant 稳定性条件：

$$v\Delta t \leqslant \frac{1}{\sqrt{\frac{1}{(\Delta x)^2}+\frac{1}{(\Delta y)^2}+\frac{1}{(\Delta z)^2}}} \tag{7.17}$$

式中，v 为介质波速。三维情况下，当 $\Delta x=\Delta y=\Delta z$ 时，式(7.17)变为

$$v\Delta t \leqslant \frac{\delta}{\sqrt{3}} \tag{7.18}$$

式(7.18)表明，时间间隔必须小于波以光速通过 Yee 元胞对角线的 1/3 所需时间。

7.2.3　吸收边界条件

由于受到计算机存储和计算时间的限制，FDTD 法只能在有限区域内解决电磁问题，必须对 FDTD 设置计算边界。吸收边界的处理是 FDTD 法中的重要部分，它直接关系到 FDTD 法计算的正确性、精确度。目前被广泛应用的吸收边界条件主要有 Mur 吸收边界条件和 Berenger 完全匹配层吸收边界条件。由于本节只对电场进行研究，只需要研究 TE 波的边界。对于 TE 波，根据齐次波动方程的解，二维 Mur 吸收边界条件为

$$
\begin{aligned}
&\left[\frac{\partial H_z}{\partial x}-\frac{1}{c}\frac{\partial H_z}{\partial t}+\frac{c\varepsilon}{2}\frac{\partial E_x}{\partial y}\right]_{x=0}=0, \quad \text{在}x=0,\text{左边界处}\\
&\left[\frac{\partial H_z}{\partial x}+\frac{1}{c}\frac{\partial H_z}{\partial t}-\frac{c\varepsilon}{2}\frac{\partial E_x}{\partial y}\right]_{x=a}=0, \quad \text{在}x=a,\text{右边界处}\\
&\left[\frac{\partial H_z}{\partial y}-\frac{1}{c}\frac{\partial H_z}{\partial t}-\frac{c\varepsilon}{2}\frac{\partial E_y}{\partial x}\right]_{y=0}=0, \quad \text{在}y=0,\text{下边界处}\\
&\left[\frac{\partial H_z}{\partial y}+\frac{1}{c}\frac{\partial H_z}{\partial t}+\frac{c\varepsilon}{2}\frac{\partial E_y}{\partial x}\right]_{y=b}=0, \quad \text{在}y=b,\text{上边界处}
\end{aligned}
\tag{7.19}
$$

7.3　变电站瞬态电磁场计算

7.3.1　FDTD 离散方程及吸收边界条件设置

在高压变电站中，因运行、维护或故障保护动作等需要进行开关操作，在线上产生操作过电压。此外，在开关操作过程中，断口间会出现几十次乃至几百次重复燃弧和断弧。在由电感和电容构成的振荡回路中产生一系列很复杂的过渡过程，形成电快速瞬变脉冲群。电快速瞬变脉冲群以传输导线为辐射天线，在周围空间形成瞬态电磁场，对变电站二次控制设备造成干扰。

计算模型如图 7.6 所示，设母线高度为 8m，母线长 200m。取电流为 $i(0,t)=I_{\mathrm{m}}\mathrm{e}^{-\alpha t}\sin(2\pi ft)\mathrm{A}$，$I_{\mathrm{m}}$=1000A，$\alpha=5\times10^5$，$f$=0.5MHz。

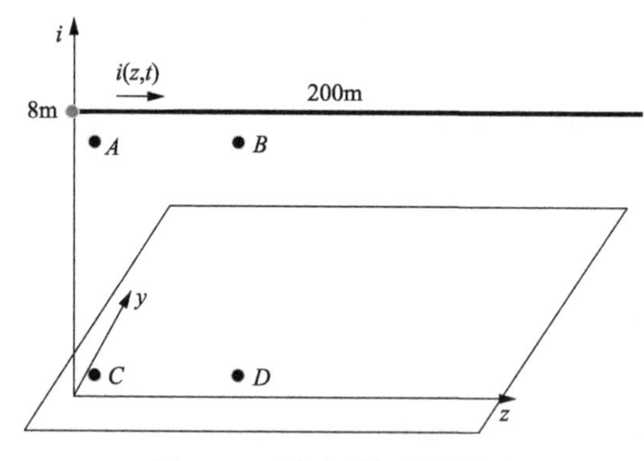

图 7.6　开关电磁场计算模型

根据 FDTD 法，在时间和空间进行差分离散，在柱坐标系中，可推导得到下面的公式：

$$E_z^{n+1}(i,j+1/2)=\frac{2\varepsilon-\sigma\Delta t}{2\varepsilon+\sigma\Delta t}E_z^n(i,j+1/2)+\frac{2\Delta t}{(2\varepsilon+\sigma\Delta t)r_i\Delta r}\Big[r_{i+1/2}H_\varphi^{n+1/2}(i+1/2,j+1/2)-r_{i-1/2}H_\varphi^{n+1/2}(i-1/2,j+1/2)\Big] \tag{7.20}$$

$$E_r^{n+1}(i+1/2,j)=\frac{2\varepsilon-\sigma\Delta t}{2\varepsilon+\sigma\Delta t}E_r^n(i+1/2,j)-\frac{2\Delta t}{(2\varepsilon+\sigma\Delta t)\Delta z}\Big[H_\varphi^{n+1/2}(i+1/2,j+1/2)-H_\varphi^{n+1/2}(i+1/2,j-1/2)\Big] \tag{7.21}$$

$$H_\varphi^{n+1/2}(i+1/2,j+1/2)=H_e^{n-1/2}(i+1/2,j+1/2)+\frac{\Delta t}{\mu\Delta r}\Big[E_z^n(i+1,j+1/2)-E_z^n\left(i,j+1/2\right)\Big]-\frac{\Delta t}{\mu\Delta z}\Big[E_r^\pi(i+1/2,j+1)-E_r^\pi(i+1/2,j)\Big] \tag{7.22}$$

式中，Δt 为时间增量；Δz 是矩形单元的垂直长度；Δr 是侧边长度。柱坐标系下电场 E_z 、E_r 和磁场 H_φ 的空间分布如图 7.7 所示。

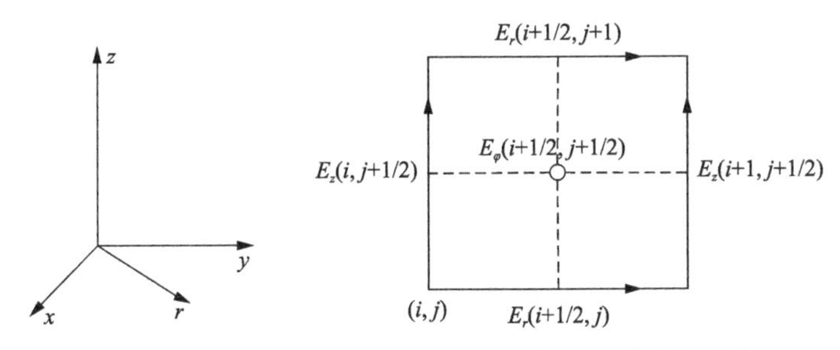

图 7.7　柱坐标系下电场 E_z 、E_r 和磁场 H_φ 的空间分布

计算过程中，Δt 、Δz 、Δr 应满足数值计算稳定性要求，即 Courant 稳定性条件：

$$v\Delta t\leqslant\sqrt{\frac{\Delta r^2\Delta z^2}{\Delta r^2+\Delta z^2}} \tag{7.23}$$

式中，v 为电磁波在介质中的传播速度。

对开域场进行 FDTD 计算时，需要设置边界条件，目前常用的有 Mur 吸收边界和完全匹配层(perfectly matched layer，PML)。变电站计算空间很大，虽然采用

Mur 吸收边界的计算精度不如完全匹配层吸收边界那么高，但是计算量小，占用内存少，计算精度也能够满足工程应用要求，故本节采用 Mur 吸收边界。利用柱坐标系的对称性，可只考虑母线以下平面内的边界[8]。在母线系统中，需要考虑三个边界，下边界、左边界和右边界，如图 7.8 所示。在考虑边界条件后，对式(7.19)所示的边界条件进行离散分析，磁场分量的一阶连接边界条件如下。

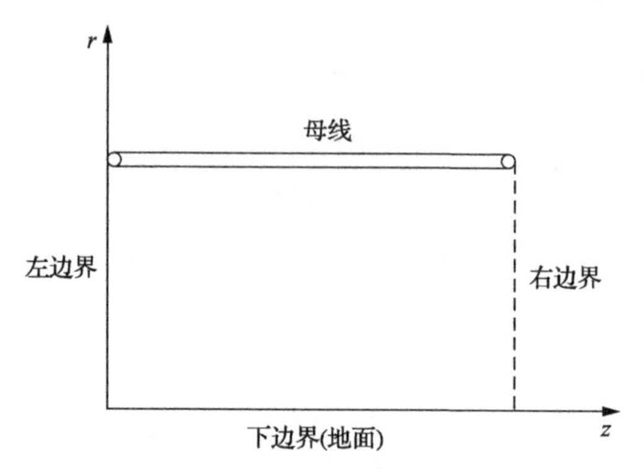

图 7.8　边界条件示意图

1)沿 z 方向

下边界$(i+1/2, j_{\min}-1/2)$：

$$\begin{aligned}H_\varphi^{n+1/2}(i+1/2,0-1/2)&=H_\varphi^{n-1/2}(i+1/2,0-1/2)\\&+\frac{v\Delta t-\Delta z}{v\Delta t+\Delta z}\Big[H_\varphi^{n+1/2}(i+1/2,0+1/2)\\&-H_\theta^{n-1/2}(i+1/2,0-1/2)\Big]\end{aligned}\tag{7.24}$$

上边界$(i+1/2, j_{\max}+1/2)$：

$$\begin{aligned}H_\varphi^{n+1/2}\left(i+1/2,j_{\max}+1/2\right)&=H_\varphi^{n-1/2}\left(i+1/2,j_{\max}+1/2\right)\\&+\frac{c\Delta t-\Delta z}{c\Delta t+\Delta z}\Big[H_\varphi^{n+1/2}\left(i+1/2,j_{\max}-1/2\right)\\&-H_\varphi^{n-1/2}\left(i+1/2,j_{\max}+1/2\right)\Big]\end{aligned}\tag{7.25}$$

2)沿 r 方向

右边界$(i_{\max}+1/2, j+1/2)$：

$$\begin{aligned}H_\varphi^{n+1/2}\left(i_{\max}+1/2,j+1/2\right)&=c_1H_\varphi^{n+1/2}\left(i_{\max}-1/2,j+1/2\right)\\&+c_2H_\varphi^{n+1/2}\left(i_{\max}+1/2,j+1/2\right)\\&+c_3H_\varphi^{n-1/2}\left(i_{\max}-1/2,j+1/2\right)\end{aligned}\tag{7.26}$$

式中，$c_1=\dfrac{\dfrac{1}{2\Delta r}-\dfrac{1}{2c\Delta r}-\dfrac{1}{8r_i}}{\dfrac{1}{2\Delta r}+\dfrac{1}{2c\Delta r}+\dfrac{1}{8r_i}}$；$c_2=\dfrac{\dfrac{1}{2c\Delta r}-\dfrac{1}{2\Delta r}-\dfrac{1}{8r_i}}{\dfrac{1}{2\Delta r}+\dfrac{1}{2c\Delta r}+\dfrac{1}{8r_i}}$；$c_3=\dfrac{\dfrac{1}{2c\Delta r}+\dfrac{1}{2\Delta r}-\dfrac{1}{8r_i}}{\dfrac{1}{2\Delta r}+\dfrac{1}{2c\Delta r}+\dfrac{1}{8r_i}}$，$c$表示电磁波在空气中的传播速度。

对于柱坐标系，导线中的有源区和无源区要区别对待[9]。

无源区：

$$E_z^{n+1}\left(i_n,j+1/2\right)=\frac{2\varepsilon-\sigma\Delta t}{2\varepsilon+\sigma\Delta t}E_z^n(i,j+1/2)+\frac{8\Delta t}{(2\varepsilon+\sigma\Delta t)\Delta r}H_\varphi^{n+1/2}(1/2,j+1/2) \tag{7.27}$$

有源区：

$$\begin{aligned}E_z^{n+1}(i,j+1/2)=&\frac{2\varepsilon-\sigma\Delta t}{2\varepsilon+\sigma\Delta t}E_z^n(i,j+1/2)+\frac{8\Delta t}{(2\varepsilon+\sigma\Delta t)\Delta r}H_\varphi^{n+1/2}(1/2,j+1/2)\\&-\frac{4\Delta t}{\pi\varepsilon_0\Delta r^2}I(0,j+1/2)\end{aligned} \tag{7.28}$$

式中，$I(0，j+1/2)$ 表示母线在$(j+1/2)\Delta z$处的电流单元。

空气中的介电常数ε_0=8.85×10^{-12}F/m、电导率$\sigma_0=0$、磁导率$\mu_0=4\pi\times10^{-7}$H/m；大地的相对介电常数$\varepsilon_\mathrm{g}=4$，电导率$\sigma_\mathrm{g}=0.001$S/m，而在空气与大地的交界面上，介电常数和电导率可取两者的均值。

7.3.2　空间瞬态电场计算

在计算变电站内引起的瞬态电磁场时，很多研究没有考虑地面因素的影响，而地面对波的传播存在反射和散射，必须考虑地面因素，否则会对计算结果产生较大误差[10]。本节针对是否考虑地面因素的影响，对开关操作引起的空间场进行了计算和对比分析。

利用建立的数学模型，计算物理模型的空间电磁场分布情况。导线沿z轴放置并取导线长度z_l=200m，导线离地面高度暂取8m，即r=8m。应用FDTD法，对空间和时间的网格划分在严格考虑满足FDTD稳定条件和使用时的具体条件的基础上，划分网格所取的空间步长为$\Delta z=\Delta r=\Delta l=1$m，时间步长$\Delta t=\dfrac{\Delta l}{2c}$，其中$\Delta l$为空间步长，$c$为电磁波在空气中的传播速度。激励源衰减振荡的电流源为$i(0,t)=I_\mathrm{m}\mathrm{e}^{-\alpha t}\sin(2\pi ft)$A，其中$I_\mathrm{m}$=1000A，$\alpha$=$5\times10^5$，$f$=0.5MHz[11]。

(1)在不考虑地面影响的情况下，开关操作所产生的瞬态电磁场在地面上方空间内的变化情况如图7.9所示。

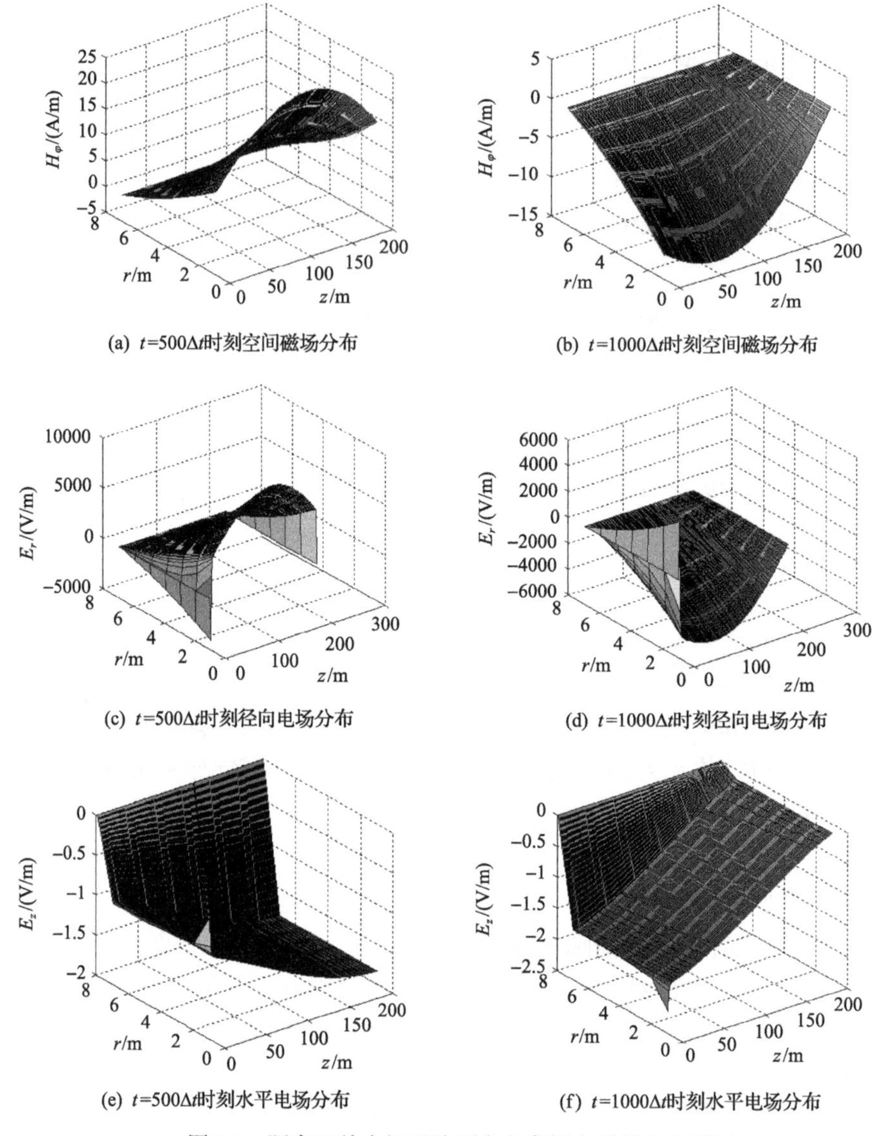

(a) t=500Δt时刻空间磁场分布　　(b) t=1000Δt时刻空间磁场分布

(c) t=500Δt时刻径向电场分布　　(d) t=1000Δt时刻径向电场分布

(e) t=500Δt时刻水平电场分布　　(f) t=1000Δt时刻水平电场分布

图 7.9　隔离开关合闸后地面上方空间电磁场分布情况

图 7.9 中计算了 $t=500\Delta t$ 和 $t=1000\Delta t$ 两个时刻的电场和磁场分布情况，可以看出电场和磁场随时间的衰减变化情况。在图 7.9(a)中，$t=500\Delta t$ 时刻磁场最大值超过 20A/m，而在图 7.9(b)中，$t=1000\Delta t$ 时刻磁场最大值不超过 14A/m，且在距离开关较近的地方磁场已几乎衰减到 0。图 7.9(c)中近场端径向电场在 $t=500\Delta t$ 时刻开始增大，电场最大值不超过 8kV/m，但是在 $t=1000\Delta t$ 时刻(图 7.9(d))电场最大值不超过 5kV/m，远场端随着电场传播先增大然后衰减，最终达到一个稳定值。

(2)在考虑地面影响的情况下，大地的相对介电常数 $\varepsilon_{\mathrm{g}}=4$ ，电导率 $\sigma_{\mathrm{g}}=0.001\mathrm{S/m}$ ，在空气与大地的交界面上，介电常数和电导率取两者的均值，隔离开关合闸后考虑地面因素影响后的空间电磁场变化情况如图 7.10 所示。

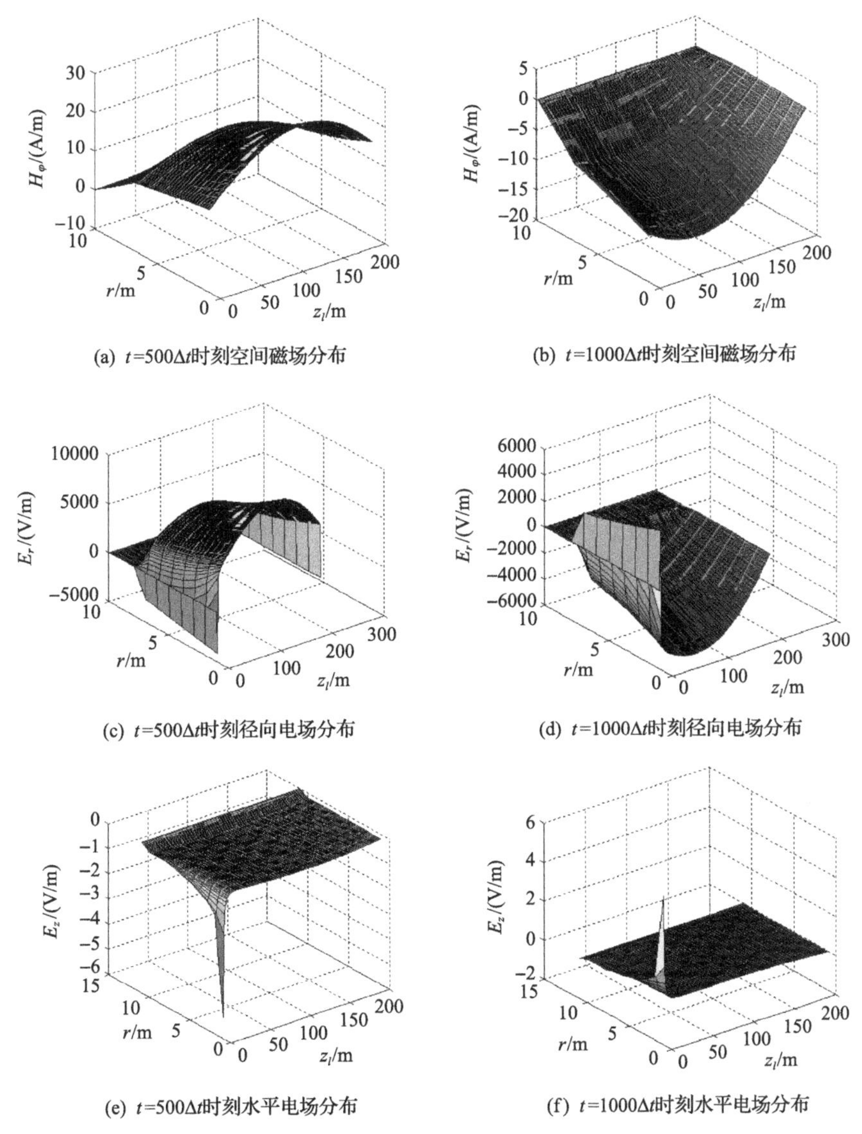

(a) t=500Δt时刻空间磁场分布　(b) t=1000Δt时刻空间磁场分布

(c) t=500Δt时刻径向电场分布　(d) t=1000Δt时刻径向电场分布

(e) t=500Δt时刻水平电场分布　(f) t=1000Δt时刻水平电场分布

图 7.10　隔离开关合闸后考虑地面因素影响后空间电磁场分布情况

从图 7.10(e)和(f)中可以看出水平电场在大部分区域很小，几乎为 0，主要考虑径向电场的影响。图 7.9 和图 7.10 比较可知，考虑地面因素影响后的空间电磁场比不考虑地面因素影响的空间电磁场数值要小，这是因为地面的衰减和反射作用。在地面与空气的交界面(r=8m)处，电场和磁场都会迅速衰减，在地面以下的土地区域内(r>8m)，电场和磁场会随着空间电磁场的变化而发生变化，并且首先衰减。从计算的结果来看，地面下方(r≥8m)的水平电场和径向电场并不太大，因此对于埋在地面以下的电缆，虽然变电站内开关操作产生的空间电磁场会对其产生耦合干扰，但是耦合干扰的幅值会比较小，而对二次电缆的干扰主要是传导干扰。第 8 章将会针对空间电磁场对二次电缆所产生的耦合干扰进行计算研究。

在地面与空气交界面(r =8m)处，径向电场和水平电场如图 7.11 所示。

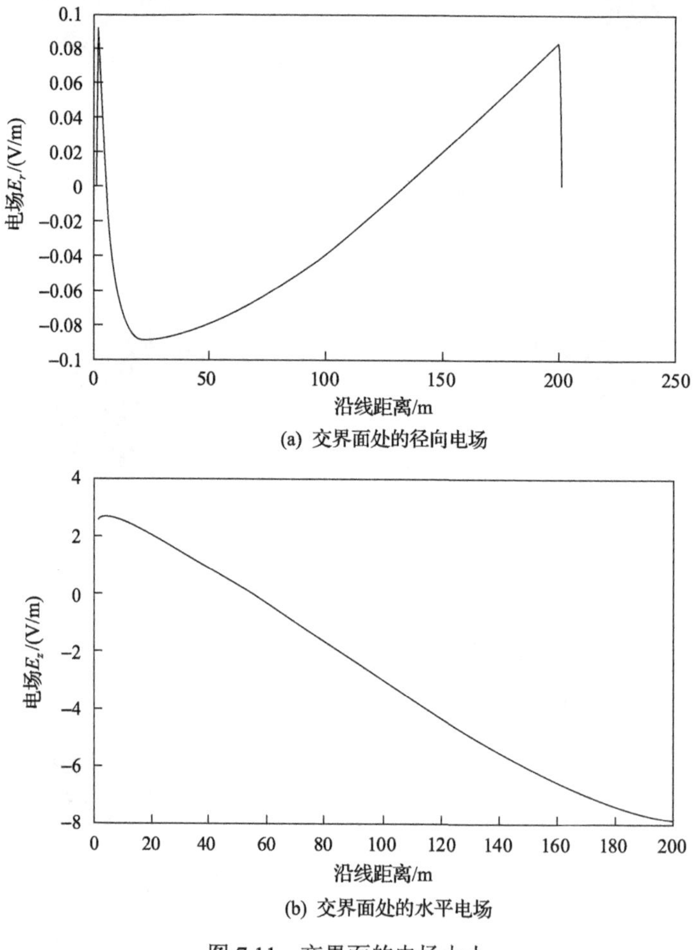

(a) 交界面处的径向电场

(b) 交界面处的水平电场

图 7.11　交界面的电场大小

由图 7.11 可知，交界面处径向电场几乎衰减为 0，而水平电场不超过 8V/m，地面以下的电场更小。取 ε_g=4、σ_g=0.1S/m 和 ε_g=10、σ_g=0.001S/m 对电场的计算结果影响并不大。

因此，通过改变土壤性质来减小空间电场的作用并不大，要减小耦合干扰只能通过屏蔽等措施。计算发现，地面及以下的电场很小，通过电场耦合产生的电压比较小，而且现在电缆一般安放在电缆沟等地方，防护措施能够保证安全运行。

参考文献

[1] 王玉峰, 邹积岩, 廖敏夫. 一次回路形成电快速瞬变脉冲群骚扰的研究及防护. 电力自动化设备, 2007, 27(9): 22-26.

[2] 吴维韩, 张芳榴, 等. 电力系统过电压数值计算. 北京: 科学出版社, 1989.

[3] 李福寿. 电力系统过电压计算. 上海: 水利电力出版社, 1986.

[4] 王长清, 祝西里. 瞬变电磁场理论与计算. 北京: 北京大学出版社, 2011.

[5] 葛德彪, 闫玉波. 电磁波时域有限差分方法. 西安: 西安电子科技大学出版社, 2002.

[6] 解浩. 纳米金属光天线的特性研究[硕士学位论文]. 济南: 山东大学, 2009.

[7] 史红蓓. 导电媒质中三维似稳瞬态电磁场的 FDTD 数值模拟[硕士学位论文]. 镇江: 江苏大学, 2009.

[8] 王志川, 郑镇, 梁丽君, 等. 变电站开关暂态电磁场对二次电缆的耦合干扰分析. 重庆科技学院学报(自然科学版), 2014, 16(5): 157-160.

[9] Zhang Z L, Xie X M, Li L, et al. Super-fast multipole method for power frequency electric field in substations. COMPEL International Journal of Computations and Mathematics in Electrical, 2014, 33(1-2): 594-610.

[10] 谢雪梅. 变电站开关暂态电磁场计算及对二次设备的影响研究[硕士学位论文]. 重庆: 重庆大学, 2014.

[11] Yang C S, Zhou B H, et al. Calculation methods of electromagnetic fields very close to lightning. IEEE Transactions on Electromagnetic Compatibility, 2004, 46(1): 133-141.

第三篇　输变电工程中的电磁场逆问题分析方法及应用

第8章　交流架空输电线路电参量反演方法研究

目前，已有学者提出通过计算分析输电线路故障时刻的空间电场分布情况，建立故障状态判断数据库，并将测量所得的电场数据与数据库中的数据进行对比分析，最终识别线路故障类型。但是该类方法仅能实现输电线路运行状态的定性判断，无法对线路运行电压参数进行定量计算。本章以第4章构建的电压、电场三维数学模型为基础，旨在实现从电场到电压的定量计算。

本章从优化电场测量点的布点方案入手，对电场逆问题的不适定性进行改善。采用改进型粒子群优化算法，设置算法的适应度函数为电压、电场线性方程组的观测矩阵条件数，分别对常见导线排列方式进行电场测量点的位置寻优。对于本章提出的电压反演方法，采用融合粒子群优化算法与遗传算法优点的改进型优化算法对电场逆问题进行迭代求解，设置算法可调参数学习因子为惯性权重的函数，以提升算法的搜索性能；同时，设定各相导线电压间的约束条件，以降低算法的搜索复杂度。

8.1　粒子群优化算法概述

8.1.1　基本原理

粒子群优化算法目前在人工智能领域被大量应用。这种算法是对自然界中鸟群觅食的群体行为进行模拟而建立的。这种算法和神经网络存在一定的差异，具体表现为粒子群优化算法是通过种群中个体之间的协作和信息共享来寻找最优解。这种算法在处理过程中，主要是通过粒子来表示目标问题，确定优化问题的适应度；在搜索过程中，粒子不断改变自身的最优值从而实现位置更新的目的，并确定多次的飞行迭代，进行一定的搜索从而确定出最优解。这种算法的优势具体表现为算法结构简单，便于实现，相应的收敛速度也达到很高水平[1-3]。

在处理过程中，粒子更新自身状态的原则有三种，具体包括：①保持自身的惯性；②按自身的最优位置进行更新操作；③按全局的最优位置进行更新操作。假设在D维空间中存在n个粒子，其中各粒子的位置可表示为$\boldsymbol{x}_i=(x_{i1},x_{i2},\cdots,x_{iD})^{\mathrm{T}}$，$(i=1,2,\cdots,n)$，每个粒子的速度可表示为$\boldsymbol{v}_i=(v_{i1},v_{i2},\cdots,v_{iD})^{\mathrm{T}}$，对应的系统中个体最优解可表示为$\boldsymbol{p}_i=(p_{i1},p_{i2},\cdots,p_{iD})^{\mathrm{T}}$，在搜索过程中群体确定出的最优解表示为$\boldsymbol{p}_g=(p_{g1},p_{g2},\cdots,p_{gD})^{\mathrm{T}}$。粒子在此搜索过程中，第$d(1\leqslant d\leqslant D)$维粒子的速度和

位置更新公式如下：

$$v_{id}(t+1)=wv_{id}(t)+c_1r_1(p_{id}-x_{id}(t))+c_2r_2(p_{gd}-x_{id}(t)) \tag{8.1}$$

$$x_{id}(t+1)=x_{id}(t)+v_{id}(t+1) \tag{8.2}$$

式中，t 表示第 t 代；$v_{id}(t)$ 是第 i 个粒子在第 d 维上的速度；w 是惯性因子；c_1 和 c_2 是加速因子；r_1 和 r_2 是(0,1)上的随机数；p_{id} 表示粒子的个体极值；p_{gd} 表示整个粒子群的全局极值。

在式(8.1)和式(8.2)中，$wv_{id}(t)$ 表示粒子上一时刻的飞行速度；$c_1r_1(p_{id}-x_{id}(t))$ 表示与此相关的搜索部分，搜索过程中，在缺乏自身搜索的条件下很容易导致局部最优解；$c_2r_2(p_{gd}-x_{id}(t))$ 表示信息共享与合作，如果不进行相应的信息共享，其整体性会大幅降低，可能确定不出最优解，因而这三者是进化过程中必不可少的。

经典粒子群优化算法的流程具体如下：

(1)初始化粒子群，确定其中的相关参数，包括各粒子的最优解，以及相应的参数、速度和位置。

(2)确定满足要求的适应度函数进行粒子的适应度计算分析。

(3)对于每个粒子，比较上一步确定的粒子适应值和个体最优适应值，如果对比结果表明当前粒子适应值较好，则选择当前值进行替代。

(4)基于式(8.1)和式(8.2)进行粒子参数的调整。

(5)若求得的适应值符合相关的标准要求，或者对应的迭代次数达到设定值，则终止算法，否则返回步骤(2)。

8.1.2　粒子群优化算法中参数对性能的影响

(1)种群大小。进行种群参数设置的过程中，种群过大导致其收敛次数增大，所需计算时间增加；反之则导致粒子群优化算法结束得过早，无法满足相关精度的要求，寻优目标也不能实现。

(2)加速因子。实际的处理结果表明，c_1 和 c_2 会明显影响算法的性能，c_1 代表种群中粒子局部最优飞行的最大步长，c_2 表示对应的全局最优相关步长。设置过程中，如果 c_1 为 0，则可判断出个体最优解不会产生影响，可有效提高其收敛速度，所得的一般为局部最优解；如果 c_2 为 0，则可判断出迭代时间，这样进行搜索时一般无法确定出最优解。因此 c_1 和 c_2 应该进行合理设置，从而满足寻优的相关要求。

(3)惯性因子。惯性因子在粒子群优化算法处理过程中也有重要的意义，可以通过其对粒子上次迭代速度的影响情况进行分析，在此过程中应该确定合适的惯性因子从而进行设定的平衡处理。在具体的应用过程中，惯性因子较大时，其全局搜索能力提高，对应的收敛速度也提高，不过所得结果的精度较低；惯性因子较小时，算法的局部搜索能力加强，可以确定更加精确的解，这时搜索的时间明显增加，收敛速度降低，可能导致陷入局部最优而对其后的分析产生不利的影响，因而应该确定出合适的惯性因子。

8.1.3 算法改进方向和步骤

为避免出现这些问题，粒子群优化算法在求解过程中应该对因素的参数进行适当的设置。经典粒子群优化算法相应的参数主要是基于经验确定的，与迭代不存在定向关系。这样，处理过程中无法有效反映出种群的动态变化，也会影响到寻优过程中的精度，因此在实际处理过程中，应该适当地改进惯性因子和加速因子，从而满足收敛速度相关的要求。

(1) 惯性因子的改进。在此方面的搜索过程中，一般情况下要求算法前期的惯性因子大，这可对提高其全局搜索能力提供支持，可高效地确定出全局最优解的大体区域。在不断的迭代操作过程中，需要减小惯性因子，从而满足算法的局部搜索性能要求，有效地提高搜索最优解的精度。

(2) 加速因子的改进。在操作过程中，相对于变化的惯性因子，为提高算法的学习性能，可采用学习因子随惯性因子变化的方法。例如，采用以下策略：

$$c_1 = c_{\max} - (c_{1\max} - c_{1\min})\cos\omega \tag{8.3}$$

$$c_2 = c_{\max} - (c_{2\max} - c_{2\min})\cos\omega \tag{8.4}$$

式中，$c_{1\min}$ 和 $c_{1\max}$ 分别代表加速因子 c_1 的最小值和最大值；$c_{2\min}$ 和 $c_{2\max}$ 分别代表加速因子 c_2 的最小值和最大值。采用了该算法策略的搜索过程，其特征表现为前期自我学习能力强、后期全局学习能力强，这样可以满足前期探索性能的相关要求，同时有利于提高后期的搜索精度。

8.2 遗传算法概述

8.2.1 基本原理

遗传算法是一种基于生物界中的进化机制——适者生存，优胜劣汰而推演出的随机搜索方法，通过模拟种群的遗传特性和自然选择，采用简单编码技术(如二进制)来表示各类复杂的结构，然后从初始的种群展开研究，通过随机选择、交叉变异等操作，产生了新一代适应性更强的子代，从而让种群进化到整个搜索空间内契合度更好的区域，如此一代又一代不断进化和优化，不断逼近收敛到最满足要求的个体，将末代个体进行解码即可得到待求问题的最优解[4-6]。

为了方便读者更好地理解遗传算法的基本原理，我们将遗传算法的求解过程看作求解多元函数中的最大值问题来处理。我们把函数曲线看作无数个山峰和山谷构成的山脉，分别对应相应的局部最大值和最小值。这里，将在山脉中不同位置的小白兔设想为函数的一个解，而全局最大值的求解过程就可以转化为“兔子跳”的过程，即兔子不断向更高的山峰跳去直至到达整片山脉的最高峰。这里，兔子并不会主动向更高峰跳去，为了让兔子有向高处跳的动力，我们借鉴自然界中物竞天择的思想，每隔一段时间就猎杀一些处于海拔较低位置的兔子，而海拔越高位置的兔子能够生存的时间也更久并且繁殖后代，如此反复，兔子会不自觉地聚集在更高的地方，最终只有最高海拔的兔子才能真正生存下来，如此便可求得函数的全局最大值。其中，遗传算法的精辟之处在于系统会自动将爱往下坡路走的兔子猎杀，不必费劲思考如何去找“最高点”的兔子，只需要否定那些不满足要求的个体。

8.2.2　基本流程

遗传算法的具体实现过程实际上类似于自然界中的进化过程。首先需要寻找到将问题中的潜在因素进行“数字化”的编码方式，在进化中即对应于建立表现型和基因型的映射关系，然后用大量的随机数初始化一个种群，即对应将大量的兔子随机放在不同的山脉上，种群里面的个体就是这些数字中的一个个串，然后，通过解码过程获得到兔子的位置坐标，用适应性函数对每一个基因个体分别作一次适应度评估，简单来说就是兔子爬得越高，越满足我们的要求，所以适应度相应也就越高。紧接着，我们用选择函数按照某种规定择优选择，在上述例子中对应于我们要每隔一段时间，猎杀一些所在海拔较低的兔子，以保证兔子总体数目基本持平，让个体基因变异，即让兔子随机地跳一跳，然后产生子代。最后经过反复操作，只有最高海拔的兔子能够存活下来，由此我们进行解码来获取相应的最优解。

将上述基本操作流程加以总结概括：

(1) 利用大量随机数建立初始化种群；

(2) 根据相应的适应性函数来评估种群中每个个体的适应度，判断是否符合优化准则，如果符合，则输出代表最佳个体的最优解，否则进行接下来的步骤；

(3) 依据所得的适应度来筛选父代，优胜劣汰，将适应度较低的个体淘汰；

(4) 让父代的染色体按照一定的方式交叉遗传，产生子代；

(5) 让子代染色体变异。

将经过遗传和变异产生的新一代种群重复进行第(2)步操作，如此循环直至产生最优解，结束循环。

以下对遗传编码、适应度函数、选择函数、遗传操作进行介绍。

1. 遗传编码

遗传编码是运用遗传算法处理问题时的首要问题，也是设计遗传算法具体细节中的一个核心步骤。编码方式很大程度上会影响交叉算子、变异算子等遗传算子的运算方法，很大程度上决定了遗传进化的效率。使用遗传算法处理问题时，必须在目标问题的实际表达与遗传算法中染色体位串结构之间建立对应关系，即确定编码方式以及解码计算。编码本质上来说就是用一种编码来表示问题的解，进而让问题的状态空间与 GA 的码空间相互对应。现有的编码方式层出不穷，总体来说可以划分为三类：二进制编码方式、浮点编码方式、符号编码方式[7]。

(1) 二进制编码方式。类似于自然界生物基因中的 A、G、C、T 四种碱基，二进制编码中只有两种符号：0 和 1，将它们串成一条链形成染色体，一个位能代表两种不同状态的信息。因此，无论要表达的信息量多么庞大，只要二进制染色体足够长，便可以将信息库里的信息一一表达出来。

(2) 浮点编码方式。用某个范围内的一个浮点数来表示个体的每个基因值，保证每个基因值在限定的区间范围内，而遗传算法中的交叉变异等遗传算子也要保证产生的新后代的基因值仍然不脱离这个限定的范围。

(3) 符号编码方式。符号编码方式区别上述两种用数字表示的编码方式，符号编码方式是用一个无数值含义只有代码含义的符号集来表示个体染色体中的基因值，如 $\{A, C, S, D, \cdots\}$。

2. 适应度函数

适应度函数(fitness function)又称为评价函数，是用来衡量个体对现有环境适应性的唯一标准，遗传算法在进化搜索中基本不会用到其他外部信息，因此，适应度函数的确定十分关键，会直接影响到遗传算法的收敛速度以及是否能够找到整个求解区域内的最优解。通常情况下，适应度函数是由相应的目标函数变换而来的，因此，可以将对目标函数值域的某种映射变换称为适应度的尺度变换。

评价种群内个体适应度的一般流程如下：

(1) 先对种群内个体编码串进行解码获取个体的表现型，即兔子的坐标位置；

(2) 根据个体的表现型信息可求出相应个体的目标函数值；

(3) 根据待求问题的求解类型，将上述所求目标函数值按照一定的映射关系求出个体的适应度。

3. 选择函数

遗传算法中选择操作的作用是确定从父代群体中按哪种方法选取哪些个

体，以便遗传到下一代群体。选择函数的作用就是确定重组或交叉个体，以及被选个体将产生多少个子代个体。前面介绍过，我们希望海拔高的兔子存活下来，并尽可能繁衍更多的后代。但我们都知道，在自然界中适应度越高的兔子越能繁衍后代，但这也只是从概率上说的而已。毕竟有些适应度低的兔子也可能逃过猎人的眼睛。

那么，怎样建立这种概率关系呢？下面介绍几种常用的选择算子。

(1)轮盘赌选择(roulette wheel selection)。轮盘赌选择是一种回放式随机采样方法。每个个体进入下一代的概率等于它的适应度值与整个种群中个体适应度和的比例。这个算子的选择误差较大。

(2)随机竞争(stochastic tournament)选择。每次按轮盘赌选择一对个体，然后让这两个个体进行竞争，适应度高的被选中，如此反复，直到选满为止。

(3)最佳保留选择。首先按轮盘赌选择方法执行遗传算法的选择操作，然后将当前群体中适应度最高的个体结构完整地复制到下一代群体中。

(4)无回放随机选择(也叫期望值选择)。根据每个个体在下一代群体中的生存期望来进行随机选择运算。方法如下：

① 计算群体中每个个体在下一代群体中的生存期望数目 N;

② 若某个个体被选中参与交叉运算，则它在下一代中的生存期望数目减去0.5，若某个个体未被选中参与交叉运算，则它在下一代中的生存期望数目减去1;

③ 随着选择过程的进行，若某个个体的生存期望数目小于0，则该个体就不再有机会被选中。

(5)确定式选择。按照一种确定的方式进行选择操作。具体操作过程如下：

① 计算群体中每个个体在下一代群体中的生存期望数目 N;

② 用 N 的整数部分确定各个对应个体在下一代群体中的生存数目;

③ 用 N 的小数部分对个体进行降序排列，顺序取前 M 个个体加入下一代群体中。至此可完全确定出下一代群体中的 M 个个体。

(6)无回放余数随机选择。无回放余数随机选择可确保适应度比平均适应度大的个体能够被遗传到下一代群体中，因而选择误差比较小。

(7)均匀排序。对群体中的所有个体按适应度大小进行排序，基于这个排序来分配各个个体被选中的概率。

(8)最佳保存策略。当前群体中适应度最高的个体不参与交叉运算和变异运算，而是用它来替代本代群体中经过交叉、变异等操作后产生的适应度低的个体。

(9)随机联赛选择。每次选取几个个体中适应度最高的一个个体遗传到下一代群体中。

(10)排挤选择。新生成的子代将代替或排挤相似的父代个体，提高群体的多样性。

假如有 5 条染色体，它们的适应度分别为 5、8、3、7、2。那么总的适应度 $F=5+8+3+7+2=25$。那么各个个体被选中的概率为

$$\alpha_1=(5/25)\times100\%=20\%$$
$$\alpha_2=(8/25)\times100\%=32\%$$
$$\alpha_3=(3/25)\times100\%=12\%$$
$$\alpha_4=(7/25)\times100\%=28\%$$
$$\alpha_5=(2/25)\times100\%=8\%$$

4. 遗传操作

1)染色体交叉

遗传算法中的交叉操作与自然界繁衍中的染色体交叉操作异曲同工，前者是指让两个相互配对的染色体按照某种方式交换彼此相对应位置的部分基因，从而产生新的子代基因。

适用于二进制编码个体或浮点数编码个体的交叉算子有如下几种：

(1)单点交叉(one-point crossover)，指在个体编码串中只随机设置一个交叉点，将染色体分成两部分然后在该点相互交换两个配对个体的部分染色体。

(2)两点交叉与多点交叉。①两点交叉(two-point crossover)，指在个体码串中随机设置两个交叉点，然后进行部分基因交叉。②多点交叉(multi-point crossover)指在个体基因串中随机设置多个交叉点，然后进行基因块交换。

(3)均匀交叉(也称一致交叉，uniform crossover)。两个配对个体的各基因座上的基因都以相同的概率进行交叉，从而形成两个新个体。

(4)算术交叉(arithmetic crossover)。由两个个体的线性组合产生两个新的个体。该操作对象一般是由浮点数编码表示的个体。

2)基因突变

遗传算法中的变异运算是指个体染色体的编码串中某位置的基因座值用其他等位基因来替换，从而使得整个编码串发生变化，相应的表现型也会发生变化，即对应于兔子做出“跳跃”动作，改变原来的坐标位置。

例如，原来的二进制编码为

$$110100101110$$

发生基因突变后可能会变成

$$100111101100$$

以下变异算子适用于二进制编码和浮点数编码的个体：

(1) 基本位变异(simple mutation)：对个体编码串中以变异概率随机指定的某一位或某几位基因座上的值做变异运算。

(2) 均匀变异(uniform mutation)：分别用符合某一范围内均匀分布的随机数，以某一较小的概率来代替个体编码串中各个基因座上的原有基因值。特别适用于算法的初级运行阶段。

(3) 边界变异(boundary mutation)：随机地取基因座上的两个对应边界基因值之一去替代原有基因值。特别适用于最优点位于或接近于可行解的边界时的一类问题。

(4) 非均匀变异：对原基因值做一随机扰动，以扰动后的结果作为变异后的新基因值。对每个基因座都以相同的概率进行变异运算之后，相当于整个解向量在解空间中做了一次轻微的变动。

(5) 高斯近似变异：进行变异时用均值为 P、方差为 σ^2 的正态分布的一个随机数来替换原有的基因值。

8.2.3 遗传算法的特点

遗传算法的优点综合如下：

(1) 具备搜索多目标的特性。相比传统的单个点的搜索方式，遗传算法是采用同时处理多个目标对象的方法对整个搜索空间中的多个局部最优解进行评估，避免了传统方式处理数据时局限于局部最优解而导致得到“假解”的情况。

(2) 对可行解具有表达的广泛性。遗传算法的处理对象并不是个体参数本身，而是通过编码得到的基因，这使得遗传算法能够直接对研究的结构对象进行操作处理。

(3) 不需要其他辅助信息。参考前面介绍的遗传算法基本流程可知，遗传算法仅利用借助适应度函数计算出来的数值来评估基因个体的优劣性，而且遗传算法中的适应度函数并不受一般情况中对函数连续可微要求的限制，唯一的要求是编码必须与可行解的空间一一对应，不能出现死码的情况。这个优点大大地扩大了遗传算法的应用范围。

(4) 可扩展能力较强，具有固有的并行计算能力。

(5) 具备内在的启发式随机搜索特点。相比传统的确定性搜索方式，遗传算法采用概率变迁的方式来指示计算机的搜索方向。

(6) 具备智能性特点。主要表现为自组织性、自学习性和自适应性。当利用遗传算法处理问题时，在确定了编码方式、适应度函数和遗传算子之后，该算法会基于自然界中的进化过程自行进行搜索。适应度高的个体能够具备较高的生存率，适应度低的个体会被淘汰，存活下来的适应度高的父代通过基因重组和基因突变可能会产生适应度更高的子代，因此，遗传算法具有自适应性特点，前者在环境发生变化时仍然能够自主寻找环境的规律特性并自我进化来适应环境。

在具备上述优点的同时，遗传算法也有如下不足之处：

(1) 有时会出现收敛过早的现象，不适用于解决计算量大的问题。

(2) 无法有效实现对本身的计算精度、复杂性、可行度的定量分析。

(3) 效率相比传统算法低。

(4) 编码尚不规范，编码存在表示的不准确性。

(5) 计算机的运行时间较长。

8.3　电场测量点布点方案

8.3.1　逆问题的不适定性分析

由电场测量数据反演输电线路电压，属于知果索因的逆问题范畴，影响逆推精度和计算稳定性的核心在于其具有不适定性。具体地说，利用线路电压 $\boldsymbol{U}$ 计算线下空间的工频电场 $\boldsymbol{E}$，其数学模型为

$$\boldsymbol{E} = \boldsymbol{C}\boldsymbol{U} \tag{8.5}$$

式中，$\boldsymbol{C}$ 是由输电线路结构和测量点位置共同确定的观测矩阵。

由于实际测量中不可避免地存在误差，得到的是含有噪声的电场测量数据 $\boldsymbol{E}^{\delta}$。在逆问题中，很小的扰动通常会引起解的极大波动，从而使推断结果失去现实意义。为刻画逆问题的不适定程度，引入条件数的概念。

对于线性方程组 $\boldsymbol{E}=\boldsymbol{C}\boldsymbol{U}$，当 $\boldsymbol{C}$ 非奇异，即 $\boldsymbol{C}^{-1}$ 存在且有界时，设 $\boldsymbol{E}$ 上的扰动 $\Delta\boldsymbol{E}$ 对 $\boldsymbol{U}$ 产生扰动 $\Delta\boldsymbol{U}$，$\boldsymbol{C}(\boldsymbol{U}+\Delta\boldsymbol{U})=\boldsymbol{E}+\Delta\boldsymbol{E}$，则 $\Delta\boldsymbol{U}=\boldsymbol{C}^{-1}\Delta\boldsymbol{E}$。根据算子范数的定义，有$\|\Delta\boldsymbol{U}\|\leqslant\|\boldsymbol{C}^{-1}\|\,\|\Delta\boldsymbol{E}\|$，同时满足$\|\boldsymbol{E}\|\leqslant\|\boldsymbol{C}\|\,\|\boldsymbol{U}\|$，因此得

$$\frac{\|\Delta\boldsymbol{U}\|}{\|\boldsymbol{U}\|}\leqslant\|\boldsymbol{C}\|\|\boldsymbol{C}^{-1}\|\frac{\|\Delta\boldsymbol{E}\|}{\|\boldsymbol{E}\|} \tag{8.6}$$

式 (8.6) 为逆问题解的相对误差不等式。令 $\boldsymbol{C}$ 的条件数 $\mathrm{cond}(\boldsymbol{C})=\|\boldsymbol{C}\|\,\|\boldsymbol{C}^{-1}\|$，则

$$\frac{\|\Delta\boldsymbol{U}\|}{\|\boldsymbol{U}\|}\leqslant\mathrm{cond}(\boldsymbol{C})\frac{\|\Delta\boldsymbol{E}\|}{\|\boldsymbol{E}\|} \tag{8.7}$$

式 (8.7) 说明，$\boldsymbol{C}$ 的条件数越小，$\|\Delta\boldsymbol{U}\|/\|\boldsymbol{U}\|$越小，$\boldsymbol{E}=\boldsymbol{C}\boldsymbol{U}$ 的不适定程度越低；$\boldsymbol{C}$ 的条件数越大，$\|\Delta\boldsymbol{U}\|/\|\boldsymbol{U}\|$越大，$\boldsymbol{E}=\boldsymbol{C}\boldsymbol{U}$ 的不适定程度越高。因此，逆问题的不适定程度与观测矩阵条件数的大小紧密相关。

对于交流架空输电线路，在研究过程中发现，输电线路的不同相导线排列方式与电磁场测量点位置确定的观测矩阵条件数存在较大差异，因而所对应逆问题的不适定程度也不尽相同。

8.3.2 电场测量点的位置寻优

对于已经建成的架空输电线路，线路结构与相导线排列方式已经确定且不可更改。为减小观测矩阵条件数以改善逆问题的不适定程度，本书采用一种惯性权重自适应调整的改进型粒子群优化算法。设置算法的适应度函数为观测矩阵 $\boldsymbol{C}$ 的条件数，全局搜索得到最优测量点布点方案。

设置算法的适应度函数为

$$\text{FitFun} = \text{cond}(\boldsymbol{C}) \tag{8.8}$$

寻优计算通过比较所有粒子个体的适应度函数值，实现粒子个体历史最优解 X_{Hbest}、Y_{Hbest}、Z_{Hbest} 的动态更新，进一步锁定粒子群中的全局最优解 X_{Gbest}、Y_{Gbest}、Z_{Gbest}。在第 $t+1$ 代时，粒子的速度和位置迭代公式为

$$\begin{cases} V_x^{t+1} = \omega^t V_x^t + c_1 r_{x1}^{t+1}(X_{\text{Hbest}} - X^t) + c_2 r_{x2}^{t+1}(X_{\text{Gbest}} - X^t) \\ V_y^{t+1} = \omega^t V_y^t + c_1 r_{y1}^{t+1}(Y_{\text{Hbest}} - Y^t) + c_2 r_{y2}^{t+1}(Y_{\text{Gbest}} - Y^t) \\ V_z^{t+1} = \omega^t V_z^t + c_1 r_{z1}^{t+1}(Z_{\text{Hbest}} - Z^t) + c_2 r_{z2}^{t+1}(Z_{\text{Gbest}} - Z^t) \end{cases} \tag{8.9}$$

$$\begin{cases} X^{t+1} = X^t + V_x^{t+1} \\ Y^{t+1} = Y^t + V_y^{t+1} \\ Z^{t+1} = Z^t + V_z^{t+1} \end{cases} \tag{8.10}$$

式中，ω^t 为惯性权重；c_1 和 c_2 为学习因子；r_{x1}^{t+1}、r_{x2}^{t+1}、r_{y1}^{t+1}、r_{y2}^{t+1}、r_{z1}^{t+1} 和 r_{z2}^{t+1} 为服从 $(0, 1)$ 分布的随机数。

惯性权重作为算法中权衡全局与局部能力的可调参数，应在迭代过程中具有自适应调整能力，具体调整策略如下：

$$\omega^t = (\omega_{\text{start}} - \omega_{\text{end}})\left(\frac{T-t}{T}\right)^2 + \omega_{\text{end}} \tag{8.11}$$

式中，ω_{start} 是初始惯性权重；ω_{end} 是迭代终止时的惯性权重；t 是当前迭代次数；T 是最大迭代次数。

电场测量点位置寻优的算法流程如图 8.1 所示。

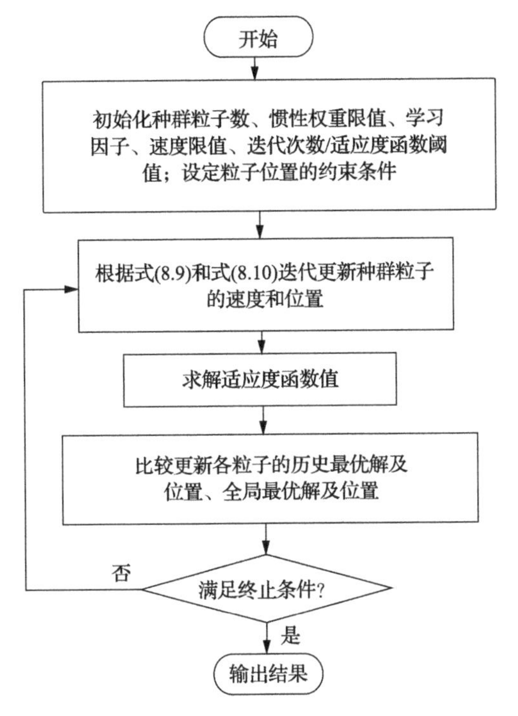

图 8.1　测量点位置寻优流程图

8.3.3　不同导线排列方式下的最优电场测量点布点方案

依据全国各地输电线路的设计、安装和运行习惯，对于单回架空输电线路，导线在塔头的布置形式较多采用水平排列与三角形排列，其中三角形排列又分为正三角排列和倒三角排列。为研究三种导线排列方式对输电线路电磁场逆问题不适定程度的影响规律，设置相同的导线相间距与距地高度，得到导线排列方式的结构示意图如图 8.2 所示。

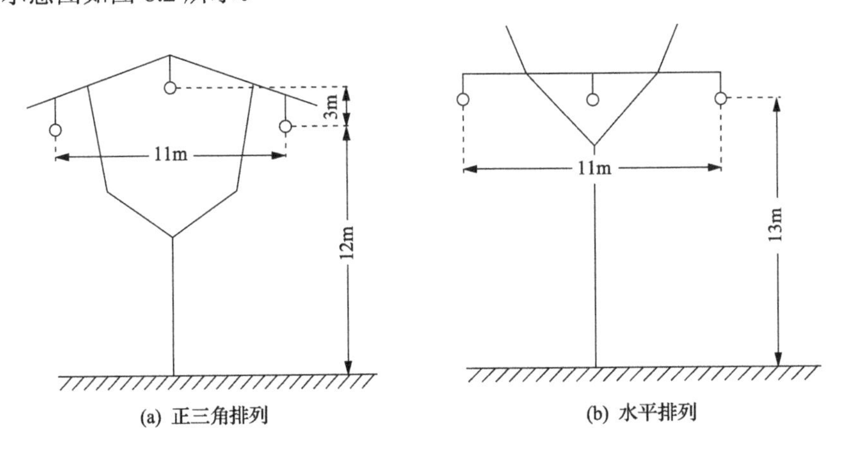

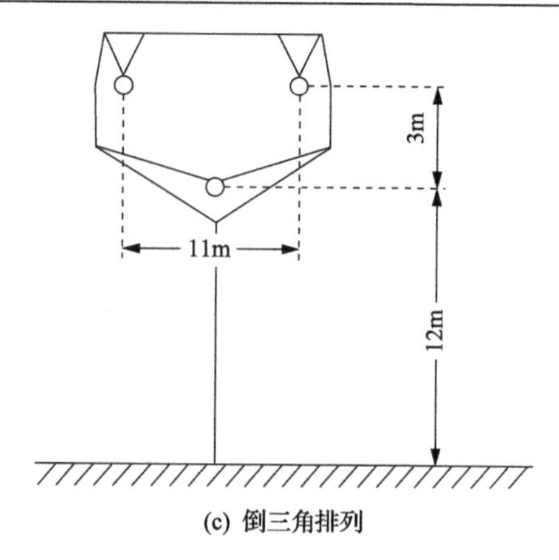

(c) 倒三角排列

图 8.2　相导线的不同排列方式

由式(8.5)可知，为保证逆问题可解，应满足线下测量点个数不少于输电线路相数的条件。对于单回三相输电线路，待求的线路电压有 3 个，利用电场测量值逆推求解电压，则电场测量点应不少于 3 个。测量点数越少，越容易实现电场的同步测量。综合考虑测量的便捷性与准确性，对于高电压等级的交流架空输电线路，在输电线路下方近地空间设置三个电场测量点，利用改进型粒子群优化算法，分别对等高输电线路三种不同导线排列方式情况下的电场测量点进行位置寻优[8]。设定测量点位置的寻优空间为 $-30\text{m} \leqslant x \leqslant 30\text{m}$，$-15\text{m} \leqslant y \leqslant 15\text{m}$，$1\text{m} \leqslant z \leqslant 5\text{m}$，得到三种排列方式下的最优测量点布点方案及对应情况的条件数取值，如表 8.1 所示。

表 8.1　等高输电线路的最优电场测量点布点方案

导线排列方式	条件数	测量点坐标/m		
		测量点 1	测量点 2	测量点 3
正三角	39.7128	(0, −15, 1)	(0, 0, 3)	(0, 15, 1)
水平	13.0240	(0, −15, 1)	(0, 0, 3)	(0, 15, 1)
倒三角	7.1702	(0, −15, 1)	(0, 0, 3)	(0, 15, 1)

表 8.1 中的测量点位置寻优结果显示，虽然等高输电线路在三种不同排列方式下的电场测量点最优测量点布点方案相同，但是对应的条件数存在较大差异。正三角排列方式时观测矩阵条件数最大，其不适定程度最高；倒三角排列方式时观测矩阵条件数最小，其不适定程度最低。因此，在相同噪声水平情况下，倒三角排列方式的逆推精确度最佳，水平排列方式次之，正三角排列方式略差。

对于不等高悬挂的三相架空输电线路，设置输电线弧垂最低点距地高度为 13m，两悬挂点间高度差 h 为 5m，输电线档距为 200m，计算可得 l_{OA}= 58.35m，l_{OB}= 141.65m，设定电场测量点位置的寻优空间为 $-30\text{m} \leqslant x \leqslant 30\text{m}$，$-15\text{m} \leqslant y \leqslant 15\text{m}$，$1\text{m} \leqslant z \leqslant 5\text{m}$，对不等高输电线路线下电场测量点进行位置寻优，得到相导线不同

排列方式下的电场最优布点方案如表 8.2 所示。

表 8.2　不等高输电线的最优电场测量点布点方案

导线排列方式	条件数	测量点坐标/m		
		测量点 1	测量点 2	测量点 3
正三角	4.5992	(–10, –10, 5)	(0, 0, 5)	(10, 10, 5)
水平	3.4523	(–10, –11, 5)	(0, 0, 5)	(10, 11, 5)
倒三角	3.1395	(–10, –14, 5)	(0, 0, 5)	(10, 14, 5)

对比表 8.1 与表 8.2 中最优电场测量点布点方案的条件数可知，在输电线路不等高悬挂状态下，相导线三种不同排列方式对应的观测矩阵条件数均远小于等高悬挂状态下的观测矩阵条件数，因此不等高悬挂状态下的逆推精确度将高于等高悬挂状态。不同于等高输电线路的情况，在输电线路不等高悬挂状态下，相导线的三种不同排列方式所对应的最优电场测量点在 y 方向坐标上略有差异。正三角排列的三个测量点在 y 方向上的布点间距最小，倒三角排列最大。与等高输电线路相同的是，在不等高输电线路的几种相导线排列方式中，正三角排列方式的条件数最大，水平排列方式次之，倒三角排列方式最小。

8.4　改进的电压逆推寻优算法

8.4.1　电压逆推寻优算法流程和约束条件

在三相架空输电线路下方设置三个电场测量点。为使逆推寻优结果尽可能接近真实值，设置融合遗传算法与粒子群优化算法的改进型优化算法的目标函数 F_{GA} 为

$$F_{\mathrm{GA}}=\sum_{i=1}^{3}\left|E_i-E_i^*\right| \tag{8.12}$$

式中，E_i 为计算所得的测量点处电场强度预估值；E_i^* 为测量点处电场强度的实际测量值。

依次比较每个个体与其余个体的目标函数值，并利用锦标选择算子进行结果积分。当该次迭代中的所有粒子均完成积分计算后，锦标选择算子的大小就代表了粒子个体性能的优劣程度。在改进算法中，赋予一个表征遗传思想的物理量——杂交概率 p_t，在 0～1 内取值，可根据特定问题由用户自定义调节。在遗传繁衍过程中，选择父代粒子为第 t 代粒子群中性能优良的前一半粒子，而后一半粒子将被剔除，则第 t 代粒子群中子代粒子电压值 U_t 与子代粒子速度 v_t 的繁殖更新过程为

$$\mathrm{child}_1(U_t)=p_t\mathrm{parent}_1(U_t)+(1.0-p_t)\mathrm{parent}_2(U_t) \tag{8.13}$$

$$\text{child}_2(U_t) = p_t\text{parent}_2(U_t) + (1.0 - p_t)\text{parent}_1(U_t) \tag{8.14}$$

$$\text{child}_1(v_t) = \frac{\text{parent}_1(v_t) + \text{parent}_2(v_t)}{|\text{parent}_1(v_t) + \text{parent}_2(v_t)|} \cdot |\text{parent}_1(v_t)| \tag{8.15}$$

$$\text{child}_2(v_t) = \frac{\text{parent}_1(v_t) + \text{parent}_2(v_t)}{|\text{parent}_1(v_t) + \text{parent}_2(v_t)|} \cdot |\text{parent}_2(v_t)| \tag{8.16}$$

由父代繁殖得到的子代将替代被剔除的性能不佳的后一半粒子，与原父代粒子共同组成第 t 代粒子群。由新生成的第 t 代粒子群可得第 t+1 代粒子群的速度与电压值为

$$v_{t+1} = \omega_t v_t + c_1 r_1 (U_{\text{Hbest}} - U_t) + c_2 r_2 (U_{\text{Gbest}} - U_t) \tag{8.17}$$

$$U_{t+1} = U_t + v_{t+1} \tag{8.18}$$

式中，ω_t 为 t 次迭代时的惯性权重；c_1 和 c_2 为学习因子；r_1 和 r_2 为服从 $(0, 1)$ 分布的随机数；U_{Hbest} 为粒子历史最优电压值；U_{Gbest} 为粒子全局最优电压值。

惯性权重与学习因子作为粒子群优化算法中的两类可调参数，对粒子的搜索能力与算法的求解精度起着至关重要的作用。为合理有效地调节这两类参数，设置粒子群优化算法中惯性权重与学习因子的选择与调整策略为[9]

$$\begin{cases} 0 < \omega < 1 \\ 2\omega + 2 > c_1 r_1 + c_2 r_2 \end{cases} \tag{8.19}$$

为缩减未知变量，将学习因子视为惯性权重的函数，则非线性关系表达式为

$$\begin{cases} c_1 = q_1\omega^2 + q_2\omega + q_3 \\ c_2 = q_4 - c_1 \end{cases} \tag{8.20}$$

式中，q_1、q_2、q_3、q_4 是学习因子的可调系数。

对于迭代过程中非线性变化的信息特征，常用的线性递减惯性权重已不能较好地完成信息匹配工作。因此，本书采用指数函数递减的惯性权重调整策略[10]：

$$\omega_t = \omega_{\text{end}} + (\omega_{\text{start}} - \omega_{\text{end}})\exp\{-20(t/T)^6\} \tag{8.21}$$

在三相架空输电线路线下电场反演线路电压的过程中，寻优算法的搜索变量为三相电压值。对于三个变量的搜索寻优，需要在一个三维的解空间中进行，寻优过程的计算量较大，搜索时间较长。因此，利用测量点处电场强度与线路电压的数学关系，设置搜索变量间的约束条件，实现从三个搜索变量到单个搜索变量的简化，降低了算法搜索的复杂度[11,12]。

由式(8.5)可得

$$c_{23}E_{(1)} - c_{13}E_{(2)} = (c_{11}c_{23} - c_{21}c_{13})U_1 + (c_{12}c_{23} - c_{22}c_{13})U_2 \tag{8.22}$$

由式(8.22)变换可得 U_2 与 U_1 间的约束条件为

$$U_2 = \frac{c_{23}E_{(1)} - c_{13}E_{(2)}}{c_{12}c_{23} - c_{22}c_{13}} - \frac{c_{11}c_{23} - c_{21}c_{13}}{c_{12}c_{23} - c_{22}c_{13}}U_1 \tag{8.23}$$

同理可得 U_3 与 U_1 间的约束条件为

$$U_3 = \frac{c_{32}E_{(1)} - c_{12}E_{(3)}}{c_{13}c_{32} - c_{33}c_{12}} - \frac{c_{11}c_{32} - c_{31}c_{12}}{c_{13}c_{32} - c_{33}c_{12}}U_1 \tag{8.24}$$

因此，线路电压 U_2 与 U_3 均可通过 U_1 和对应测量点处的电场强度表示，从而实现了多个搜索变量到单个搜索变量的简化。

输电线路线下电场电压逆推寻优算法流程如图 8.3 所示。

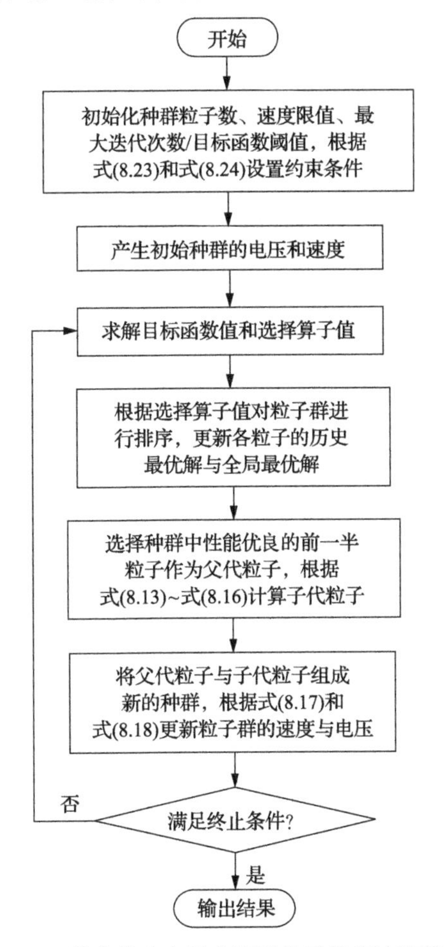

图 8.3　输电线路电场电压逆推寻优算法流程图

8.4.2 电场分量的逆推分析

选择 220kV 单回输电线路，相导线型号为 2×LGJ-400/35，子导线半径为 13.41mm，分裂圆半径为 0.35m。设置输电线路档距为 200m，根据 $s=\frac{\sigma_0}{\gamma}\left(\cosh\frac{\gamma L}{2\sigma_0}-1\right)$计算可得输电线路弧垂为 1.7m。在三种常见的相导线排列方式中，选取逆问题不适定程度位于中间水平的水平排列方式，考虑在无风无冰、平均温度的气象条件下，根据图 8.2(b)所示的结构参数，采用 8.3 节所述方法对三相架空输电线路线下三个近地电场测量点进行位置寻优，将三个电场测量传感器分别放置于寻优所得的最优测量点位置处。

由于本书提出的反演方法需要获得一个周期内若干时刻点处电场强度瞬时值的测量数据，并对各时刻点逆推电压值进行正弦拟合，从而提取得到线路电压的幅值与相位参数信息。当一个周期内所取时刻点个数较多时，将增加逆推计算的时间；当一个周期内所取时刻点个数较少时，反演方法的准确度将降低。因此，为获取计算时间与逆推精度的良好平衡，设置电压反演方法的采样时间间隔为 1ms。

现有的电场测量传感器大多用于测量电场强度的有效值，因此课题组前期开发并设计了适用于电压反演方法的三维电场测量传感器，可测得电场强度在 x、y、z 三个方向上的分量瞬时值并进行存储。

在正常运行状况下，设置输电线路三相对称电压为

$$\begin{bmatrix}\dot{U}_1\\\dot{U}_2\\\dot{U}_3\end{bmatrix}=\begin{bmatrix}127.02\angle-120^\circ\\127.02\angle0^\circ\\127.02\angle120^\circ\end{bmatrix}\text{kV}$$

采用表 8.1 所示的水平排列的等高输电线路最优电场测量点布点方案。考虑在无测量噪声的理想情况下，可得三个测量点处电场强度三个方向分量的分布情况如图 8.4 所示。

根据三个测量点处电场强度分量的分布情况可知，在两侧的测量点处电场强度 z 方向分量远大于 x 与 y 方向分量，而中间相则为电场强度 y 方向分量占优。由于电场强度 x 方向分量在任意测量点处均远小于 y 或 z 方向分量，为保证逆推准确度，电场强度的逆推数据将不采用 x 方向分量数据。

为研究采用电场强度单方向分量与多方向分量逆推的准确度，分别以三测量点处的电场强度 z 方向分量为单方向分量逆推数据、三测量点处的电场强度 y 与 z 方向分量为多方向分量逆推数据，利用 8.4.1 节所述的电场电压逆推优化算法进

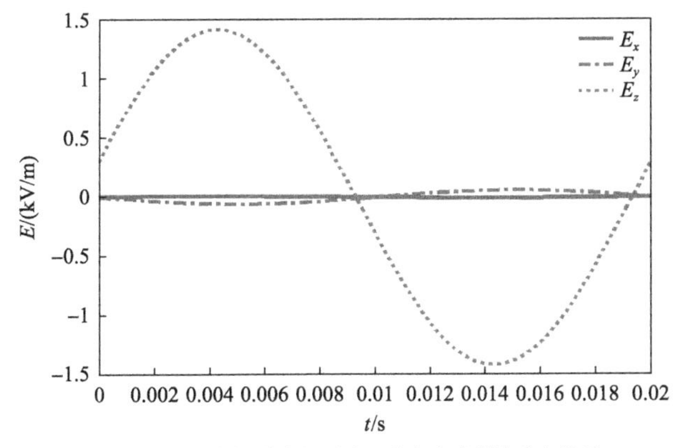

(a) 测量点1处电场强度三个方向分量的分布情况

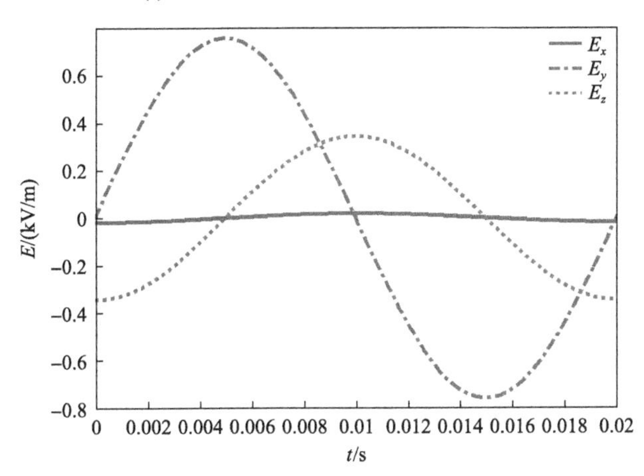

(b) 测量点2处电场强度三个方向分量的分布情况

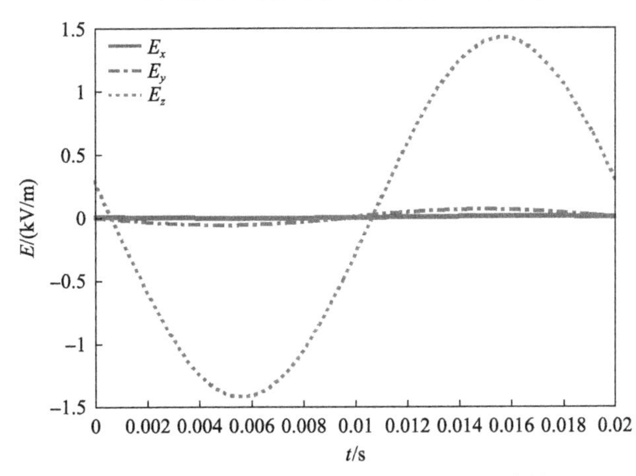

(c) 测量点3处电场强度三个方向分量的分布情况

图 8.4　三个测量点处的电场强度分量分布

行反演计算，得到不同测量误差情况下采用电场强度单方向分量与多方向分量的逆推结果分别如表 8.3 和表 8.4 所示。

表 8.3　不同测量误差情况在水平排列方式下采用电场强度单方向分量的逆推结果

噪声水平	逆推电压值/kV			平均幅值偏差率/%	平均相位误差/(°)
	$\dot{U}_1$	$\dot{U}_2$	$\dot{U}_3$		
5%	125.1∠–120.38°	125.1∠0.70°	124.9∠120.63°	1.57	0.57
10%	126.6∠–123.24°	124.6∠1.90°	121.8∠122.35°	2.12	2.49
15%	131.7∠–120.55°	132.1∠6.54°	126.3∠123.78°	2.80	3.62
20%	122.3∠–115.74°	121.2∠4.62°	124.8∠123.01°	3.35	3.96

表 8.4　不同测量误差情况在水平排列方式下采用电场强度多方向分量的逆推结果

噪声水平	逆推电压值/kV			平均幅值偏差率/%	平均相位误差/(°)
	$\dot{U}_1$	$\dot{U}_2$	$\dot{U}_3$		
5%	125.6∠–120.38°	126.5∠–0.10°	127.1∠119.00°	0.55	0.49
10%	125.4∠–121.83°	127.7∠–1.05°	127.9∠121.43°	0.85	1.44
15%	123.1∠–122.16°	128.1∠–3.03°	131.5∠118.11°	1.46	2.36
20%	129.4∠–116.22°	132.7∠8.38°	121.4∠120.11°	3.59	4.09

当测量现场实际的噪声水平控制在 15%的范围内时，采用电场强度多方向分量的逆推效果明显优于采用单方向分量的逆推效果。但随着噪声水平的逐渐增大，由于电场强度多方向分量的测量数据受到噪声的影响较大，从而使逆推解的准确度大幅下降。当噪声水平达到 20%时，采用电场强度多方向分量的逆推解已不具优势，其逆推准确度低于采用单方向分量逆推的准确度。整体来说，采用电场强度单方向分量逆推解的误差水平随着噪声水平的增大呈均匀增大的趋势，而采用电场强度多方向分量逆推解的误差水平则为先缓慢增大后急剧增大的趋势。因此，在电场测量噪声水平已知或较低的情况下，建议选择采用电场强度多方向分量的逆推方法，以获取较高的逆推精度；在测量噪声水平未知或较高的情况下，建议选择采用电场强度单方向分量的逆推方法，以保证逆推计算的稳定度。

8.5　电压逆推寻优算法的算例分析

8.5.1　等高输电线路不同导线排列方式的电压逆推分析

对于等高悬挂的交流架空输电线路，考虑实际电场测量环境复杂未知，采用电场强度单方向分量的逆推方法，根据表 8.1 所得各种排列方式下电场的最优测量点布点方案，对图 8.2 所示的相导线不同排列方式进行逆推计算，得到 5%噪声水平下三种排列方式对应的逆推电压拟合曲线如图 8.5 所示。不同噪声水平下各排列方式的逆推电压结果如表 8.5 所示。

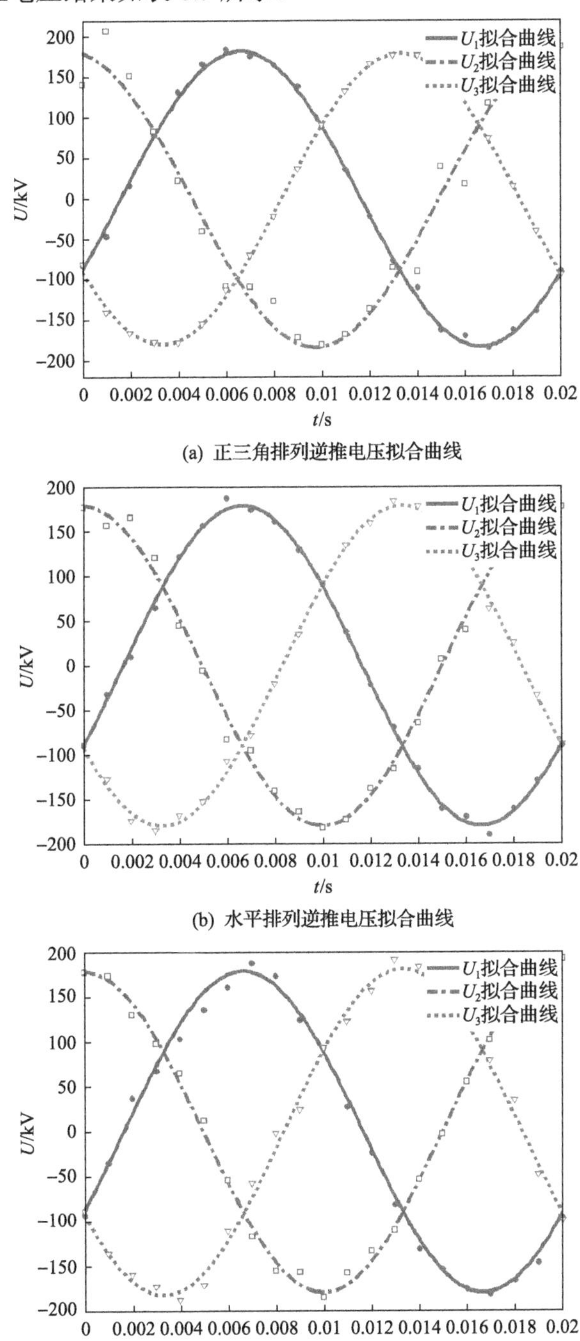

(a) 正三角排列逆推电压拟合曲线

(b) 水平排列逆推电压拟合曲线

(c) 倒三角排列逆推电压拟合曲线

图 8.5　5%噪声水平下等高输电线路逆推电压拟合曲线

表 8.5　等高输电线路的逆推电压结果

输电线路排列方式	噪声水平	逆推电压值/kV			平均幅值偏差率/%	平均相位误差/(°)
		$\dot{U}_1$	$\dot{U}_2$	$\dot{U}_3$		
正三角	5%	129.5∠–118.95°	121.6∠1.35°	127.2∠120.51°	2.13	0.97
	10%	124.7∠–121.90°	132.2∠3.24°	124.1∠122.35°	2.74	2.49
	15%	129.5∠–120.55°	121.6∠6.54°	122.2∠123.78°	3.33	3.62
	20%	132.0∠–121.20°	133.2∠9.41°	122.6∠122.92°	4.08	4.51
水平	5%	125.1∠–120.38°	125.1∠0.70°	124.9∠120.63°	1.57	0.57
	10%	126.6∠–121.89°	124.6∠3.58°	121.8∠118.75°	2.12	2.24
	15%	131.7∠–118.18°	132.1∠5.36°	126.3∠122.00°	2.80	3.06
	20%	122.3∠–115.74°	121.2∠4.62°	124.8∠123.01°	3.35	3.96
倒三角	5%	126.1∠–119.36°	126.2∠0.01°	128.0∠120.23°	0.71	0.29
	10%	128.7∠–121.48°	126.4∠–0.06°	129.0∠119.89°	1.12	0.55
	15%	125.0∠–121.11°	127.6∠0.42°	123.5∠118.44°	1.62	1.03
	20%	123.5∠–117.70°	128.0∠1.30°	122.4∠123.04°	2.38	2.21

对比分析相导线在三种不同排列方式下的逆推准确度可知，倒三角排列方式的逆推准确度最高，水平排列方式次之，正三角排列方式最差，所得规律与根据观测矩阵条件数判断三种排列方式的逆推不适定程度结果相符。

8.5.2　不等高输电线路不同导线排列方式的电压逆推分析

为了研究修正后的输电线路不等高悬挂数学模型对相导线三种不同排列方式逆推规律的影响，根据表 8.2 中不同相导线排列方式的最优测量点布点方案进行电场测量点布点，采用电场强度单方向分量的逆推方法，得到 5%噪声水平下的不等高输电线路三种相导线排列方式对应的逆推电压拟合曲线如图 8.6 所示。不同噪声水平下的逆推解如表 8.6 所示。

当输电线路不等高悬挂时，其相导线在三种不同排列方式下的逆推规律与等高悬挂情况保持一致，仍为倒三角排列方式的逆推效果最佳，水平排列方式次之，正三角排列方式最差，与表 8.2 中根据观测矩阵条件数判断不适定程度的规律相同。从逆推准确度方面来看，不等高悬挂情况下的平均幅值偏差率与平均相位误差较等高悬挂情况有了较大提升。

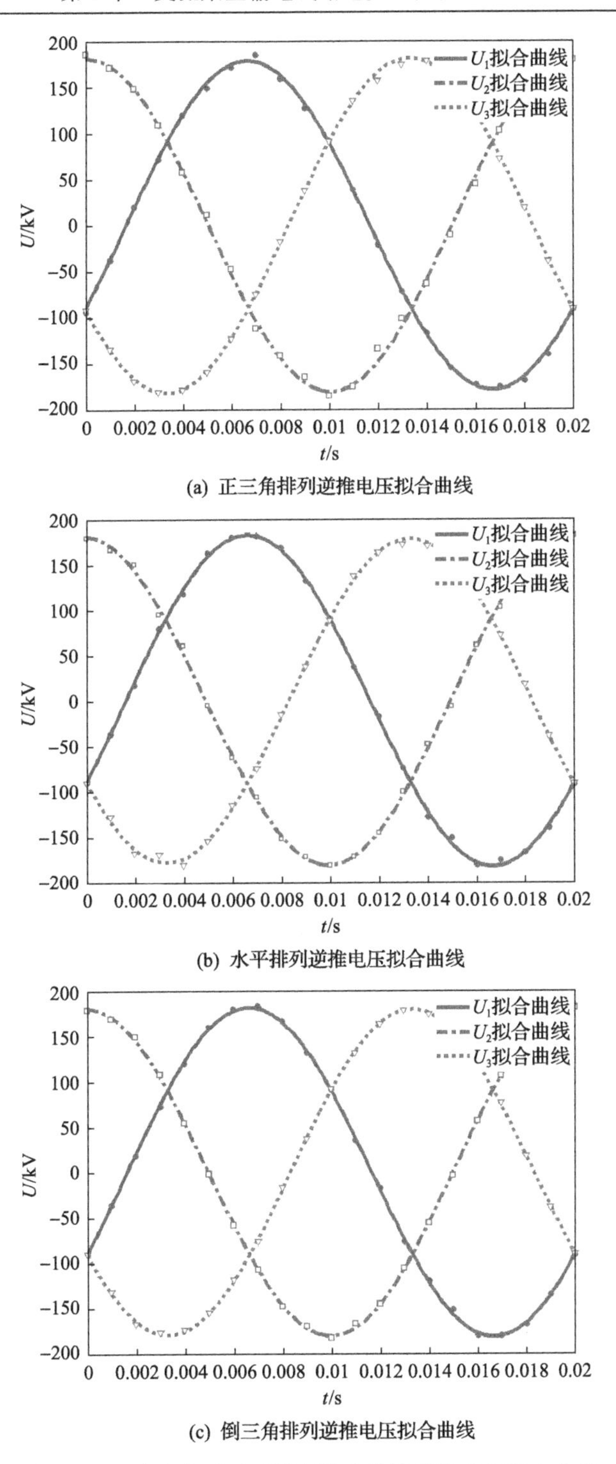

(a) 正三角排列逆推电压拟合曲线

(b) 水平排列逆推电压拟合曲线

(c) 倒三角排列逆推电压拟合曲线

图 8.6　5%噪声水平下不等高输电线路逆推电压拟合曲线

表 8.6 输电线路不等高悬挂的逆推电压结果

输电线路排列方式	噪声水平	逆推电压值/kV			平均幅值偏差率/%	平均相位误差/(°)
		$\dot{U}_1$	$\dot{U}_2$	$\dot{U}_3$		
正三角	5%	127.1∠–119.89°	128.5∠–1.27°	126.8∠118.82°	0.70	0.85
	10%	126.0∠–119.32°	132.4∠2.87°	126.7∠121.04°	1.76	1.53
	15%	129.2∠–120.65°	121.0∠4.25°	126.3∠121.20°	2.34	2.03
	20%	129.9∠–116.16°	131.9∠4.08°	130.6∠120.69°	2.98	2.87
水平	5%	127.7∠–120.03°	126.8∠–1.42°	125.6∠119.20°	0.61	0.75
	10%	126.0∠–120.30°	126.1∠2.76°	129.0∠121.37°	1.03	1.48
	15%	129.8∠–120.77°	126.3∠1.73°	123.7∠122.46°	1.79	1.65
	20%	130.6∠–122.05°	130.5∠–1.98°	123.9∠123.35°	2.67	2.46
倒三角	5%	128.0∠–120.22°	127.0∠–0.10°	126.7∠119.71°	0.35	0.40
	10%	128.4∠–121.42°	126.7∠–0.53°	126.3∠122.35°	0.64	1.03
	15%	122.9∠–122.62°	127.5∠–0.59°	126.5∠118.68°	1.34	1.51
	20%	124.6∠–122.98°	127.9∠–1.21°	122.5∠121.89°	2.05	2.03

8.5.3 输电线路三维模型与二维模型的电压逆推分析

在输电线路电场环境的研究中，大多数学者采用输电线路二维模型，忽略了线路弧垂等因素的影响。由于高压导线具有自重较大、受气候影响明显等特点，其弧垂因素不可忽略，在采用简化的二维模型计算时存在较大误差。本节建立的输电线路三维模型在考虑线路弧垂的情况下，沿线路弯曲路径积分，较二维模型在 z 方向垂直高度上更接近输电线路实际运行状态。图 8.7 为 5%噪声水平下等高输

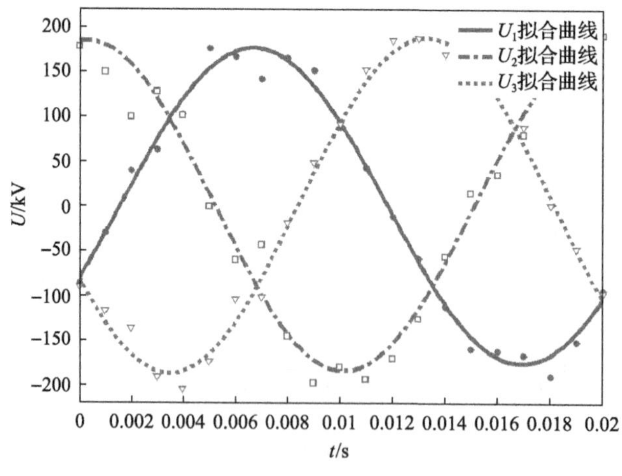

图 8.7 5%噪声水平下等高输电线路相导线水平排列方式的逆推电压拟合曲线

电线路相导线水平排列方式的逆推电压拟合曲线。表 8.7 为不同测量误差情况下等高输电线路采用电场强度单方向分量逆推方法水平排列方式的二维模型逆推电压结果。

表 8.7　输电线路水平排列方式下二维模型逆推电压结果

噪声水平	逆推电压值/kV			平均幅值偏差率/%	平均相位误差/(°)
	$\dot{U}_1$	$\dot{U}_2$	$\dot{U}_3$		
5%	127.3∠–123.24°	129.3∠1.90°	121.3∠122.35°	2.17	2.50
10%	122.1∠–120.48°	121.3∠4.14°	126.4∠123.72°	3.19	2.78
15%	124.9∠–117.19°	138.9∠14.05°	133.8∠120.40°	5.45	5.75
20%	137.3∠–114.22°	131.9∠5.63°	139.8∠128.21°	7.33	6.54

输电线路由电场到电压的逆推计算采用常规计算机配置：Intel Core i5 CPU、3.3GHz 时钟频率、8GB 内存，对二维模型算例进行仿真计算，耗时为 0.2133s；三维模型算例耗时 1.4948s。虽然三维模型在计算时间上比二维模型略有增加，但其完全能够满足工程计算的需求。同时，对比表 8.5 与表 8.7 可知，在相同噪声强度情况下，输电线路三维模型的逆推解较二维模型在三相平均幅值偏差率与平均相位误差上均有不同程度的降低，逆推解更接近线路真值，因此输电线路三维模型在小幅牺牲时间的基础上，比二维模型具有更高的精确度。

8.5.4　输电线路三相不平衡状态的电压逆推分析

三相元器件、线路参数或负荷不对称等因素均可造成电力系统中三相不平衡的发生，导致线路损耗增加、配电变压器出力减少、电动机效率低下等一系列危害，影响电力系统的安全可靠运行[13,14]。因此，快速实时地监测输电线路三相不平衡状态具有重大意义。

设输电线路三相不平衡电压为

$$\begin{bmatrix}\dot{U}_1\\ \dot{U}_2\\ \dot{U}_3\end{bmatrix}=\begin{bmatrix}100\angle-100^\circ\\ 127.02\angle0^\circ\\ 150\angle150^\circ\end{bmatrix}\text{kV}$$

对于相导线水平排列的等高交流架空输电线路，采用电场强度单方向分量进行逆推计算，并根据各时刻点的逆推电压值进行曲线拟合，得到图 8.8 所示的 5%噪声水平下输电线路三相不平衡逆推电压拟合曲线。在不同噪声水平下，提取拟合曲线的幅值与相位等特征参数，得到水平排列方式下的逆推电压结果如表 8.8 所示。

对比本节所提方法在输电线路三相平衡状态与三相不平衡状态下的逆推准确度可知，三相不平衡状态下逆推解的平均幅值偏差率更低，识别度更高。当测量噪声水平控制在20%内时，输电线路三相不平衡状态逆推解的平均幅值偏差率在3%以内，平均相位误差在4°以内。因此，该方法应用于输电线路三相不平衡状态的监测具有较高的准确度。

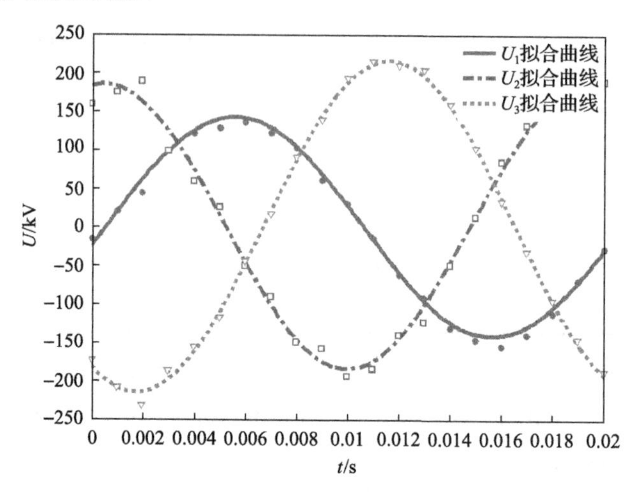

图 8.8　5%噪声水平下输电线路三相不平衡逆推电压拟合曲线

表 8.8　输电线路水平排列方式下三相不平衡状态的逆推电压结果

噪声水平	逆推电压值/kV			平均幅值偏差率/%	平均相位误差/(°)
	$\dot{U}_1$	$\dot{U}_2$	$\dot{U}_3$		
5%	100.1∠–98.57°	128.0∠–0.68°	151.3∠149.51°	0.62	0.87
10%	99.3∠–99.52°	125.5∠–4.23°	147.9∠148.99°	1.14	1.91
15%	104.3∠–103.39°	127.8∠2.64°	145.4∠152.43°	2.55	2.82
20%	102.7∠–103.77°	131.7∠3.45°	153.6∠153.98°	2.88	3.73

8.5.5　输电线路风偏状态的电压逆推分析

由于架空输电线路通常位于地形环境与气候条件恶劣的野外地区，不可避免地会遇到大风天气情况。输电线路导线悬挂在杆塔绝缘子串的线夹上，由于细长的外形结构，可近似看作柔软的悬链线，极易受到大风的影响发生偏移。当输电线路发生风偏时，易造成导线间或导线与地面上的建筑物和树木间的间距变小。若该间距接近或小于电气绝缘距离，将导致闪络放电甚至大气击穿，进而发生线路跳闸故障[15,16]。此外，在架空输电线路风偏状态下，导线位置较正常状态发生变化，空间电场分布随之改变。

为研究导线风偏对输电线路电压逆推计算的影响，考虑在野外实际运行工况下风速为 5m/s 的三级风力天气情况，此时输电导线在 y 方向上的最大偏移量为

4.4m，在 z 方向上的最大弧垂为 1.5m。对于 220kV 单回交流架空等高输电线路，取相导线为如图 8.2(b)所示的水平排列方式，采用电场强度单方向分量的逆推方法，根据表 8.1 中水平排列方式下电场最优测量点布点方案，按照 8.4.1 节所述电压逆推优化算法进行逆推计算，将风偏状态时线下测量点处所得的不含噪声的电场数据代入未考虑导线风偏因素的电压-电场三维模型中，所得各时刻点的逆推电压拟合曲线如图 8.9 所示，提取幅值和相位参数得到逆推电压解为

$$\begin{bmatrix} \dot{U}_1 \\ \dot{U}_2 \\ \dot{U}_3 \end{bmatrix} = \begin{bmatrix} 479.70\angle -161.79^\circ \\ 907.22\angle -38.29^\circ \\ 572.76\angle 108.60^\circ \end{bmatrix} \text{kV}$$

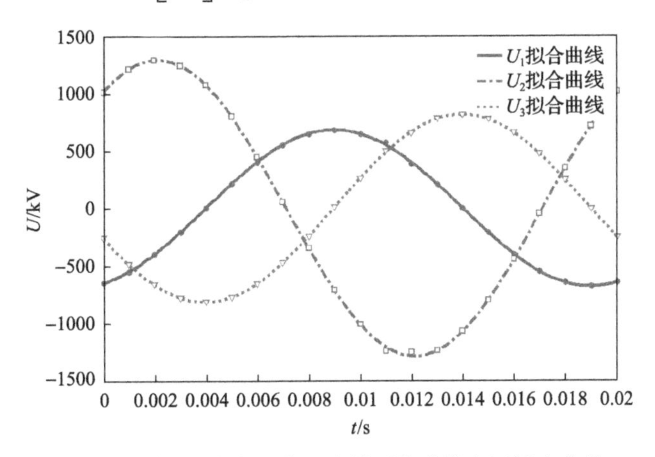

图 8.9　采用未考虑风偏因素模型的逆推电压拟合曲线

由图 8.9 可知，当输电线路发生风偏时，若采用未考虑风偏因素的数学模型，将得到偏离真值的错误解。因此，为确保逆推的准确度，对于位置固定的若干电场测量传感器，需根据当前风速情况实时修正输电线路电压-电场三维数学模型。在任一电场测量传感器旁放置一个风速测量仪，将当前风速作为算法输入变量，实时修正电压-电场三维模型中线路悬链线方程在 y 轴与 z 轴方向的映射方程，可对输电线路风偏状态下线路运行电压进行非接触式测量。使用与未考虑风偏模型逆推计算相同的线路结构和逆推方法，得到 5%噪声水平下的逆推电压拟合曲线如图 8.10 所示，不同噪声水平下的逆推电压结果如表 8.9 所示。

根据图 8.10，输电线路在风偏状态下各时刻逆推解相对于拟合曲线的波动性更大，这是由于风偏状态下电场测量点位置并非该状态下的电场最优测量点布点位置，电场逆问题的不适定程度较无风偏状态增大。由于风速实时变化且变化范围较广，考虑测量的便捷性确定电场测量点位置固定的策略，以无风偏状态下的电场最优测量点布点方案为总体测量方案，对比表 8.5 与表 8.9 中逆推数据可知，

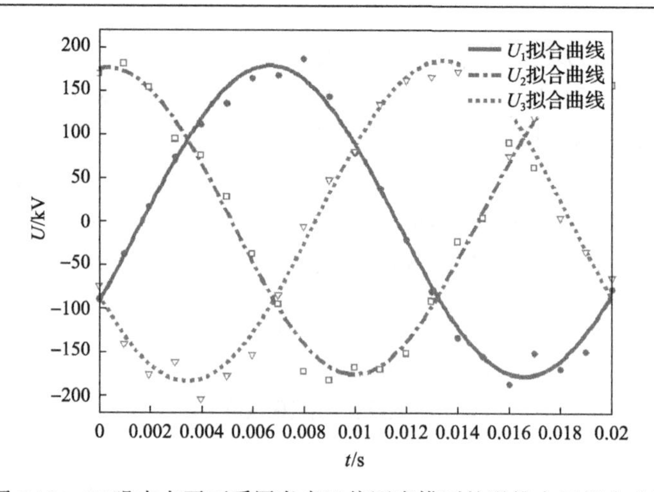

图 8.10　5%噪声水平下采用考虑风偏因素模型的逆推电压拟合曲线

表 8.9　输电线路风偏状态水平排列方式下的逆推电压结果

噪声水平	逆推电压值/kV			平均幅值偏差率/%	平均相位误差/(°)
	$\dot{U}_1$	$\dot{U}_2$	$\dot{U}_3$		
5%	125.8∠−118.11°	124.2∠1.22°	129.7∠119.83°	1.77	1.09
10%	129.1∠−120.03°	125.5∠2.02°	122.0∠124.41°	2.26	2.49
15%	130.2∠−118.33°	125.2∠3.59°	120.5∠124.34°	3.04	3.20
20%	130.5∠−123.5°	128.1∠−5.09°	116.4∠116.08°	3.98	4.17

本节所提方法在输电线路风偏状态下的电压测量准确度略低于无风偏状态，当测量噪声水平控制在 20%内时，输电线路风偏状态下的逆推电压平均幅值偏差率不超过 4%，平均相位误差不超过 4.2°。因此，结合实时风速测量，该方法在输电线路风偏状态下对线路电压测量具有良好的准确度。

8.5.6　输电线路含谐波情况的电压逆推分析

输电线路中的谐波为除有效成分工频以外的其余分量。对于发电源，发电机的铁心与三相绕组难以满足严格意义上的均匀与对称，因此不可避免地存在少量谐波。同时，晶闸管作为常用整流设备，是较大的谐波源。电力系统中局部谐振的产生与继电保护的误动作等情况，均可能由谐波所致，将产生严重危害。

为确保本节能够准确真实地还原输电线路的谐波分量，有效可靠地为谐波控制提供指导，反演方法采用三步策略，首先将测量所得的电场数据进行各次谐波分离，其次分别对各次谐波电场进行逆推，最后完成各次谐波反演电压的叠加以获取线路真实全面的运行参数信息[17]。

根据国家标准《电能质量　公用电网谐波》(GB/T 14549—1993)，220kV 电网中相电压的总谐波畸变率不应超出 2.0%，奇次谐波含有率限值为 1.6%，偶次谐波含有率限值为 0.8%。由于在电力系统中，危害最严重的为奇次谐波，设置 220kV 单回输电线路中基波电压$\boldsymbol{U}_{(1)}$、3 次谐波电压$\boldsymbol{U}_{(3)}$与 5 次谐波电压$\boldsymbol{U}_{(5)}$分别为

$$\begin{bmatrix} \dot{U}_{1(1)} \\ \dot{U}_{2(1)} \\ \dot{U}_{3(1)} \end{bmatrix} = \begin{bmatrix} 127.02\angle -120^\circ \\ 127.02\angle 0^\circ \\ 127.02\angle 120^\circ \end{bmatrix} \text{kV}$$

$$\begin{bmatrix} \dot{U}_{1(3)} \\ \dot{U}_{2(3)} \\ \dot{U}_{3(3)} \end{bmatrix} = \begin{bmatrix} 1.270\angle 30^\circ \\ 1.270\angle 30^\circ \\ 1.270\angle 30^\circ \end{bmatrix} \text{kV}$$

$$\begin{bmatrix} \dot{U}_{1(5)} \\ \dot{U}_{2(5)} \\ \dot{U}_{3(5)} \end{bmatrix} = \begin{bmatrix} 0.635\angle 180^\circ \\ 0.635\angle 60^\circ \\ 0.635\angle -60^\circ \end{bmatrix} \text{kV}$$

对于相导线水平排列的等高交流架空输电线路，将各测量点处计算所得的 z 方向理论电场强度，添加不同水平的随机噪声，以模拟现场实测电场数据。图 8.11 为加入 5%噪声水平的模拟电场测量数据。

分离线下各点测量所得电场强度中的各次谐波，采用电场强度单方向分量的逆推方法，分别对各次谐波在各时刻点处的逆推电压值进行曲线拟合。由于在一个工频周期内，5 次谐波已经重复了 5 个周期，为保证谐波的逆推精度，需要适量地增加采样点个数。将一个工频周期内的采样点个数提升为 50 个，得到图 8.12 所示的 5%噪声水平下 3 次谐波与 5 次谐波的逆推电压拟合曲线。在不同噪声水平下，提取拟合曲线的幅值与相位等特征参数，得到 3 次谐波电压与 5 次谐波电压的逆推解如表 8.10 与表 8.11 所示。

结合表 8.5 中的数据，对比表 8.10 与表 8.11 的逆推结果可知，输电线路 5 次谐波的逆推误差大于 3 次谐波，且谐波的逆推误差均大于基波误差。当测量噪声水平控制在 20%内时，输电线路 3 次谐波逆推电压解的平均幅值偏差率在 4.09%及以内，平均相位误差不高于 4.12°；输电线路 5 次谐波逆推电压解的平均幅值偏差率在 4.41%及以内，平均相位误差不高于 4.38°。将逆推所得的各次谐波电压叠加，即可得到接近输电线路真实运行状态的电压参量。

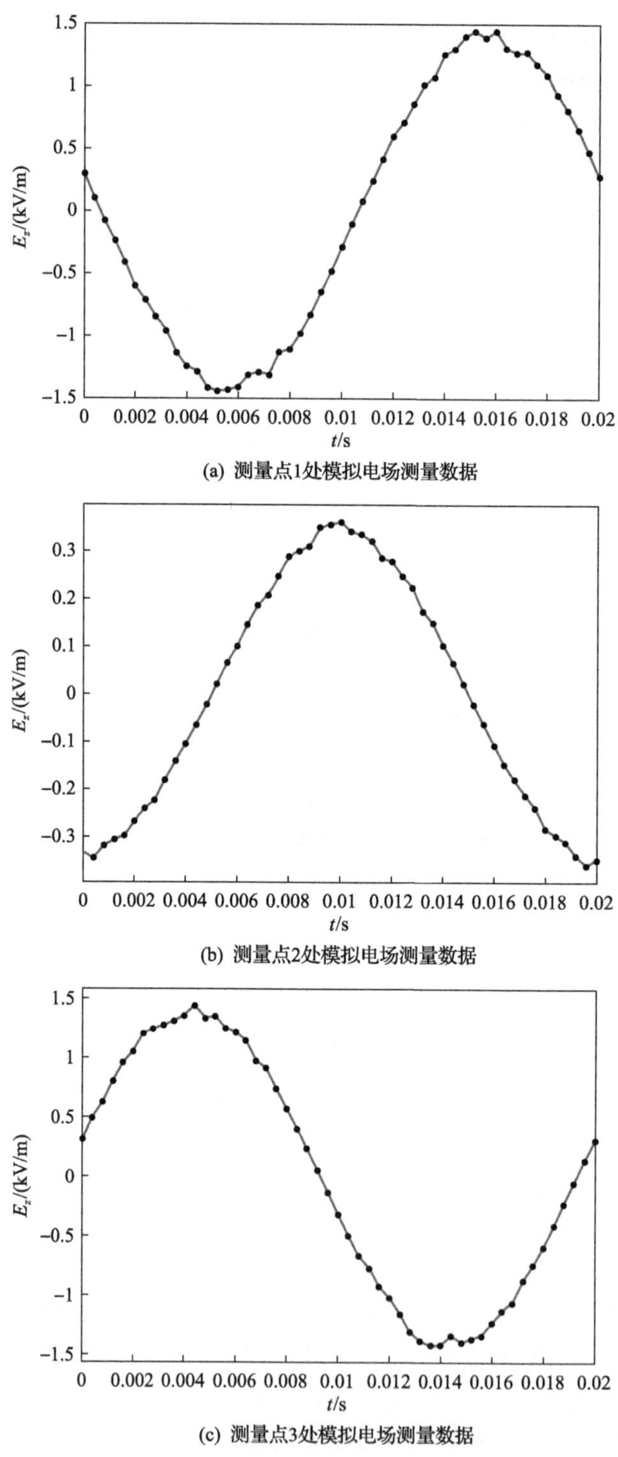

图 8.11　5%噪声水平的模拟电场测量数据

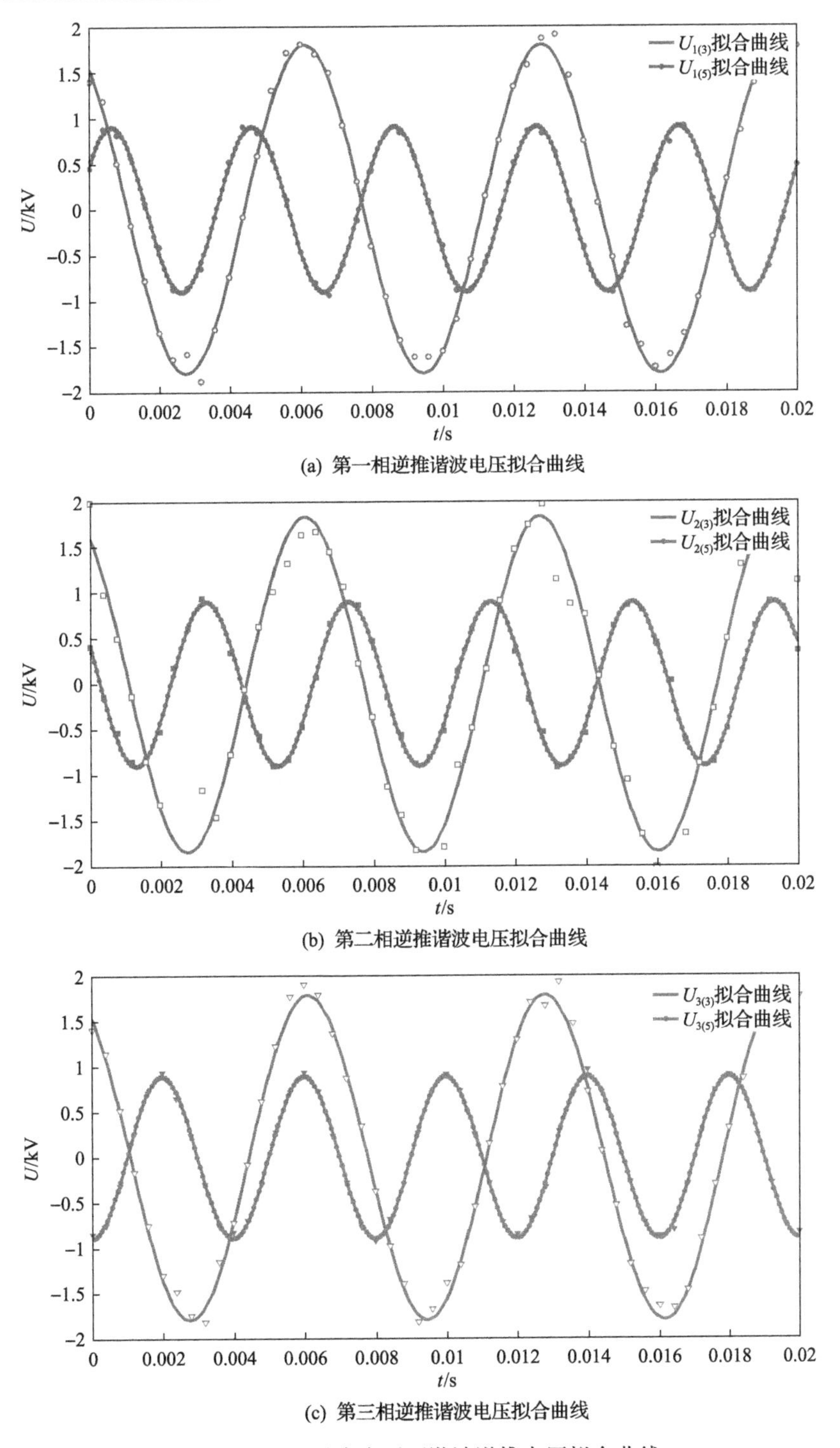

(a) 第一相逆推谐波电压拟合曲线

(b) 第二相逆推谐波电压拟合曲线

(c) 第三相逆推谐波电压拟合曲线

图 8.12　5%噪声水平下谐波逆推电压拟合曲线

表 8.10 输电线路 3 次谐波在水平排列方式下的逆推电压结果

噪声水平	逆推电压值/kV			平均幅值偏差率/%	平均相位误差/(°)
	$\dot{U}_{1(3)}$	$\dot{U}_{2(3)}$	$\dot{U}_{3(3)}$		
5%	1.254∠30.49°	1.312∠31.18°	1.254∠29.35°	1.94	0.77
10%	1.274∠27.20°	1.329∠34.08°	1.247∠29.72°	2.26	2.39
15%	1.293∠34.15°	1.345∠26.83°	1.231∠32.03°	3.60	3.12
20%	1.234∠34.52°	1.361∠24.30°	1.241∠32.15°	4.09	4.12

表 8.11 输电线路 5 次谐波在水平排列方式下的逆推电压结果

噪声水平	逆推电压值/kV			平均幅值偏差率/%	平均相位误差/(°)
	$\dot{U}_{1(5)}$	$\dot{U}_{2(5)}$	$\dot{U}_{3(5)}$		
5%	0.641∠182.01°	0.658∠61.86°	0.650∠−60.81°	2.31	1.56
10%	0.647∠177.09°	0.670∠62.72°	0.627∠−57.55°	2.89	2.69
15%	0.609∠176.45°	0.653∠63.83°	0.666∠−63.22°	3.94	3.53
20%	0.618∠174.89°	0.679∠63.53°	0.658∠−55.49°	4.41	4.38

参 考 文 献

[1] 刘志雄, 梁华. 粒子群算法中随机数参数的设置与实验分析. 控制理论与应用, 2010, 27(11): 1489-1496.

[2] 张利彪, 周春光, 马铭, 等. 基于粒子群算法求解多目标优化问题. 计算机研究与发展, 2004, 41(7): 1286-1291.

[3] Trelea I C. The particle swarm optimization algorithm: Convergence analysis and parameter selection. Information Processing Letters, 2003, 85(6): 317-325.

[4] 马永杰, 云文霞. 遗传算法研究进展. 计算机应用研究, 2012, 29(4): 1201-1206, 1210.

[5] 张文修, 梁怡. 遗传算法的数学基础. 西安: 西安交通大学出版社, 2000.

[6] Deb K, Pratap A, Agarwal S, et al. A fast and elitist multiobjective genetic algorithm: NSGA-II. IEEE Transactions on Evolutionary Computation, 2002, 6(2): 182-197.

[7] 王震, 刘瑞敏, 朱阳光, 等. 一种求解 TSP 问题的改进遗传算法. 电子测量技术, 2019, 42(23): 91-96.

[8] Xiao D P, Xie Y T, Liu H T, et al. Position optimization of measuring points in voltage non-contact measurement of AC overhead transmission line. Applied Computational Electromagnetics Society Journal, 2017, 32(10): 908-914.

[9] 徐生兵. 基于动态调整惯性权重下改进学习因子的粒子群算法. 信息安全与技术, 2014, 5(4): 26-28.

[10] 秦毅, 彭力. 带过滤机制非线性惯性权重粒子群算法. 计算机工程与应用, 2014, 50(16): 35-38.

[11] Xiao D P, Xie Y T, Ma Q C, et al. Non-contact voltage measurement of three-phase overhead transmission line based on electric field inverse calculation. IET Generation Transmission and Distribution, 2018, 12(12): 2952-2957.

[12] Xiao D P, Qi Z, Xie Y T, et al. Voltage parameters identification of AC overhead transmission lines by using measured electric field data. Applied Computational Electromagnetics Society Journal, 2018, 33(8): 895-903.

[13] 赵艳军, 陈晓科, 杨汾艳, 等. 一起同塔四回线路三相不平衡引起的母联断路器零序保护告警事件分析. 广东电力, 2014, 27(7): 73-77.

[14] Wang Y, Xu X, Xue H. Method to measure the unbalance of the multiple-circuit transmission lines on the same tower and its applications. IET Generation Transmission and Distribution, 2016, 10(9): 2050-2057.

[15] 刘宇. 500kV 输电线路风偏故障分析及对策. 科研, 2015, 10(66): 237-238.

[16] 郭涵. 500 千伏输电线路风偏故障分析及对策研究[硕士学位论文]. 郑州: 郑州大学, 2015.

[17] 谢雨桐. 交流架空输电线路电参量反演方法研究[硕士学位论文]. 重庆: 重庆大学, 2018.

第 9 章　高压直流输电线路合成电场及无线电干扰逆问题研究

高压直流输电线路合成电场及无线电干扰逆问题需解决模拟电荷空间位置和电荷量的设置。然而，利用遗传算法分别优化电场逆运算的输电导线弧垂和特高压绝缘子均压环，提高计算结果的精度[1,2]。因此，本节基于遗传算法和信赖域正则化法分别优化计算直流输电线路合成电场及无线电干扰逆问题的模拟电荷空间位置和电荷量，提出直流输电线路合成电场及无线电干扰逆问题分析的信赖域正则化遗传算法，并将该方法与 Levenberg-Marquardt 法、阻尼高斯-牛顿法进行算法收敛性和稳定性的对比，并分析合成电场和无线电干扰逆问题的计算精度。

9.1　高压直流输电线路合成电场及无线电干扰逆问题模型

本方法适用的直流线路导线计算模型[3]满足以下条件：

(1) 双极导线电压已知，电荷分布沿线路无畸变。

(2) 双极导线具有半径相同、彼此间相互平行的无限长光滑圆柱形导体。线路档内沿线路方向的地势较平坦，而导线垂直断面呈起伏地势。从而将直流输电线路简化为导线垂直断面的二维场问题。

(3) 大地为无穷大良导体，其电位为零。

9.1.1　高压直流输电线路合成电场及无线电干扰逆问题电荷分布研究

基于上述直流输电线路的模型假设，结合模拟电荷法处理开域电场问题的优势，建立了高压直流输电线路合成电场及无线电干扰逆问题电荷分布计算模型如图 9.1 所示。然而，传统方法只针对平坦的导线断面，利用镜像电荷等效大地表面的感应电荷，从而计算较为简便。然而对于输电线路导线断面具有起伏地势的情况，无法直接设置导线镜像电荷。

利用模拟电荷法计算高压直流输电线路合成电场及无线电干扰逆问题，电荷分布需要解决的问题有：①双极导线和架空地线内模拟电荷的位置和电荷量；②双极导线和地线镜像电荷的位置和电荷量。因此基于最小二乘法原理建立所有模拟电荷在匹配点产生的电位满足优化目标 f：

$$
\begin{aligned}
\min f &= \|\boldsymbol{\varphi} - F(\boldsymbol{Q})\|^2 + \|\boldsymbol{\varphi}' - F(\boldsymbol{Q})\|^2 \\
&= \sum_{i=1}^{M} \|\varphi_{1i} - F_i(\boldsymbol{Q})\|^2 + \sum_{j=1}^{K} \|\varphi'_{1j} - F_j(\boldsymbol{Q})\|^2
\end{aligned} \tag{9.1}
$$

式中，M 为逆问题的匹配点数量；F 为非线性算子；$\boldsymbol{Q}$ 和 $\boldsymbol{\varphi}$ 分别为未知模拟电荷的电量向量和已知匹配点的电位向量；$\boldsymbol{\varphi}'$ 为现场测试获得的合成电场(或无线电干扰)值；φ_{1i} 为导线、避雷线或大地表面第 i 个匹配点的电位；φ'_{1j} 为第 j 现场测试点的合成电场(或无线电干扰)值。

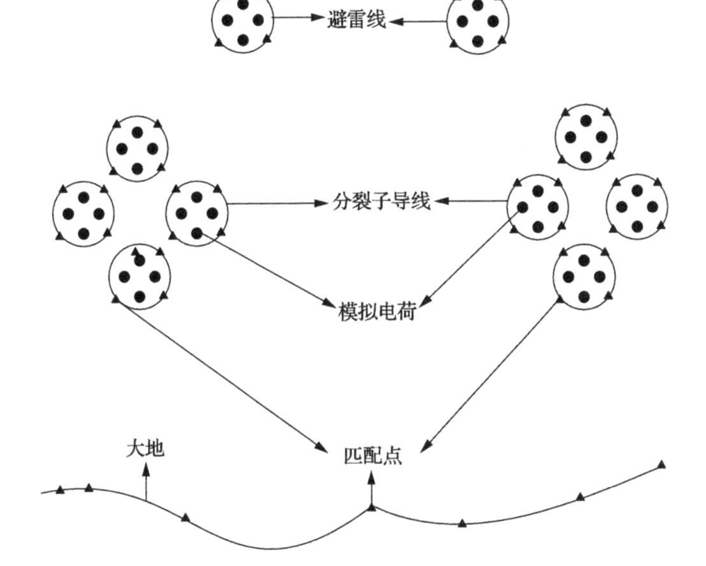

图 9.1　复杂导线垂直断面地势下直流双极模型

为实现对非线性算子 $F(\boldsymbol{Q})$ 的近似，利用泰勒公式将 $F(\boldsymbol{Q}+\delta\boldsymbol{Q})$ 在 $\boldsymbol{Q}$ 处展开。当 $\|\delta\boldsymbol{Q}\|$ 足够小时，采用一次近似且忽略其余的高阶小量，可得

$$
\begin{aligned}
F(\boldsymbol{Q}+\delta\boldsymbol{Q}) &= F(\boldsymbol{Q}) + \frac{\partial F}{\partial \boldsymbol{Q}}\delta\boldsymbol{Q} + \frac{1}{2}\frac{\partial^2 F}{\partial \boldsymbol{Q}^2}(\delta\boldsymbol{Q})^2 + R(\boldsymbol{Q},\delta\boldsymbol{Q}) \\
&\approx F(\boldsymbol{Q}) + \frac{\partial F}{\partial \boldsymbol{Q}}\delta\boldsymbol{Q}
\end{aligned} \tag{9.2}
$$

设 $\boldsymbol{Q}^*=\boldsymbol{Q}+\delta\boldsymbol{Q}$ 为准确解，则在接近于 $\boldsymbol{Q}^*$ 的 $\boldsymbol{Q}$ 处可以由式(9.2)得到如下线性算子方程：

$$\boldsymbol{\varphi} - F(\boldsymbol{Q}) = \frac{\partial F}{\partial \boldsymbol{Q}} \delta \boldsymbol{Q} \tag{9.3}$$

采用阻尼高斯-牛顿法等线性化式(9.3)会遗传原非线性方程的病态特性，故需要引入正则化技术[4]。然而，传统的 Levenberg-Marquardt 法是将正则化施加在 $\delta\boldsymbol{Q}$ 上的爬行法，该方法存在的问题有：①因正则化施加在 $\delta\boldsymbol{Q}$ 而非 $\boldsymbol{Q}$ 上导致无法针对求解的特征进行控制；②准确解 $\boldsymbol{Q}^*$依赖初始解 $\boldsymbol{Q}^0$ 和最小化路径 $\delta\boldsymbol{Q}^k$；③采用不同方法求解 $\delta\boldsymbol{Q}^k$ 得到的准确解 $\boldsymbol{Q}^*$不同；④$\delta\boldsymbol{Q}$ 较大时可能导致目标函数值增加。因此为克服和改善爬行法的问题，采用正则化施加在 $\boldsymbol{Q}$ 上的全局正则化方法。同时根据具有全局收敛性的信赖域法不仅可以限制步长而且获得了新的下降方向。设非线性问题(9.1)和线性化后的方程在大小为 η 的区域内等效，同时结合线性化处理的式(9.3)，基于全局正则化且通过优化问题在该区域内搜索一个最佳的 $\delta\boldsymbol{Q}$：

$$\begin{aligned} \min f = \Bigg\{ & \left\| \boldsymbol{\varphi} - F(\boldsymbol{Q}^k) - \frac{\partial F}{\partial \boldsymbol{Q}} \delta \boldsymbol{Q} \right\|^2 \\ & + \alpha \left\| W(\boldsymbol{Q}^k + \delta \boldsymbol{Q}) \right\|^2 + \mu(\eta) \left\| \delta \boldsymbol{Q} \right\|^2 \Bigg\} \end{aligned} \tag{9.4}$$

式中，W 为线性算子；η 为信赖域大小；$\mu(\eta)$ 为罚函数；α 为正则化参数；$\boldsymbol{Q}^k$ 为当前迭代解。

对于式(9.4)所示的优化问题，利用 f 为极小解的必要条件是该点 f 的梯度为零的信息，得到式(9.5)所示的线性方程：

$$\begin{aligned} \left.\frac{\partial f}{\partial \boldsymbol{Q}}\right|_{\boldsymbol{Q}=\boldsymbol{Q}^k} &= \left[J(\boldsymbol{Q}^k)^{\mathrm{T}} J(\boldsymbol{Q}^k) + \alpha W(\boldsymbol{Q}^k)^{\mathrm{T}} W(\boldsymbol{Q}^k) + \mu \boldsymbol{I} \right] \delta \boldsymbol{Q} \\ & - J(\boldsymbol{Q}^k)^{\mathrm{T}} \left[\boldsymbol{\varphi} - F(\boldsymbol{Q}^k) \right] - \alpha W(\boldsymbol{Q}^k)^{\mathrm{T}} W(\boldsymbol{Q}^k) = 0 \\ \boldsymbol{Q}^{k+1} &= \boldsymbol{Q}^k + \delta \boldsymbol{Q} \end{aligned} \tag{9.5}$$

式中，$J(\boldsymbol{Q}^k)^{\mathrm{T}} = \left[\left.\frac{\partial F}{\partial \boldsymbol{Q}}\right|_{\boldsymbol{Q}=\boldsymbol{Q}^k} \right]^{\mathrm{T}}$ 为雅可比矩阵的转置；$\boldsymbol{I}$ 为单位矩阵；$\boldsymbol{Q}^{k+1}$ 为第 $k+1$ 步迭代解。

式(9.1)所示的非线性最小二乘问题的求解归结为其法方程的求解，如式(9.5)所示。同时基于求解式(9.5)的 $\delta\boldsymbol{Q}$，通过式(9.6)的信赖域方法确定适合的 $\delta\boldsymbol{Q}$。

$$\begin{aligned} & \frac{\left| \Delta f - \Delta f_1 \right|}{\max\left(\Delta f, \Delta f_1 \right)} > \tau \\ & \Delta f(\boldsymbol{Q}, \delta \boldsymbol{Q}) = f^{k+1} - f^k \\ & \Delta f_1(\boldsymbol{Q}, \delta \boldsymbol{Q}) = f_1^{k+1} - f_1^k \end{aligned} \tag{9.6}$$

式中，Δf 是非线性目标值的改变；Δf_1 是线性化目标值的改变；τ 为信赖域控制参数；f^{k+1} 和 f^k 分别是第 $k+1$ 和 k 次迭代非线性目标值；f_1^{k+1} 是第 $k+1$ 次迭代线性化目标值。分别定义如下：

$$
\begin{aligned}
f^k &= \left\|\boldsymbol{\varphi} - F(\boldsymbol{Q}^k)\right\|^2 + \alpha\left\|W(\boldsymbol{Q}^k)\right\|^2 \\
f^{k+1} &= \left\|\boldsymbol{\varphi} - F(\boldsymbol{Q}^k + \delta\boldsymbol{Q})\right\|^2 + \alpha\left\|W(\boldsymbol{Q}^k + \delta\boldsymbol{Q})\right\|^2 \\
f_1^{k+1} &= \left\|\boldsymbol{\varphi} - F(\boldsymbol{Q}^k) - \frac{\partial F}{\partial \boldsymbol{Q}}\delta\boldsymbol{Q}\right\|^2 + \alpha\left\|W(\boldsymbol{Q}^k + \delta\boldsymbol{Q})\right\|^2
\end{aligned}
\tag{9.7}
$$

由式(9.5)～式(9.7)确定直流双极导线、架空地线和大地镜像导线的电荷量。

直流双极导线发生电晕时，导线表面发射的电晕电荷数为 L，因此导线表面上各点的电晕电荷数满足[5]：

$$
\begin{aligned}
\boldsymbol{P}_{\text{cond}}\boldsymbol{Q}_{\text{cond}} + \boldsymbol{P}_{\text{space}}\boldsymbol{Q}_{\text{space}} &= \boldsymbol{V}_{\text{onset}} \\
\boldsymbol{R}_{\text{cond}}\boldsymbol{Q}_{\text{cond}} + \boldsymbol{R}_{\text{space}}\boldsymbol{Q}_{\text{space}} &= \boldsymbol{E}_{\text{onset}}
\end{aligned}
\tag{9.8}
$$

式中，$\boldsymbol{P}_{\text{cond}}$ 为直流双极导线模拟电荷对导线表面的电位系数矩阵；$\boldsymbol{P}_{\text{space}}$ 为空间电晕电荷对导线表面的电位系数矩阵；$\boldsymbol{Q}_{\text{cond}}$ 为直流双极导线的模拟电荷向量；$\boldsymbol{Q}_{\text{space}}$ 为空间自由电荷向量；$\boldsymbol{V}_{\text{onset}}$ 为直流双极导线表面起晕时的电位；$\boldsymbol{R}_{\text{cond}}$ 为直流双极导线模拟电荷对导体表面第 i 个电晕点的电位系数矩阵；$\boldsymbol{R}_{\text{space}}$ 为自由电荷对导体表面第 i 个电晕点的电位系数矩阵；$\boldsymbol{E}_{\text{onset}}$ 是由 Peek 公式计算的导线起晕场强。

根据直流双极导线表面第 i 点的模拟电荷向量 $\boldsymbol{Q}_{\text{cond}}$ 和空间自由电荷向量 $\boldsymbol{Q}_{\text{space}}$，计算导线表面的电荷发射量为

$$
\boldsymbol{Q}_{\text{emit}} = \begin{cases} \boldsymbol{Q}_{\text{cond}} - \boldsymbol{Q}_{\text{space}}, & \boldsymbol{Q}_{\text{cond}} > \boldsymbol{Q}_{\text{space}} \\ 0, & \boldsymbol{Q}_{\text{cond}} \leqslant \boldsymbol{Q}_{\text{space}} \end{cases}
\tag{9.9}
$$

式中，$\boldsymbol{Q}_{\text{emit}}$ 为双极直流导线表面各点发射电荷量的向量。

将式(9.9)计算得到的导线表面的电荷发射量，代入合成电场满足的控制方程，可计算空间的合成电场分布。

结合模拟电荷向量 $\boldsymbol{Q}_{\text{cond}}$ 和空间自由电荷向量 $\boldsymbol{Q}_{\text{space}}$，分别计算导线表面模拟电荷的变化量引起的位移电流和空间自由电荷引起的传导电流，因此，电晕电流 I_{total} 为

$$I_{\text{total}}=\frac{\sum_{i=1}^{M}(\boldsymbol{Q}_{\text{cond}})_i}{\Delta t}-\frac{\sum_{i=1}^{M}(\boldsymbol{Q}_{\text{cond,no}})_i}{\Delta t}+\sum_{j=1}^{N_6}\left(\frac{(\boldsymbol{Q}_{\text{space}})_j\mu' E_s}{U}\right)_j \tag{9.10}$$

式中，N_6 为空间自由电荷向量 $\boldsymbol{Q}_{\text{space}}$ 的维数；$(\boldsymbol{Q}_{\text{cond}})_i$ 和 $(\boldsymbol{Q}_{\text{space}})_j$ 分别是电晕时模拟电荷和空间电荷第 i (j) 个分量的值；μ' 为离子迁移率；E_s 为空间电荷第 i 个点处的电场；$(\boldsymbol{Q}_{\text{cond,no}})_i$ 为导线未电晕时的模拟电荷第 i 个分量的值；Δt 为计算时间间隔；U 为直流导线作用电压。

将式(9.10)计算得到的导线表面的电晕电流代入无线电干扰问题的模型，可计算空间的无线电干扰分布。

9.1.2 基于遗传算法的模拟电荷空间位置优化

上述全局正则化方法是基于模拟电荷的位置已知。然而，高压直流输电线路合成电场和无线电干扰逆问题电荷分布受地面高低不平的影响，引起模拟电荷在导线、避雷线内及其相对大地的镜像电荷位置发生偏移。采用自适应遗传算法能够优化模拟电荷空间位置。该方法随个体适应度值自动调整交叉和变异概率，解决传统遗传算法进化缓慢的问题。

根据模拟电荷法的原理，式(9.1)中的模拟电荷必须在非计算场域的导线、避雷线内，或者位于大地表面以下。因此模拟电荷的位置满足如下约束条件：

$$\begin{cases}(x_i-x_{0i})^2+(y_i-y_{0i})^2<R_1^2, & i=1,2,\cdots,N\\(x_j-x_{0j})^2+(y_j-y_{0j})^2<R_2^2, & j=1,2,\cdots,A\\f(x_k,y_k)<0, & k=1,2,\cdots,N-A\end{cases} \tag{9.11}$$

式中，(x_i, y_i) 和 (x_j, y_j) 为分裂子导线和避雷线内的模拟电荷坐标；(x_k, y_k) 为大地表面以下的镜像模拟电荷坐标；R_1 和 R_2 为分裂子导线和避雷线的半径；A 和 N 分别为避雷线内模拟电荷的数量和总的模拟电荷数量；$f(x_k, y_k)$ 为描述大地表面曲线的函数。

自适应遗传算法优化模拟电荷空间位置的步骤如下[6]：

(1) 模拟电荷空间位置编码。根据式(9.11)所示的模拟电荷空间位置取值范围，将分裂子导线和避雷线的模拟电荷坐标与其所在子导线的中心做差值，得到分裂子导线和避雷线模拟电荷取值范围，该范围为对应的直径。为了提高分辨率，将分裂子导线和避雷线采用 6 位二进制编码，镜像电荷采用 10 位二进制编码。

(2) 初始种群的产生。分裂子导线和避雷线的模拟电荷分别均布于 25%直径的圆环，各镜像电荷分别位于相对垂直地面的等距离镜像位置。

(3)适应度的确定。遗传算法优化模拟电荷空间位置的目标是优化结果的模拟电荷在匹配点产生的电位误差满足预先的误差。因此将式(9.1)作为适应度函数评价个体的优劣。若$|f_{\max}-f_{\min}|<\varepsilon$，则输出寻优结果，停止迭代；否则转入步骤(4)。其中$f_{\max}$、$f_{\min}$分别为当前种群中最优和最差个体的函数值，ε为给定精度。

(4)遗传规则的设计，主要包括选择、交叉和变异等规则。其中选择规则按照适应度高低对个体进行排序，从中选取i个适应度最高的个体，按照式(9.12)计算选择概率：

$$P_{\mathrm{s}}(x_i)=f(x_i)\Big/\sum_i f(x_i) \tag{9.12}$$

交叉规则采用两位交叉方式，自适应交叉概率P_{c}为

$$P_{\mathrm{c}}=\begin{cases}0.9-\dfrac{0.3\times(f_{\max}-f')}{f_{\max}-f_{\mathrm{avg}}}, & f'\geqslant f_{\mathrm{avg}}\\ 0.9, & f'<f_{\mathrm{avg}}\end{cases} \tag{9.13}$$

式中，f_{avg}为群体的平均适应度；f'为两交叉个体较大的适应值。

变异规则是将每个个体的每两位二进制编码随机产生一个在(0，1)内的数，若大于个体的变异率，则该编码由 1 变成 0，或者由 0 变成 1，否则该编码不变。其变异概率P_{m}为

$$P_{\mathrm{m}}=\begin{cases}0.2-\dfrac{0.099\times(f_{\max}-f)}{f_{\max}-f_{\mathrm{avg}}}, & f\geqslant f_{\mathrm{avg}}\\ 0.2, & f<f_{\mathrm{avg}}\end{cases} \tag{9.14}$$

(5)保留较优个体。用子代种群一半数目的适应度较高的个体替代父代种群适应度较低的相同数目的个体，提高获得最优个体的概率。将当前保留的新种群作为步骤(2)的初始种群重新计算。

通过遗传算法产生直流双极电场计算的模拟电荷空间位置，同时利用信赖域法的正则化方法优化模拟电荷的电量，达到优化高压直流输电线路合成电场及无线电干扰逆问题电荷分布计算的模拟电荷位置和电荷量的双重目标，然后计算导线表面的电荷发射量和电晕电流，结合高压直流输电线路合成电场及无线电干扰正问题计算方法，仿真计算模型空间的无线电干扰和合成电场分布。计算流程如图 9.2 所示。

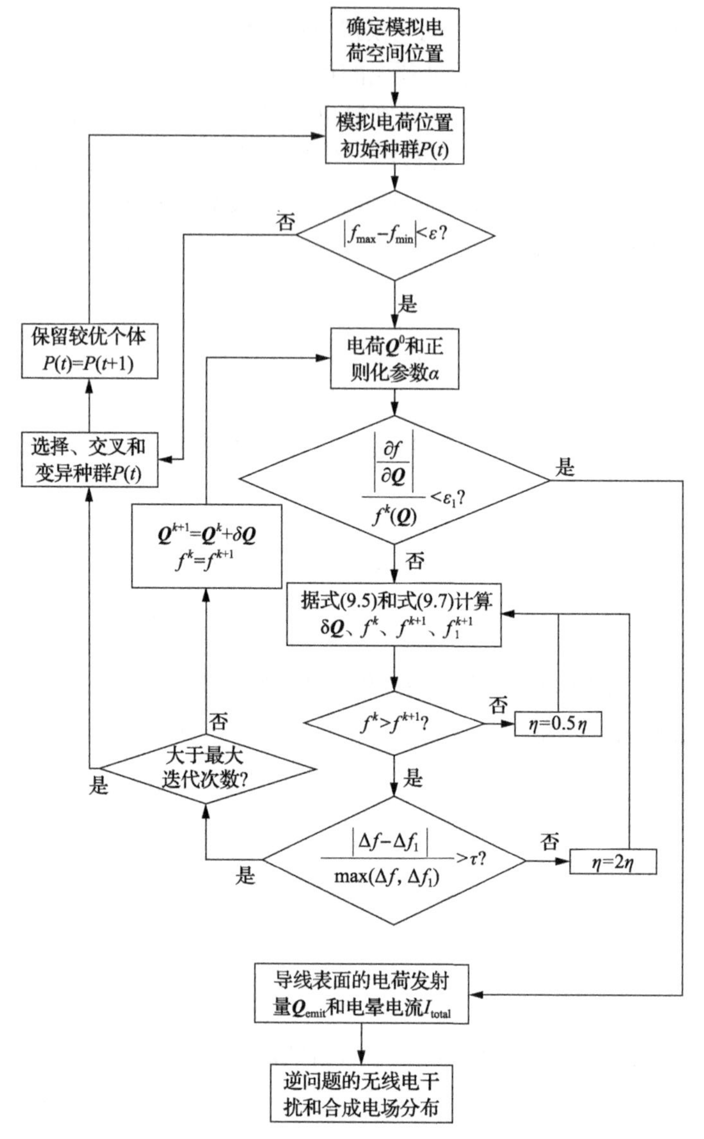

图 9.2　复杂导线垂直断面地势下直流双极无线电干扰计算流程

9.2　高压直流输电线路合成电场及无线电干扰逆问题的收敛性分析

为验证理论计算方法的有效性，结合实际的云广特高压直流输电线路导线垂直断面的测试数据，分析高压直流输电线路合成电场及无线电干扰逆问题计算的Levenberg-Marquardt 法、阻尼高斯-牛顿法和信赖域正则化的遗传算法的收敛性。

计算误差与迭代次数间的变化关系分析如图 9.3 所示。

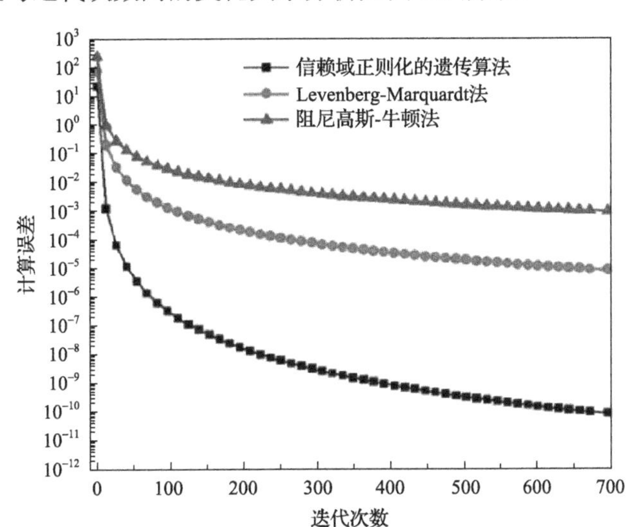

图 9.3　三种算法的计算误差与迭代次数关系曲线

因 Levenberg- Marquardt 法是将正则化施加在 $\delta\boldsymbol{Q}$ 而非 $\boldsymbol{Q}$ 上，较大的 $\delta\boldsymbol{Q}$ 可能导致计算误差的增加，其计算误差的收敛速度明显小于将正则化施加在 $\boldsymbol{Q}$ 上的阻尼高斯-牛顿法和信赖域正则化的遗传算法[7-9]。为了解决步长较大引起的计算误差增加的问题，阻尼高斯-牛顿法采用在保持迭代方向不变的前提下缩短步长的方法，而具有全局收敛性的信赖域正则化的遗传算法不仅限制步长，而且获得新的收敛方向。通过设置信赖域的大小且及时改变迭代方向，基于遗传算法优化模拟电荷空间位置，信赖域正则化的遗传算法比 Levenberg-Marquardt 法、阻尼高斯-牛顿法具有较快的收敛速度和更少的迭代次数。因此，基于信赖域正则化的遗传算法在解决高压直流输电线路合成电场及无线电干扰逆问题时具有较好的收敛性和稳定性。

参 考 文 献

[1] 彭一琦. 考虑气象条件的输电导线工频电场计算新方法. 高电压技术, 2010, 36(10): 2507-2512.

[2] 陈楠, 文习山. 基于电场逆运算的输电导线弧垂计算方法. 中国电机工程学报, 2011, 31(16): 121-127.

[3] 邓军. 高压直流输电线路合成电场及无线电干扰正逆问题研究[博士学位论文]. 广州: 华南理工大学, 2014.

[4] 邓军, 郝艳捧, 李立浧, 等. 复杂导线垂直断面地势下直流线路无线电干扰计算的信赖域正则化遗传算法. 电工技术学报, 2014, 29(10): 304-311.

[5] 李伟, 张波, 何金良. 超/特高压交流输电线路电晕损失的数值仿真研究. 中国电机工程学报, 2009, 29(19): 118-124.

[6] 陈磊. 遗传最小二乘支持向量机法预测时用水量. 浙江大学学报(工学版), 2011, 45(6): 1100-1104.

[7] Ma C, Jiang L, Wang D. The convergence of a smoothing damped Gauss-Newton method for nonlinear complementarity problem. Nonlinear Analysis: Real World Applications, 2009, 10(4): 2072-2087.

[8] Taylor D G, Song L. Damped Gauss-Newton method for direct stable inversion of continuous-time nonlinear systems. The 29th Annual Conference of the IEEE Industrial Electronics Society, 2003, (1): 606-610.

[9] Sande H V, De G H. Solving nonlinear magnetic problems using newton trust region methods. IEEE Transactions on Magnetics, 2003, 39(3): 1709-1712.

第 10 章　绝缘子工频电场逆向检测及优化方法

绝缘子是架空输电线路中的重要组成部分，它在支撑架空输电线的同时又使导线和杆塔绝缘。但是，在长期运行过程中绝缘子要经受机电负荷、日晒雨淋及气温的冷热变化，会出现绝缘性能降低、开裂等情况。当绝缘子出现劣化后，很可能产生沿面闪络或绝缘击穿，发展成为低值绝缘子或零值绝缘子，使漏电流增大，甚至造成短路事故，危害电力系统运行安全。

鉴于绝缘子在电网中的重要性，其预防性在线检测是电力系统一个亟待解决的问题。绝缘子电场逆向故障检测方法是以电场强度作为测量特征量，采用优化算法逆向计算绝缘子表面电压分布从而实现对劣质绝缘子检测的方法。

10.1　绝缘子工频电场正、逆问题计算模型

10.1.1　绝缘子工频电场正问题计算模型

对于绝缘子，根据其已知边界条件计算其电场分布的过程就是绝缘子电场正问题，可采用模拟电荷法进行建模和计算。瓷质悬式绝缘子具有轴对称结构，采用环线型模拟电荷等效其表面的束缚电荷[1-3]。测量点处电场强度值与绝缘子串表面电位值分布之间存在以下关系：

$$\begin{cases} \boldsymbol{P}\boldsymbol{q} = \boldsymbol{\varphi} \\ \boldsymbol{f}_r\boldsymbol{q} = \boldsymbol{E}_r \\ \boldsymbol{f}_z\boldsymbol{q} = \boldsymbol{E}_z \end{cases} \tag{10.1}$$

式中，$\boldsymbol{P}$ 为绝缘子的电位系数矩阵；$\boldsymbol{q}$ 为模拟电荷量矩阵；$\boldsymbol{\varphi}$ 为匹配点的电位矩阵；$\boldsymbol{f}_r$、$\boldsymbol{f}_z$ 分别为 rz 坐标系中 r 轴分量和 z 轴分量的电场系数矩阵；$\boldsymbol{E}_r$、$\boldsymbol{E}_z$ 分别为 rz 坐标系中 r 轴分量和 z 轴分量的电场矩阵。

图 10.1 是一圆心位于 z 轴，距原点距离为 z_q，半径为 r_q 的环线型电荷 $+q$ 及其镜像电荷 $-q$。通常计算轴对称旋转场时，采用圆柱坐标系。由于电场分布与旋转角无关，计算将在 rz 平面内进行。根据麦克斯韦原理，图 10.1 中环线型电荷 $+q$ 在 rz 平面内一点 $P(r,z)$ 处形成的电位为

$$\varphi = \int_{-\pi}^{\pi} \frac{q/(2\pi)}{4\pi\varepsilon\rho} \mathrm{d}\omega \tag{10.2}$$

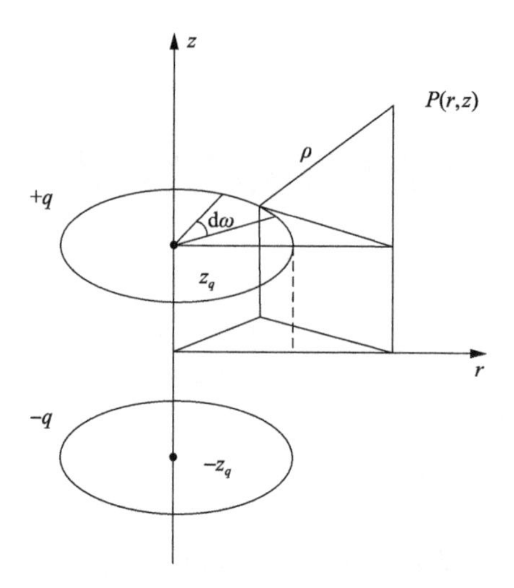

图 10.1　环线型电荷的电场计算示意图

结合图 10.1 所示的坐标推导环线型电荷模拟绝缘子片时的电位系数和场强系数，由此得到正问题计算的场源关系[4,5]：

$$p=\frac{1}{4\pi\varepsilon}\cdot\frac{2}{\pi}\left[\frac{K\left(k_1\right)}{\alpha_1}-\frac{K\left(k_2\right)}{\alpha_2}\right] \tag{10.3}$$

$$f_r=\begin{cases}\dfrac{1}{4\pi\varepsilon}\cdot\dfrac{1}{\pi r}\left[\dfrac{1}{\alpha_1}K(k_1)-\dfrac{\gamma_1}{\alpha_1\beta_1^2}E(k_1)-\dfrac{1}{\alpha_2}K(k_2)+\dfrac{\gamma_2}{\alpha_2\beta_2^2}E(k_2)\right], & r>0\\ 0, & r=0\end{cases} \tag{10.4}$$

$$f_z=\frac{1}{4\pi\varepsilon}\cdot\frac{2}{\pi}\left[\frac{z-z_q}{\alpha_1\beta_1^2}E(k_1)-\frac{z+z_q}{\alpha_2\beta_2^2}E(k_2)\right] \tag{10.5}$$

式(10.3)～式(10.5)中，α_1、α_2、k_1、k_2、β_1、β_2、γ_1、γ_2 的表达式分别为

$$\alpha_1=\sqrt{(r+r_q)^2+(z-z_q)^2}$$

$$k_1=\frac{2\sqrt{rr_q}}{\alpha_1}$$

$$\beta_1=\sqrt{(r-r_q)^2+(z-z_q)^2}$$

$$\gamma_1=r_q^2-r^2+(z-z_q)^2$$

$$\alpha_2=\sqrt{(r+r_q)^2+(z+z_q)^2}$$

$$k_2=\frac{2\sqrt{rr_q}}{\alpha_2}$$

$$\beta_2=\sqrt{(r-r_q)^2+(z+z_q)^2}$$

$$\gamma_2=r_q^2-r^2+(z+z_q)^2$$

$K(k)$、$E(k)$分别是模数为 k 的第一类完全椭圆积分及第二类完全椭圆积分，表示为

$$K(k_1)=\int_0^{\frac{\pi}{2}}\frac{\mathrm{d}\theta}{\sqrt{1-k_1^2\sin^2\theta}}$$

$$E(k_1)=\int_0^{\frac{\pi}{2}}\sqrt{1-k_1^2\sin^2\theta}\mathrm{d}\theta$$

$$K(k_2)=\int_0^{\frac{\pi}{2}}\frac{\mathrm{d}\theta}{\sqrt{1-k_2^2\sin^2\theta}}$$

$$E(k_2)=\int_0^{\frac{\pi}{2}}\sqrt{1-k_2^2\sin^2\theta}\mathrm{d}\theta$$

为了方便变量置换，以上各式中令$\theta=\dfrac{\pi-\omega}{2}$。

根据上述对环线型电荷产生电位或者电场分布公式的推导，可得到图 10.2 所示绝缘子周围空间电场计算模型的矩阵形式：

$$\begin{bmatrix} p_{11} & p_{12} & \cdots & p_{1n} \\ p_{21} & p_{22} & \cdots & p_{2n} \\ \vdots & \vdots & & \vdots \\ p_{m1} & p_{m2} & \cdots & p_{mn} \end{bmatrix}\begin{bmatrix} q_1 \\ q_2 \\ \vdots \\ q_n \end{bmatrix}=\begin{bmatrix} \varphi_1 \\ \varphi_2 \\ \vdots \\ \varphi_m \end{bmatrix} \tag{10.6}$$

$$\begin{bmatrix} f_{11r} & f_{12r} & \cdots & f_{1nr} \\ f_{21r} & f_{22r} & \cdots & f_{2nr} \\ \vdots & \vdots & & \vdots \\ f_{t1r} & f_{t2r} & \cdots & f_{tnr} \end{bmatrix}\begin{bmatrix} q_1 \\ q_2 \\ \vdots \\ q_n \end{bmatrix}=\begin{bmatrix} E_{1r} \\ E_{2r} \\ \vdots \\ E_{tr} \end{bmatrix} \tag{10.7}$$

$$\begin{bmatrix} f_{11z} & f_{12z} & \cdots & f_{1nz} \\ f_{21z} & f_{22z} & \cdots & f_{2nz} \\ \vdots & \vdots & & \vdots \\ f_{t1z} & f_{t2z} & \cdots & f_{tnz} \end{bmatrix} \begin{bmatrix} q_1 \\ q_2 \\ \vdots \\ q_n \end{bmatrix} = \begin{bmatrix} E_{1z} \\ E_{2z} \\ \vdots \\ E_{tz} \end{bmatrix} \tag{10.8}$$

式中，$\boldsymbol{P}_{mn}$ 为 $m \times n$ 矩阵，m 为匹配点数目，n 为模拟电荷数目。

根据模拟电荷法的基本原理，此时匹配点数目与模拟电荷数目相等，即 $m = n$。在图 10.2 所示的系统中，$m = n = 14$。式(10.7)和式(10.8)中的 t 为待求场量点的数量。

10.1.2　绝缘子工频电场逆问题计算模型

绝缘子工频电场逆问题是根据绝缘子附近场域的几个点的电场强度值逆向计算绝缘子表面电位分布的过程。所有逆问题的研究都以与之对应的正问题的研究为基础，在已知绝缘子串附近几个点电场强度的情况下，采用优化算法逆向计算绝缘子表面的电压分布，实现绝缘子工频电场逆问题的计算。

建立高效的计算模型是研究的关键。根据模拟电荷法的基本原理采用两个环线型模拟电荷等效每片绝缘子表面的束缚电荷。为了减少测量工作量，又兼顾计算精度需求，对于 110kV 线路 7 片绝缘子系统，采用 3 个测量点即可。如图 10.2 所示，3 个测量点的位置分别为与第 1、4、7 片绝缘子处于同一水平线上，使 3 个

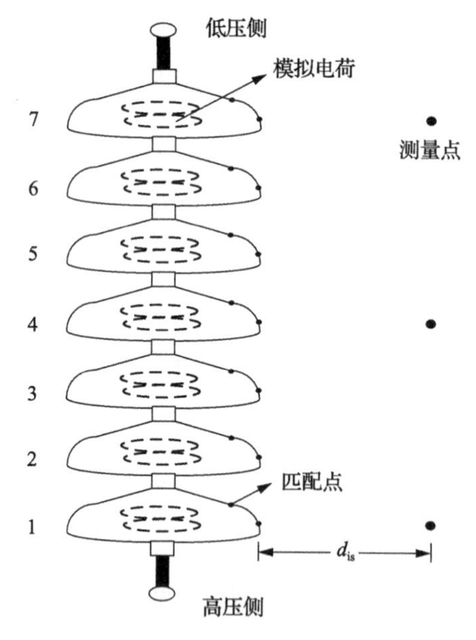

图 10.2　模拟电荷、匹配点与测量点的设置示意图

测量点的位置比较均衡。对应的最小二乘方程为

$$\min_{q\in Q}\left\|\boldsymbol{F}(q)-\boldsymbol{E}\right\|^2 \tag{10.9}$$

式中，$\boldsymbol{E}$ 为 3 个测量点的电场强度测量值。

由于绝缘子表面为束缚电荷，应该满足的边界条件为 $\sum_{i=0}^{m}q_i=0$。如前所述，为了减少测量工作量，设置的测量点数目小于模拟电荷数目，所以此时的方程为欠定方程。

10.2　绝缘子电场逆问题求解中的遗传算法分析

10.2.1　算法流程

遗传算法通过模拟自然进化过程来搜索问题的最优解，对一个由多个解构成的种群进行评估，实施遗传运算，经过多代繁殖，最终获得适应度最高的个体作为问题的最优解。遗传算法的基本步骤在 8.2 节已经进行了介绍，这里不再赘述。应用遗传算法来求解绝缘子电场逆问题时，优化变量不再是模拟电荷量，而是绝缘子的电位分布 U，目标函数为

$$\min f=\frac{1}{n}\sum_{i=1}^{n}\left|\sqrt{E_{ir}^2+E_{iz}^2}-E_{0i}\right| \tag{10.10}$$

式中，E_{0i} 为第 i 个测量点的电场强度测量值；$E_i=\sqrt{E_{ir}^2+E_{iz}^2}$ 为第 i 个测量点的电场强度计算值，边界条件应该满足 $\sum_{i=0}^{m}q_i=0$。

采用遗传算法结合模拟电荷法进行逆问题优化求解的完整步骤如下[6]：

(1) 根据绝缘子结构特性和模拟电荷法基本原理，选取两个环线型电荷模拟每片绝缘子，初始化模拟电荷的位置、匹配点的位置和测量点的场强值 E_0；

(2) 在电压可行域内随机产生 50 个初始种群；将国家标准规定的电压分布值视为绝缘子串上的电压初始分布值，采用线性插值计算匹配点处的电压分布初始值 $\boldsymbol{\varphi}$，并根据模拟电荷的参数计算电位系数矩阵 $\boldsymbol{P}$；

(3) 将以上计算得到的电压分布初始值和电位系数矩阵代入 $\boldsymbol{Pq}=\boldsymbol{\varphi}$，计算模拟电荷值，并且根据模拟电荷参数计算电场系数矩阵 $\boldsymbol{f}_r$、$\boldsymbol{f}_z$；

(4) 将步骤 (3) 求得的模拟电荷值 $\boldsymbol{q}$ 与电场系数矩阵 $\boldsymbol{f}_r$、$\boldsymbol{f}_z$ 代入计算得到电场强度 E_i，此时的电场强度值为根据标准电压分布正向计算所得；

(5)计算当前种群的目标函数适应度 $\mathrm{Fun}=\frac{1}{n}\sum_{i=1}^{n}|E_i-E_0|$，并判断是否满足收敛准则，如果满足，此时的电压分布即为实际电压分布；如果不满足，则进行选择、交叉、变异的遗传算法操作，产生新的种群，返回步骤(3)，循环直至满足收敛条件。

10.2.2 结果分析

参照图 10.2 中的 110kV 绝缘子串，按每串 7 片绝缘子计算，用 2 个环线型电荷来模拟每个绝缘子片上的束缚电荷，每片绝缘子表面取 2 个匹配点。每片绝缘子的几何参数为：半径 r=0.127m，实际高度 h=0.146m，第一片绝缘子离地的高度为 15m。根据模拟环线型电荷的最优半径原则可知，模拟环线型电荷的半径 r_c=4m，测量点与绝缘子串的水平距离 l=1m。

从高压端到低压端对 7 片绝缘子依次编号，绝缘子全部正常时，1～7 号绝缘子片的标准电压分布依次为 18.5kV、10.0kV、8.5kV、7.0kV、5.0kV、6.0kV、9.0kV。为了进行计算分析，用一片劣质绝缘子分别替换原正常绝缘子串中的第 1、4、7 号位置，得到 3 个测量点的电场强度值，如表 10.1 所示。

表 10.1 各种情况下的电场强度测量值 (单位：kV/m)

测量点编号	绝缘子正常时测量点电场值	劣质绝缘子替换 1 号时测量点电场值	劣质绝缘子替换 4 号时测量点电场值	劣质绝缘子替换 7 号时测量点电场值
1	9.0475	3.6718	8.9915	9.2796
2	5.0248	4.9232	3.3699	5.6537
3	4.3841	4.7398	4.2103	2.8172

在采用遗传算法优化求解绝缘子工频电场逆问题的欠定方程时，优化变量为绝缘子的电位分布 U，依据式(10.10)所示的目标函数，计算过程中取交叉概率 P_c=0.8，变异概率 P_m=0.03。计算中种群数量为 50。将表 10.1 中几组电场强度测量值分别代入遗传算法优化程序中进行计算，得到绝缘子串电压分布的计算值，绘制电压分布曲线，并与国家规定 110kV 线路 7 片绝缘子串的标准电压分布曲线进行对比。具体对比结果如图 10.3～图 10.6 所示。

图 10.3 是在绝缘子全部正常的情况下，通过遗传算法逆向计算得到的绝缘子表面的电压分布情况与标准电压分布的对比曲线。经分析可知，图中所显示的误差产生的原因主要有两个：一是受测量仪器限制和测量时环境因素的影响，测量数据不可能完全精确；二是由算法本身属性和参数设置带来的影响导致。尽管计算存在一定的误差，但是计算值曲线能够反映绝缘子的大致分布规律，由此说明该算法能够实现对绝缘子电场的逆向计算。图 10.4～图 10.6 分别为将第 1、4、7 号绝缘子换成劣质绝缘子的情况下通过遗传算法计算所得的绝缘子表面电压

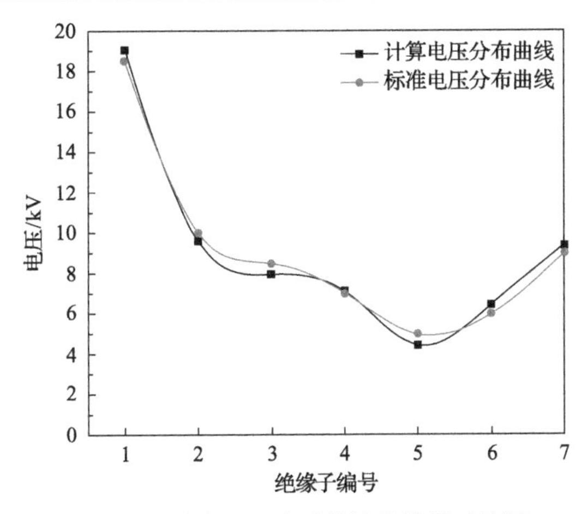

图 10.3　绝缘子正常时的计算结果对比图

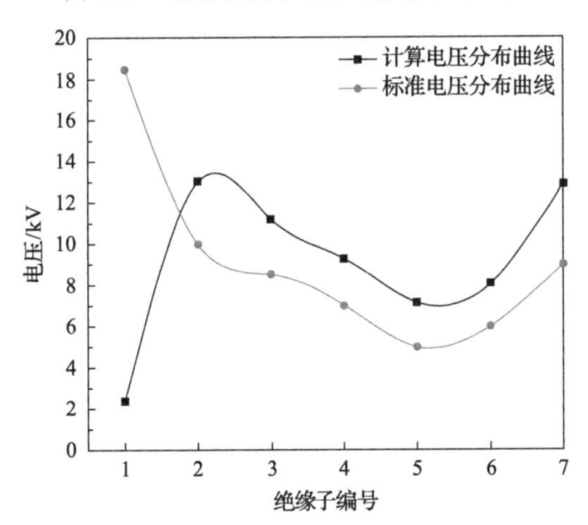

图 10.4　劣质绝缘子替换 1 号时的计算结果对比图

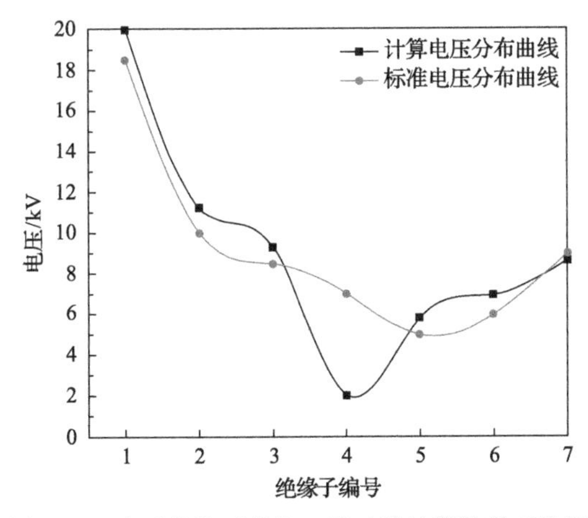

图 10.5　劣质绝缘子替换 4 号时的计算结果对比图

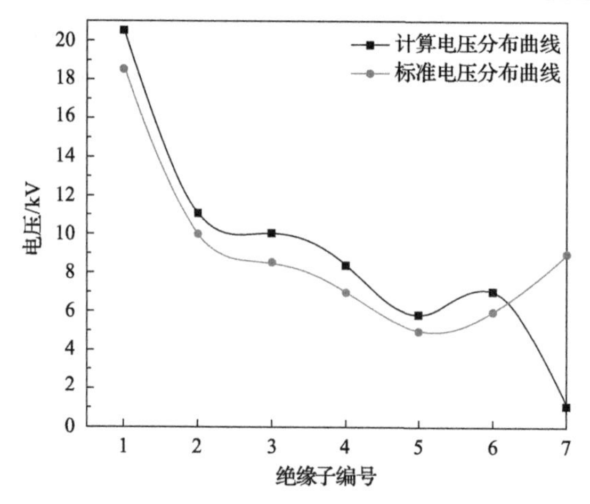

图 10.6 劣质绝缘子替换 7 号时的计算结果对比图

分布曲线与标准电压分布的对比结果。如图所示，在劣质绝缘子对应位置分别出现波谷，根据曲线形状即可判定劣质绝缘子的存在以及大致位置。究其原因主要是对于出现劣质的绝缘子，其表面的分担电压也会跟着下降。

10.3 绝缘子电场逆问题求解中的粒子群优化算法分析

10.3.1 算法流程

本节以式(10.10)为目标函数，采用改进粒子群优化算法解出电位分布的近似解。粒子群优化算法的基本步骤在 8.1 节已经进行了介绍，下面简单介绍粒子群优化算法中几个重要参数的设置。

1)惯性权重ω

本节采用粒子群优化算法进行优化是通过时变权重的设置来实现的。第τ次迭代时的惯性权重取为

$$\omega = \omega_{\max} - \frac{\omega_{\max} - \omega_{\min}}{\tau_{\max}} \tau \tag{10.11}$$

式中，$\tau_{\max}$是最大迭代次数。

本节计算中的最大权重$\omega_{\max} = 0.9$，最小权重$\omega_{\min} = 0.4$。

2)学习因子c_1、c_2

参照时变惯性权重的设置方法，将学习因子c_1和c_2的取值范围设为$[c_{\min}, c_{\max}]$，第τ次迭代时的学习因子取为

$$c_1 = c_{\max} - \frac{c_{\max} - c_{\min}}{\tau_{\max}} \tau \tag{10.12}$$

$$c_2 = c_{\min} + \frac{c_{\max} - c_{\min}}{\tau_{\max}} \tau \tag{10.13}$$

根据线性递减权重策略，$c_{\max}$ 取为 2.15，$c_{\min}$ 取为 0.15，当 c_1 由 2.15 线性递减至 0.15 时，c_2 由 0.15 线性递增至 2.15。

3) 跳变因子 c

由于该算法求解问题是求解一个不定方程组，即为多峰值函数，应用粒子群优化算法容易陷入局部最优。为了跳出局部最优寻求全局最优，特引入跳变因子。定义一个常数 $c \in [0,1]$，一个随机数 $r \in [0,1]$，当 $r > c$ 时，$v = 0$，否则根据式(8.1)和式(8.2)更新，新提出的算法退化为一般的粒子群优化算法，当 $c = 0$ 时，v 始终为 0，所有的粒子都将停滞在原来的位置不能移动。可见，c 的引入相当于改变了原算法中粒子移动的方向和距离，也就是产生了突跳行为，在速度的每一分量上产生突变的概率为 $1 - c$，即粒子在原位置固定不动。

综上所述，将粒子群优化算法的优化步骤归纳如下：

(1) 在初始化范围内，对粒子群进行随机初始化，包括每个粒子的随机位置和速度以及个体极值与全局极值；

(2) 根据式(10.10)所示目标函数计算各粒子的适应度；

(3) 对于每个粒子，将其适应度与所经历的最好位置的适应度进行比较，如果更好，则将其作为粒子的个体历史最好值，用当前位置更新个体历史最好位置 P^m；

(4) 对于每个粒子，将其历史最优适应度与群体内或邻域内其他粒子所经历的最好位置的适应度进行比较，若更好，则将其作为当前的全局最好位置，更新 P^g；

(5) 根据式(8.1)和式(8.2)对各个粒子的速度和位置进行更新；

(6) 判断是否达到终止条件，终止条件一般为达到最大迭代次数或者最小偏差，若满足终止条件则退出程序，当前的粒子代表逆问题的最优解，若不满足则转到步骤(5)继续执行直至满足条件。

10.3.2　结果分析

采用 8.2 节的计算模型，将表 10.1 中的电场强度测量值代入粒子群优化算法程序中，通过逆向优化求解得到绝缘子串电压分布的计算值，绘制电压分布曲线，将得到的实际电压分布曲线与绝缘子标准电压分布曲线进行对比分析，如图 10.7～图 10.10 所示。

如图 10.7 所示，当绝缘子全部正常时，将 3 个测量点的电场强度值代入粒子群优化算法程序中计算得到绝缘子表面电压分布曲线，与标准电压分布曲线对比分析，结果验证了粒子群优化算法用于优化求解绝缘子电场逆问题过程中的有效性和准确性。通过图 10.8～图 10.10 可以清楚地看到劣质绝缘子时的电压分布情况，当

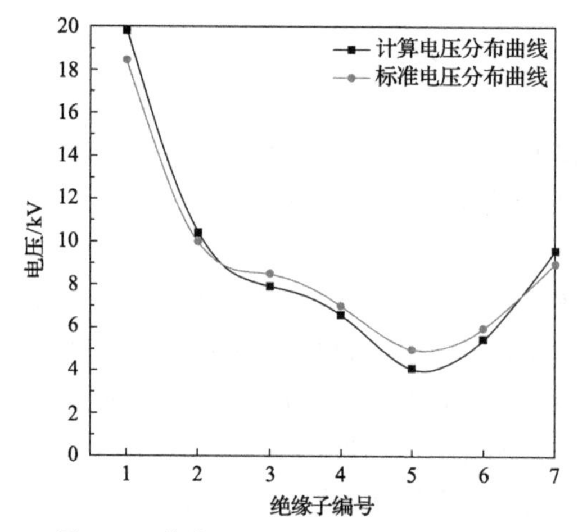

图 10.7　绝缘子正常时的计算结果对比图

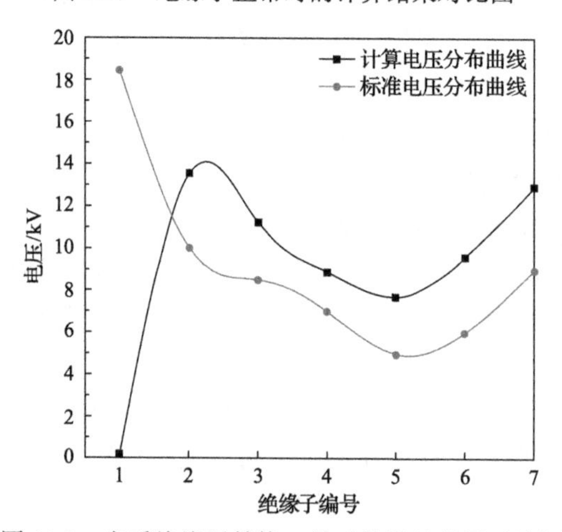

图 10.8　劣质绝缘子替换 1 号时的计算结果对比图

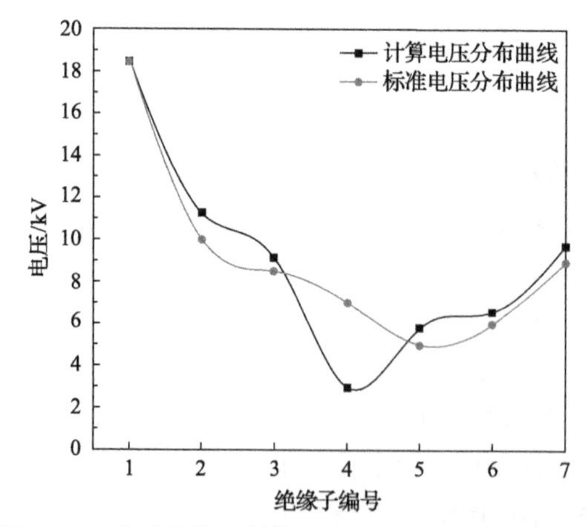

图 10.9　劣质绝缘子替换 4 号时的计算结果对比图

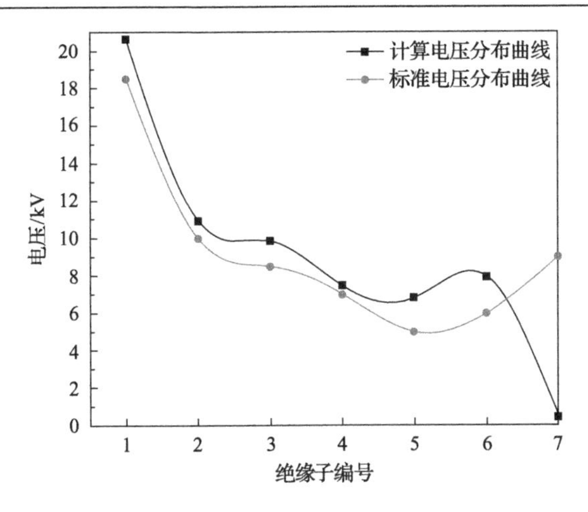

图 10.10　劣质绝缘子替换 7 号时的计算结果对比图

某片绝缘子出现劣质时，对应位置的电压值出现波谷，说明此处绝缘子分担电压下降，与实际设置的劣质绝缘子位置一致。

10.4　绝缘子电场逆问题求解中的 Tikhonov 正则化方法分析

10.4.1　算法流程

逆问题都可以用以下抽象算子方程[7]来描述：

$$F(\boldsymbol{x})=\boldsymbol{y} \tag{10.14}$$

假定 F 是一个线性紧算子，$X(\boldsymbol{x}\in X)$、$Y(\boldsymbol{y}\in Y)$ 是 Hilbert 空间。由 $F(\boldsymbol{x})=\boldsymbol{y}$ 可知，$(F^*F)(\boldsymbol{x})=F^*\boldsymbol{y}$，其中 F^* 是 F 的共轭算子。

在应用 Tikhonov 正则化解决逆问题时，引入 Tikhonov 函数[8,9]：

$$J_\alpha(\boldsymbol{x})=\left\|\boldsymbol{y}^\delta-F(\boldsymbol{x})\right\|^2+\alpha\left\|\boldsymbol{x}\right\|^2 \tag{10.15}$$

式中，α 为正则化参数。Tikhonov 正则化方法以 $J_\alpha(\boldsymbol{x})$ 的极小点 $\boldsymbol{x}_\alpha^\delta$ 作为式(10.14)的正则化解，是逆问题求解中常用的一种正则化算法。

逆问题的精确解几乎是不存在的，在工程实践中人们只好退而求其次，寻求最接近精确解的近似解，即最优解的探寻。本节根据最小二乘法的定义将逆问题的求解转换成极值问题，即求解下列泛函极值问题的解 $\boldsymbol{q}^\delta$ [10]：

$$\min_{\boldsymbol{q}\in\boldsymbol{Q}}\left\|\boldsymbol{fq}-\boldsymbol{E}\right\|^2 \tag{10.16}$$

式中，$\boldsymbol{E}$ 为测量点的电场强度测量值向量。

由于绝缘子表面为束缚电荷，应满足边界条件：$\sum_{i=0}^{m} q_i = 0$。证明可知，式(10.17)与式(10.16)等价，称为方程 $\boldsymbol{E} = \boldsymbol{f}\boldsymbol{q}$ 的法方程：

$$\boldsymbol{f}^* \boldsymbol{f}\boldsymbol{q} = \boldsymbol{f}^* \boldsymbol{E} \tag{10.17}$$

式中，上标*表示共轭算子。

由于法方程(10.17)继承并加剧了原方程的病态性，从优化理论的角度讲，为了解决上述极值问题的病态性，将增加一个惩罚项 $\alpha \|\boldsymbol{L}(\boldsymbol{q} - \boldsymbol{q}_0)\|^2$ 来惩罚那些范数大的 $\boldsymbol{q}$，则式(10.16)变为

$$\min_{\boldsymbol{q} \in \boldsymbol{Q}} \left(\|\boldsymbol{f}\boldsymbol{q} - \boldsymbol{E}\|^2 + \alpha \|\boldsymbol{L}(\boldsymbol{q} - \boldsymbol{q}_0)\|^2 \right) \tag{10.18}$$

此时 $\|\boldsymbol{f}\boldsymbol{q} - \boldsymbol{E}\|^2 + \alpha \|\boldsymbol{L}(\boldsymbol{q} - \boldsymbol{q}_0)\|^2$ 称为 Tikhonov 泛函，式(10.18)所示极值问题的解 $\boldsymbol{q}_\alpha$ 也是其法方程的唯一解，即

$$\boldsymbol{f}^* \boldsymbol{f}\boldsymbol{q}^\delta + \alpha \boldsymbol{L}(\boldsymbol{q}^\delta - \boldsymbol{q}_0) = \boldsymbol{f}^* \boldsymbol{E} \tag{10.19}$$

进一步推算可得

$$\boldsymbol{q}^\delta = (\boldsymbol{f}^* \boldsymbol{f} + \alpha \boldsymbol{L})^{-1} (\boldsymbol{f}^* \boldsymbol{E} + \alpha \boldsymbol{L}\boldsymbol{q}_0) \tag{10.20}$$

对于标准 Tikhonov 正则化方法，$\boldsymbol{L} = \boldsymbol{I}$，且 $\boldsymbol{q}_0 = 0$。对于本节的非线性问题求解，采用分段线性化迭代算法将目标函数在上一步迭代值的小区域内用泰勒级数展开，对得到的泰勒级数展开函数用欧拉-拉格朗日方法求极值，由此得到最优极值点，将 Hessian 矩阵表示为

$$\frac{\partial^2 f}{\partial q^2}(\boldsymbol{q}^{(k)}) = 2\left(\frac{\partial F}{\partial q}(\boldsymbol{q}^{(k)})\right)^{\mathrm{T}} \left(\frac{\partial F}{\partial q}(\boldsymbol{q}^{(k)})\right) + 2\sum_i \left(\frac{\partial^2 F}{\partial q^2}(\boldsymbol{q}^{(k)})(F_i(\boldsymbol{q}^{(k)}) - \boldsymbol{E}_i)\right) \tag{10.21}$$

式中，等号右边第二项为高阶项可以忽略，$\frac{\partial F}{\partial q}(\boldsymbol{q}^{(k)})$ 为雅可比项，用矩阵 $\boldsymbol{J}_k$ 表示。

在得到优化目标函数之后，利用牛顿迭代算法求解绝缘子电场逆问题。求解的每步迭代公式为

$$\boldsymbol{q}^{(k+1)} = \boldsymbol{q}^{(k)} - (\boldsymbol{J}_k^{\mathrm{T}} \boldsymbol{J}_k + \alpha \boldsymbol{L}^{\mathrm{T}} \boldsymbol{L})^{-1} \left[\boldsymbol{J}_k^{\mathrm{T}} (F(\boldsymbol{q}^k) - \boldsymbol{E}) - \alpha \boldsymbol{L}^{\mathrm{T}} \boldsymbol{L}(\boldsymbol{q} - \boldsymbol{q}_0) \right] \tag{10.22}$$

对于本节的非线性最小二乘逆问题求解，经过上述正则化技术处理后，用对 $(\boldsymbol{J}_k^{\mathrm{T}} \boldsymbol{J}_k + \alpha \boldsymbol{L}^{\mathrm{T}} \boldsymbol{L})$ 的求逆来替代对雅可比矩阵的直接求逆，由于 $(\boldsymbol{J}_k^{\mathrm{T}} \boldsymbol{J}_k + \alpha \boldsymbol{L}^{\mathrm{T}} \boldsymbol{L})$ 矩

阵的特征值非负，逆问题的病态特性将得到改善，逆问题解的稳定性也得到极大改善。

10.4.2　结果分析

将模型参数及电场强度测量值代入计算程序，得到各片绝缘子的电压分布值，将得到的实际电压分布结果与绝缘子全部正常时的绝缘子串标准电压分布进行比较。图 10.11～图 10.13 依次对应于将第 1、4、7 号绝缘子分别换成劣质绝缘子时对绝缘子电压分布的仿真计算结果与标准电压分布曲线的对比情况。

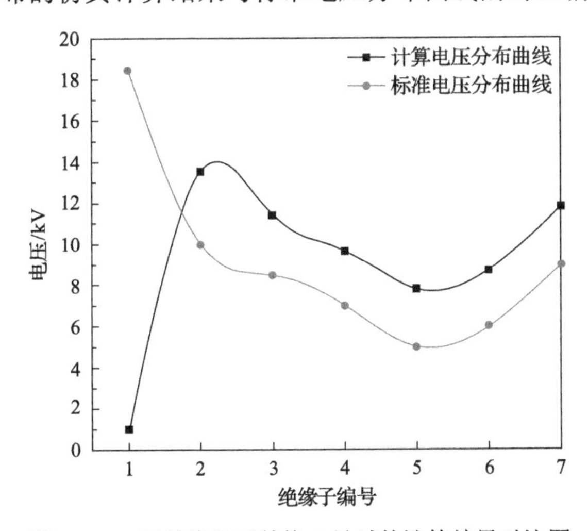

图 10.11　劣质绝缘子替换 1 号时的计算结果对比图

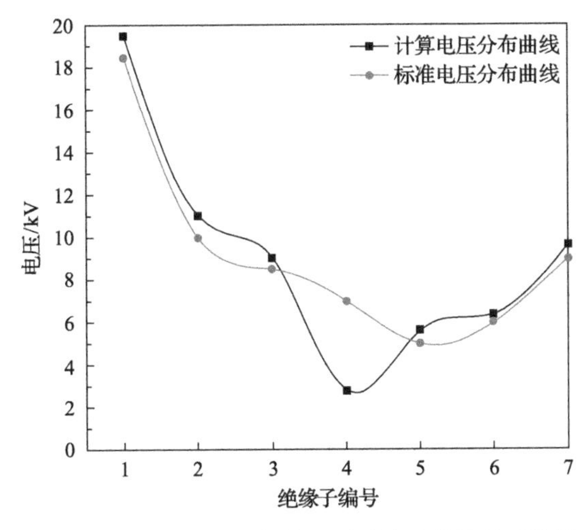

图 10.12　劣质绝缘子替换 4 号时的计算结果对比图

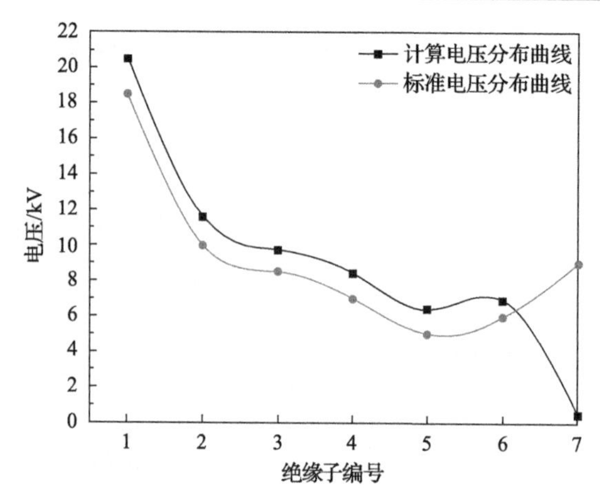

图 10.13　劣质绝缘子替换 7 号时的计算结果对比图

由图 10.11～图 10.13 可知，采用该全局正则化方法能够实现绝缘子工频电场逆向计算，并且当绝缘子串中某片绝缘子出现劣质时采用该方法能够检测劣质绝缘子的存在以及劣质绝缘子的位置。

10.5　优化算法对比分析与方法改进

10.5.1　优化算法对比分析

由以上各算法的计算结果和曲线走向可以看出，三种算法均能实现通过绝缘子串附近少数几个点的电场强度测量值对绝缘子串表面电压分布的逆向计算。仅通过前面采用三种优化算法对本章绝缘子工频电场逆问题进行求解所得的曲线图进行纵向对比可知，在相同情况下，采用三种算法进行求解的结果误差均不同，这与算法本身的属性有很大关系，该问题在前面已经提及。为了更精准地实现绝缘子工频电场逆向检测，需要在分析各算法优越性及各自缺陷的基础上对算法进行改进[11]。据此，分别对三种算法的求解效果进行分析是对绝缘子工频电场逆问题求解优化算法实施进一步改进与完善的首要工作。

遗传算法在计算初期能够很快找到收敛点，但要找到精确解需要花费很长时间。究其原因主要是父代个体在产生子代个体的过程中存在一个问题，即产生的子代个体适应度比父代个体低，尤其当父代个体已经十分接近最优解时，这种可能性更大。

粒子群优化算法结构相对简单，运行速度较快，正是由于具有速度快的特点，当某个粒子发现一个局部最优位置时，其他粒子会以很快的速度向其靠拢，就会导致算法陷入局部最优。

遗传算法和粒子群优化算法具有许多共同点[11]：它们都属于仿生算法、全局优化方法、随机搜索算法，都隐含并行性，根据个体的适配信息进行搜索，不受函数约束条件的限制等。鉴于两种算法的共性与特性，针对本章的绝缘子工频电场逆问题计算模型，首先对遗传算法、粒子群优化算法进行对比分析，如图 10.14 所示。

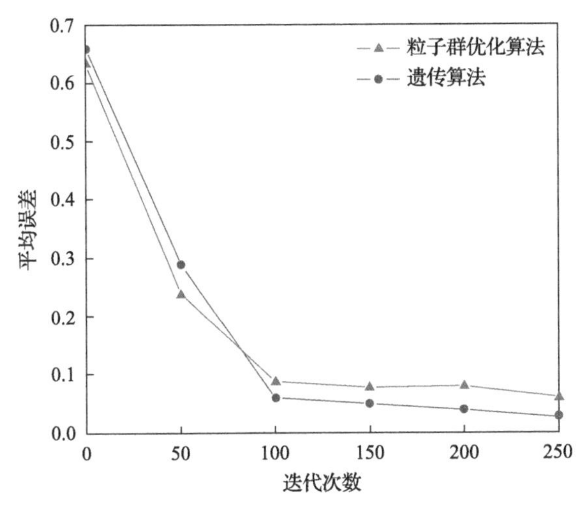

图 10.14　遗传算法与粒子群优化算法平均误差对比

在迭代计算的前期(迭代次数小于 80)，对于相同的平均误差水平，粒子群优化算法所需迭代次数略少于遗传算法。但是如果将迭代计算终止条件设置为较小的平均误差(例如小于 0.05)，则遗传算法能够更早地满足计算要求。

当绝缘子全部正常时，图 10.3 和图 10.7 为分别采用遗传算法和粒子群优化算法对电压分布进行逆向计算的结果。两种算法的计算结果均符合绝缘子串的电压分布规律，但也存在误差。图 10.15 是采用两种算法时的相对误差对比图。

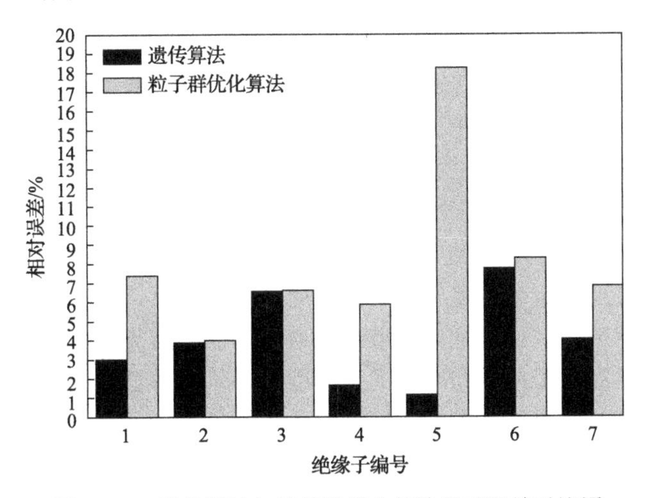

图 10.15　遗传算法与粒子群优化算法相对误差对比图

分析可知，由遗传算法计算所得的电压分布与标准电压分布相比，相对误差为 3%～8%，而粒子群优化算法计算的相对误差波动幅度较大，最高达到 18.3%。由此可见，遗传算法在计算本章模型时的计算准确度明显高于粒子群优化算法。综合以上分析评估，可以认为遗传算法相比粒子群优化算法更适于绝缘子工频电场逆问题的计算。

对于逆问题，算法的稳定性是衡量算法优越性的重要参考依据。本章针对遗传算法和粒子群优化算法进行进一步的稳定性分析。主要方法是针对测量点的偏移误差，衡量两种算法的敏感性。

将测量点在水平线上往靠近绝缘子串的方向偏移 0.05m，保持竖直方向的位置不变，基于绝缘子全部正常的情况做了仿真分析。图 10.16 为在此种情况下通过遗传算法和粒子群优化算法计算所得的绝缘子串电压分布对比图。

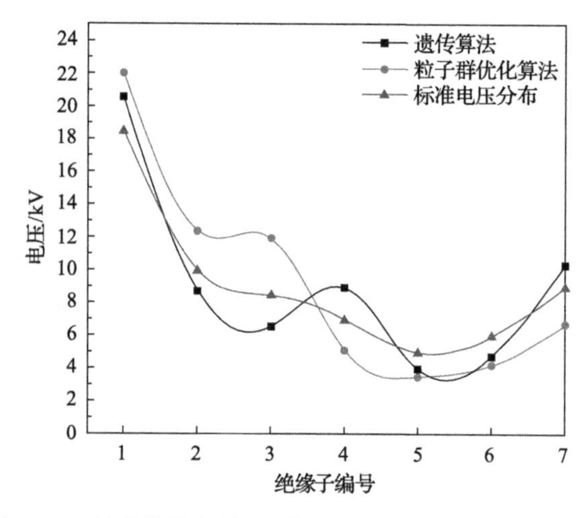

图 10.16　遗传算法与粒子群优化算法的测量点电压分布图

由图 10.16 可以看出，无论遗传算法还是粒子群优化算法，当测量点发生少量偏移时，计算产生的误差都比较大，求解结果甚至不能反映电压分布规律，计算发现：遗传算法计算时产生的平均误差为 18.52%，单片绝缘子电压偏差最高达 28.02%；粒子群优化算法计算产生的平均误差为 27.94%，单片绝缘子上的电位误差高达 40.51%。因此当测量点在水平方向发生偏移时，采用遗传算法与粒子群优化算法的计算结果将很有可能失去工程实用价值。

然而在实际工程中，测量点偏移难以避免，由此可见，算法稳定与否是决定该算法能否辅助实现工程逆向求解的重要因素，同时算法的稳定性也是处理工程逆问题病态性时的首要参考依据。

正算子的过滤作用是逆问题病态性的主要原因，不同解之间的差别经过正算子的映射被滤掉了。在绝缘子工频电场逆问题计算实际中，数据通过离散的、有限次的观测得到，并且在观测过程中受到噪声污染，由此加剧了逆问题的病态程度。实践证明，正则化方法是解决不适定问题最有效的方法。由此，在前面分析的基础上，这里对采用 Tikhonov 正则化方法计算情况下测量点的偏移误差所引起的计算结果误差进行了仿真分析。图 10.17 为 Tikhonov 正则化方法测量点电压分布图。

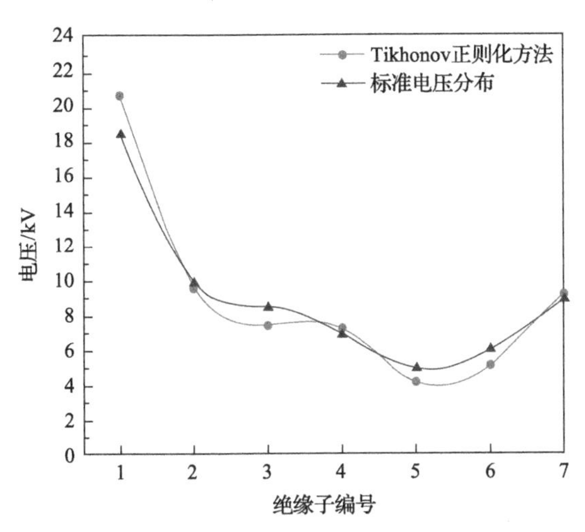

图 10.17　Tikhonov 正则化方法测量点电压分布图

如图 10.17 所示，在采用 Tikhonov 正则化方法对该逆问题进行正则化并求解计算时的误差明显较小，电位平均相对误差为 8.74%，单片绝缘子上相对误差最大值为 15%。由此可以说明，在求解绝缘子工频电场逆问题时，Tikhonov 正则化方法是三种算法中具有最优稳定性的算法。随后，本章在竖直方向上对测量点设置相同水平的偏移量，仿真结果显示，测量点竖直方向上的偏移量带来的计算误差不是特别明显。

在此基础上，本章针对三种优化算法对测量误差的敏感性进行进一步仿真计算。当测量数据中引入不同程度的噪声时，得到三种优化算法求解结果的计算相对误差如图 10.18 所示。

由以上计算与分析结果可知：①与测量点在竖直方向上的偏移相比，水平方向上的偏移给逆向计算绝缘子电压分布带来的影响较大。这是因为绝缘子直径外侧总电场方向与绝缘子轴线的夹角较大，使得电场的纵向分量较小，绝缘子周围电场大小主要由水平方向决定，故测量点在水平方向的偏移引起的误差较大。②粒子群优化算法虽然具有相对较优的计算速度，但在计算精度与算法稳定性方面不如遗传算法与 Tikhonov 正则化方法。因此，遗传算法与 Tikhonov 正则化方法更适于绝缘子工频电场逆向计算；当测量点发生偏移时，Tikhonov 正则化方法较遗传算法和粒子群优化算法具有更优的计算稳定性。

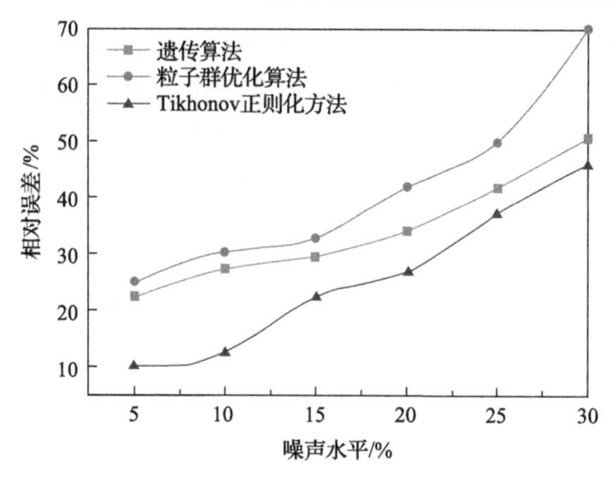

图 10.18　三种算法的计算相对误差曲线

遗传算法是一种自适应全局优化概率搜索算法，只要给定了问题的搜索范围和目标函数，该算法都能针对参数的整个空间进行搜索，具有较强的工程应用价值[12,13]。前面已经提及遗传算法在求解绝缘子工频电场逆问题时收敛速度较慢，尤其在接近精确解时。针对这一点，许多学者基于遗传算法较强的工程实用性，将遗传算法与其他优化方法相结合，方便求解实际问题。

正则化参数的选择对逆问题病态性修正的效果影响较大，选择参数过大将导致对原问题的偏离程度过大，选择参数过小将导致算法稳定性较差。因此本章基于遗传算法对 Tikhonov 正则化方法进行改进，从而达到对单纯的正则化方法进行优化的目的。

10.5.2　基于遗传算法的 Tikhonov 正则化方法改进

综上可知，遗传算法虽然具有较为广阔的工程应用范围，但是由于其收敛速度缓慢以及逆问题的不适定性，通常将遗传算法与其他优化方法相结合。Tikhonov 正则化方法是一种广泛用于解决逆问题病态性的有效计算方法，本节将遗传算法与 Tikhonov 正则化方法相结合，对正则化参数进行优化选择，因此结合了遗传算法和 Tikhonov 正则化方法的优点，既能够对本章的不适定绝缘子电场逆问题进行求解，又能确保算法较强的工程应用价值[14]。

在采用该改进算法进行绝缘子电场逆问题计算时，首先在搜索区间内设置正则化参数的初始值作为初始种群，计算参数个体的目标函数，评价其适应度，对种群中的个体进行遗传算子操作，得到下一代个体。循环若干代，得到最优的参数个体。采用遗传算法对 Tikhonov 正则化参数进行优化求解的具体计算步骤如下：

(1)初始化正则化参数 α ，产生初始种群。为了确保算法的数值稳定性，使初始正则化参数尽可能大。鉴于实数编码方式具有高精度且能开展大空间搜索的优势，这里表达初始种群仍然采用实数编码方式。

(2) 设计适应度函数及个体适应度计算。构造正则化参数的展平泛函，对于绝缘子电场逆问题，目标函数设置为 $J_\alpha(\boldsymbol{q}) = \|\boldsymbol{fq}-\boldsymbol{E}\|^2 + \alpha\|\boldsymbol{q}\|^2$，由此计算种群的适应度。

(3) 进行遗传算子操作。完成个体适应度的计算之后，采用正比选择策略对其被选择的概率进行进一步的计算。对选出的个体进行交叉与变异操作，由此产生新的个体，形成子代群体。

(4) 判断子代群体是否满足结束条件，如果满足则停止，输出最优正则化参数，否则返回步骤 (2) 循环直至满足停止准则。该改进算法的总流程图如图 10.19 所示。

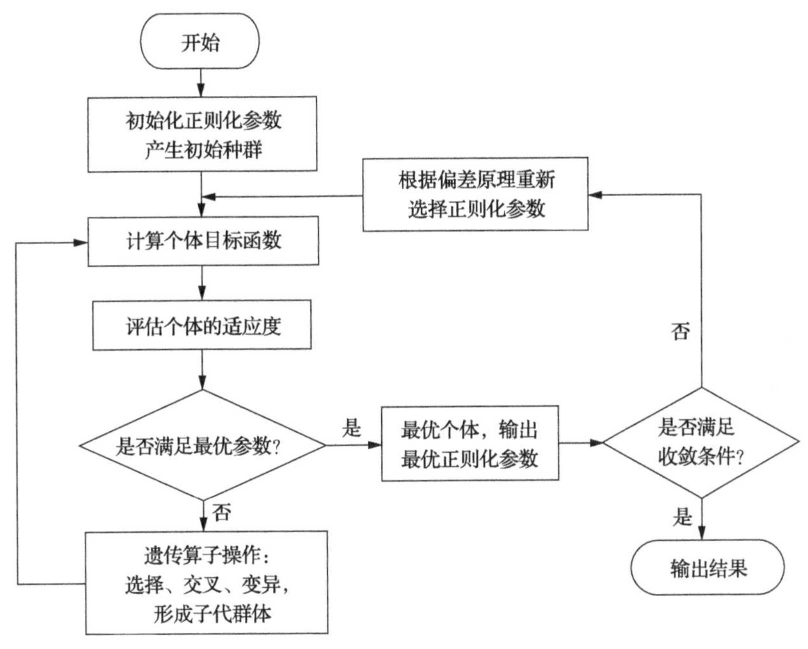

图 10.19　改进算法流程图

10.5.3　改进算法分析

采用该改进算法对 110kV 线路、7 片绝缘子的绝缘子串进行电场逆向计算，计算模型见 10.2 节，此处不再赘述。将绝缘子计算模型中参数与绝缘子全部正常时的测量点电场强度值代入程序计算，取交叉概率 P_c=0.8，变异概率 P_m=0.05。计算得到绝缘子串表面的电压分布，绘制电压分布曲线，并与标准电压分布曲线进行对比，如图 10.20 所示。

由图 10.20 可知，改进算法相对于 Tikhonov 正则化方法在计算精度上有所提高。与绝缘子标准电压相比，相对误差从 8.2%降低到了 3.02%。在此基础上，本节对改进算法进行了敏感性分析。为了验证算法在稳定性方面的改善，在原测量数据附加

5%和 10%噪声污染两种情况下，分别采用该改进算法和 Tikhonov 正则化方法进行计算，相对误差如图 10.21 和图 10.22 所示。

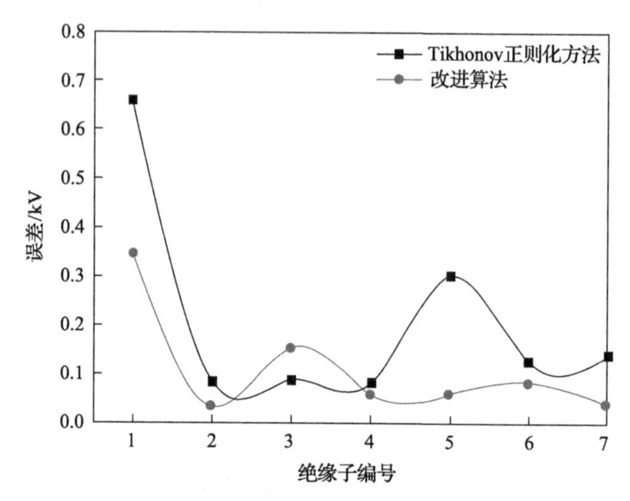

图 10.20　改进算法计算结果与 Tikhonov 正则化方法的误差对比图

图 10.21 和图 10.22 显示的相对误差分别指在两种噪声水平下计算电压分布值相对于标准电压分布值的误差值。尤其在附加噪声水平为 5%的情况下，改进算法计算产生的误差相对于 Tikhonov 正则化方法单独使用时计算产生的误差，可以视为接近于 0，如图 10.21 所示。由此证明改进算法具有较强的稳定性，因此，由该改进算法计算得到的绝缘子电场逆问题解更符合工程实际。

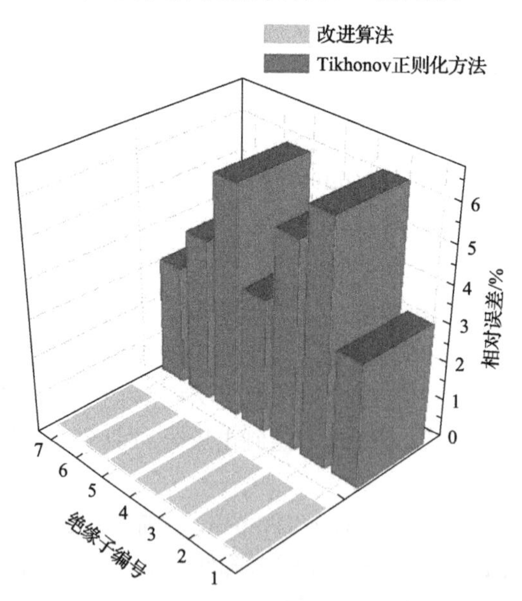

图 10.21　附加噪声为 5%时的计算相对误差对比图

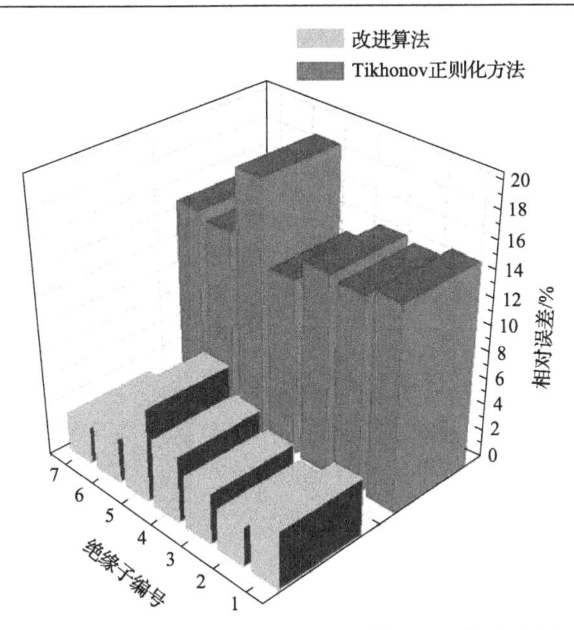

图 10.22　附加噪声为 10%时的计算相对误差对比图

参 考 文 献

[1] 杨帆. 输变电设备工频电场的正、逆问题及电磁环境研究[博士学位论文]. 重庆: 重庆大学, 2008.

[2] 杨帆, 何为, 杨浩, 等. 高压瓷质绝缘子电场逆问题的研究及其在绝缘子检测中的应用. 电网技术, 2006, 30(8): 36-40.

[3] 张占龙, 黄丹梅, 魏昱, 等. 劣质绝缘子电场正问题优化算法分析. 重庆大学学报, 2009, 32(11): 1296-1299.

[4] 谈克雄, 薛家麒. 高压静电场数值计算. 北京: 水利电力出版社, 1990.

[5] 河野照哉, 宅间董. 电场数值计算法. 尹克宁, 译. 北京: 高等教育出版社, 1985.

[6] 张占龙, 黄丹梅, 张斌荣, 等. 局域电场逆问题在劣质绝缘子诊断中的应用. 重庆大学学报, 2009, 32(5): 524-527.

[7] 张占龙, 彭孟杰, 李德文, 等. 逆向诊断劣质绝缘子的快速优化算法分析. 重庆大学学报: 自然科学版, 2012, 35(3): 92-97.

[8] 王彦飞. 反演问题的计算方法及其应用. 北京: 高等教育出版社, 2007.

[9] 刘继军. 不适定问题的正则化方法及应用. 北京: 科学出版社, 2005.

[10] Chreiber J, Haueisen J, Nenonen J C. A new method for choosing the regularization parameter in time-dependent inverse problems and its application to magnetocardiography. IEEE Transactions on Magnetics, 2004, 40(2): 1104-1107.

[11] Zhang Z, Lei J, Xie X, et al. Optimization algorithm of inverse problem for a power-frequency electric field. International Transactions on Electrical Energy Systems, 2015, 25(1): 89-98.

[12] 郑洪英, 倪霖, 侯梅菊, 等. 基于遗传进化和粒子群优化算法的入侵检测对比分析. 计算机应用, 2010, 30(6): 1486-1488.

[13] 王贵, 韩旭. 基于遗传算法的一种 Tikhonov 正则化改进方法. 固体力学学报, 2006, (S1): 33-37.

[14] 彭孟杰. 绝缘子工频电场逆向检测及优化方法研究[硕士学位论文]. 重庆: 重庆大学, 2011.

第四篇　输变电工程中的电磁场测量

第 11 章　球型电场传感器测量系统的研究及应用

电场测量在许多科学研究和工程技术领域具有重要意义，特别是在电力系统、电磁兼容和微波技术等领域。目前，电场传感器测量系统主要利用传感器探头在被测电场中感应出电荷，通过测量该传感信号来计算场域中的电场强度。传感器在测量电场时，必须放入场域中，因此传感器探头的尺寸必然会引起周围电场的畸变，测量人员在场域附近也将对测量电场产生畸变影响，以及能耗、体积等问题。本章主要对工频电场传感器测量探头进行优化分析，研究球型电场传感器探头在场域中引起的畸变量大小，并通过对电场畸变的校正研究，设计一种可远程传输测量数据的电场测量系统。

11.1　球型电场传感器测量原理和对电场畸变影响的分析

11.1.1　球型电场传感器测量原理与数学建模

球型电场传感器探头结构如图 11.1(a)所示，其是由相互绝缘的 6 个对称电极构成的球型结构，实际上是由 3 个电容探头集成的传感器。球型电场传感器探头利用表面感应电荷与电场强度的关系计算电场强度，在给定的传感器尺寸下探头在场域中引起的畸变量小以及由电场矢量的分量 E_x、E_y 和 E_z 易于确定电场强度等优点。

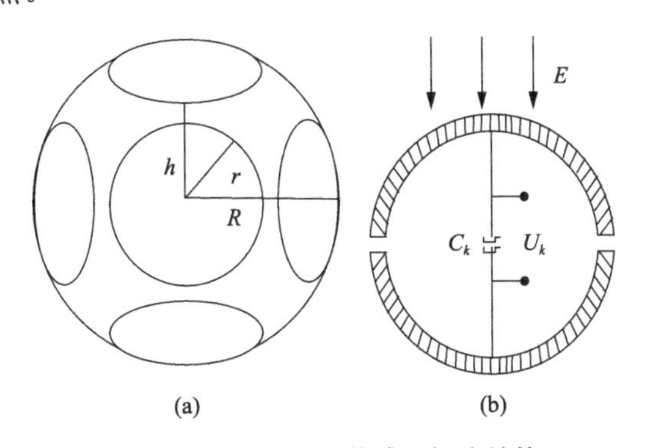

图 11.1　球型电场传感器探头结构

为了说明传感器的测量原理，先对图 11.1(b)所示的一维电容建立数学模型。设探头放入电场前该点的电场强度数值为 E，测量半球球壳表面积为 S，在测量电极球壳外无限靠近表面处任取一点 P，在 P 点附近取面元 ΔS。ΔS 应当充分小，可以认为是平面，ΔS 上的面电荷密度 σ 和电场强度 E 都可看成均匀的。根据高斯定理，测量半球表面的电荷面密度 σ 与场强 E 的关系为

$$\oiint E \cdot \mathrm{d}S = E \cdot \Delta S = \frac{\Delta S \cdot \sigma}{\varepsilon_0} \tag{11.1}$$

$$\sigma = \varepsilon_0 E \tag{11.2}$$

式中，ε_0 为空气的介电常数。

若考虑交变情况，测量半球上的总表面电荷可表示为

$$Q_k(t) = \iint \sigma(t,\theta)\mathrm{d}S = KE(t) \tag{11.3}$$

式中，K 为比例系数。

根据电容电荷与电压之间的关系，感应电荷在取样电容 C_k 上产生的微小电压为

$$U_k(t) = K\frac{E(t)}{C_k} \tag{11.4}$$

通过测量取样电容上的电压 $U_k(t)$ 可以得到电场强度 $E(t)$。这就是电容式探头测量的基本原理。

进一步地，对三维球型电场传感器的测量原理进行说明。

如图 11.2 所示，点 N 为点电荷 $Q(t)$ 的位置，位于 z 轴上。球型电场传感器的中点为点 M。设点 M 到点 N 的距离为 d，传感器的半径为 R。在传感器放入非均匀场前点 M 的电场强度为

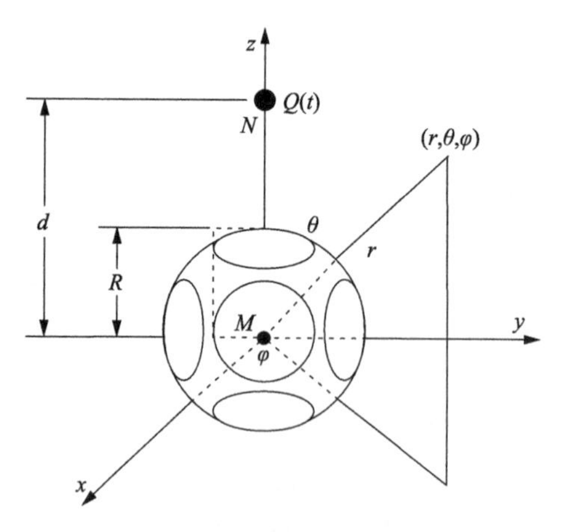

图 11.2　球型电场传感器探头表面感应电荷

$$E_M(t)=\frac{Q(t)}{4\pi\varepsilon d^2} \tag{11.5}$$

将传感器探头放在测量点，探头的三维测量电极分别与坐标系的坐标轴相对应，在传感器表面铜电极上将感应出电荷，空间电场将发生变化。设三组电极上所测量的电场强度分别为 E_x、E_y、E_z。根据镜像法可以求得球型电场传感器表面电极上的感应电荷密度分别为[1]

$$\sigma_x(\theta,t)=-\frac{\varepsilon E_x(t)}{a}\left[\frac{1-a^2}{(1+a^2-2a\cos\theta)^{3/2}}-1\right] \tag{11.6}$$

$$\sigma_y(\theta,t)=-\frac{\varepsilon E_y(t)}{a}\left[\frac{1-a^2}{(1+a^2-2a\cos\theta)^{3/2}}-1\right] \tag{11.7}$$

$$\sigma_z(\theta,t)=-\frac{\varepsilon E_z(t)}{a}\left[\frac{1-a^2}{(1+a^2-2a\cos\theta)^{3/2}}-1\right] \tag{11.8}$$

式中，$a=\frac{R}{d}$ 为不均匀系数；ε_0 为空气介电常数。

由于 $\left|a^2-2a\cos\theta\right|<1$，所以式(11.6)～式(11.8)可以展开成 $a^2-2a\cos\theta$ 的幂级数。根据 $Q_M(t)=\iint\sigma(t,\theta)\,\mathrm{d}S=\int_0^{\frac{\pi}{2}}\int_0^{\frac{\pi}{2}}\sigma(t,\theta)R^2\sin\theta\,\mathrm{d}\theta\,\mathrm{d}\varphi$，将电极表面电荷密度沿上表面球形进行积分。可得在不均匀电场条件下的点 M 处，球型电场传感器 A、B、C 三维测量电极上的感应电荷 Q 与所测电场强度的关系分别为

$$\begin{cases} Q_{M_x}(t,a)=-3\pi R^2\varepsilon_0 E_x(t)\left(1-\dfrac{7}{12}a^2+\dfrac{11}{24}a^4-\cdots\right) \\ Q_{M_y}(t,a)=-3\pi R^2\varepsilon_0 E_y(t)\left(1-\dfrac{7}{12}a^2+\dfrac{11}{24}a^4-\cdots\right) \\ Q_{M_z}(t,a)=-3\pi R^2\varepsilon_0 E_z(t)\left(1-\dfrac{7}{12}a^2+\dfrac{11}{24}a^4-\cdots\right) \end{cases} \tag{11.9}$$

根据$U_M = \dfrac{Q_M}{C_M}$，可得测量电容上的电压为

$$\begin{cases} U_{M_x}(t,a) = \dfrac{-3\pi R^2 \varepsilon_0 E_x(t)}{C_M}\left(1-\dfrac{7}{12}a^2+\dfrac{11}{24}a^4-\cdots\right) \\ U_{M_y}(t,a) = \dfrac{-3\pi R^2 \varepsilon_0 E_y(t)}{C_M}\left(1-\dfrac{7}{12}a^2+\dfrac{11}{24}a^4-\cdots\right) \\ U_{M_z}(t,a) = \dfrac{-3\pi R^2 \varepsilon_0 E_z(t)}{C_M}\left(1-\dfrac{7}{12}a^2+\dfrac{11}{24}a^4-\cdots\right) \end{cases} \tag{11.10}$$

通过测量获得U_{M_x}、U_{M_y}、U_{M_z}三组感应电压，然后求得E_x、E_y、E_z，根据$E=\sqrt{E_x+E_y+E_z}$即可得到空间点的电场强度。

在均匀电场情况下，极板感应电荷和测量电容两端电压的表达式为

$$Q_M(t,a) = -3\pi R^2 \varepsilon_0 E_M(t) \tag{11.11}$$

$$U_M(t,a) = \frac{-3\pi R^2 \varepsilon_0 E_M(t)}{C_M} \tag{11.12}$$

当传感器探头电极与电荷电力线方向不一致时，假设电力线与z轴的夹角为α，如图11.3所示。采用镜像法可以求出球表面电极上的电荷密度表达式为

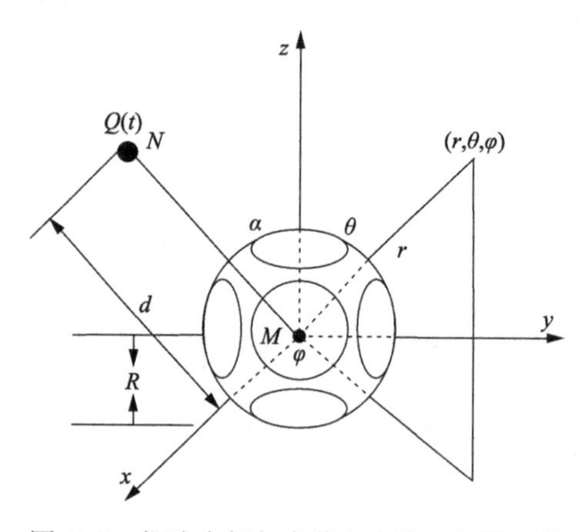

图11.3　探头电极与电荷电力线方向不一致

$$
\begin{cases}
\sigma_x'(t,\alpha,\theta,\varphi)=-\dfrac{\varepsilon_0 E_x(t)}{a}\left\{\dfrac{1-a^2}{\left[1+a^2-2a(\sin\alpha\sin\theta\sin\varphi-\cos\theta\cos\alpha)\right]^{3/2}}-1\right\} \\
\sigma_y'(t,\alpha,\theta,\varphi)=-\dfrac{\varepsilon_0 E_y(t)}{a}\left\{\dfrac{1-a^2}{\left[1+a^2-2a(\sin\alpha\sin\theta\sin\varphi-\cos\theta\cos\alpha)\right]^{3/2}}-1\right\} \\
\sigma_z'(t,\alpha,\theta,\varphi)=-\dfrac{\varepsilon_0 E_z(t)}{a}\left\{\dfrac{1-a^2}{\left[1+a^2-2a(\sin\alpha\sin\theta\sin\varphi-\cos\theta\cos\alpha)\right]^{3/2}}-1\right\}
\end{cases}
\tag{11.13}
$$

根据 $Q_M'=\iint\sigma(t,\alpha,\theta,\varphi)\,\mathrm{d}S=\int_0^{\frac{\pi}{2}}\int_0^{\frac{\pi}{2}}\sigma(t,\alpha,\theta,\varphi)R^2\sin\theta\,\mathrm{d}\theta\,\mathrm{d}\varphi$，对电极表面上的电荷沿上表面积分，可以求得传感器 A、B、C 三维测量电极上的感应电荷 Q 与所测电场强度的关系，然后可以求出测量电容上的电压与测量电场的关系，即可得到测量点的电场强度。

11.1.2　传感器空间占位对电场畸变的分析

在电场测量中引入传感器势必将引起电场的畸变。假设有一无穷大的均匀场，介电常数为 ε_1，电极的介电常数为 ε_2，将球型电场传感器置入均匀场中。传感器探头球内和球外电位由两部分的电位叠加而成[2]：

$$
\begin{aligned}
U_1&=U_0+U_{1a}\\
U_2&=U_0+U_{2a}
\end{aligned}
\tag{11.14}
$$

式中，U_1 为球内电位；U_2 为球外电位；U_0 为无传感器时在均匀电场中的电位；U_{1a}、U_{2a} 分别为球内、球外感应电场产生的畸变电位。

当传感器在测量电场中，球面上感应电荷分布不再变化时，导体中各处的电位达到稳定，外部空间电场的电势分布满足拉普拉斯方程：

$$
\nabla^2 U=0 \tag{11.15}
$$

设 Q 是球外空间的任意一点，$\boldsymbol{r}$ 为坐标原点到点 Q 的矢径，$\boldsymbol{r}$ 与 z 轴的夹角为 θ，则空间外任意一点电位的拉普拉斯方程为[3]

$$
\frac{1}{r^2}\frac{\partial}{\partial r}\left(r^2\frac{\partial U}{\partial r}\right)+\frac{1}{r^2\sin\theta}\cdot\frac{\partial}{\partial\theta}\left(\sin\theta\frac{\partial U}{\partial\theta}\right)+\frac{1}{r^2\sin^2\theta}\frac{\partial^2 U}{\partial\varphi^2}=0 \tag{11.16}
$$

若均匀电场与球坐标的极轴 z 方向一致，则由对称性知 U 与 φ 无关，式(11.16)可简化为

$$\frac{1}{r^2}\frac{\partial}{\partial r}\left(r^2\frac{\partial U}{\partial r}\right)+\frac{1}{r^2\sin\theta}\cdot\frac{\partial}{\partial\theta}\left(\sin\theta\frac{\partial U}{\partial\theta}\right)=0 \tag{11.17}$$

将函数 $U(r,\theta)$ 分离变量，设 $U(r,\theta)=R(r)\Theta(\theta)$，代入式(11.17)可得

$$\frac{1}{r^2}\frac{\mathrm{d}}{\mathrm{d}r}\left(r^2\Theta\frac{\mathrm{d}R}{\mathrm{d}r}\right)+\frac{1}{r^2\sin\theta}\cdot\frac{\mathrm{d}}{\mathrm{d}\theta}\left(R\sin\theta\frac{\mathrm{d}\Theta}{\mathrm{d}\theta}\right)=0 \tag{11.18}$$

将式(11.18)两端同时除以 $R(r)\Theta(\theta)$，则可分为以下两个方程[4]：

$$\frac{1}{\sin\theta}\frac{\mathrm{d}}{\mathrm{d}\theta}\left(\sin\theta\frac{\mathrm{d}\Theta}{\mathrm{d}\theta}\right)+\mu\Theta=0 \tag{11.19}$$

$$\frac{\mathrm{d}}{\mathrm{d}r}\left(r^2\frac{\mathrm{d}R}{\mathrm{d}r}\right)-\mu R=0 \tag{11.20}$$

式中，μ 为常数。

令 $x=\cos\theta, y(x)=\Theta(\theta)$，可得[5]

$$\frac{\mathrm{d}}{\mathrm{d}r}\left[(1-x^2)\frac{\mathrm{d}y}{\mathrm{d}x}\right]+\mu y=0,\quad -1\leqslant x\leqslant 1 \tag{11.21}$$

式中，μ 满足在有限区域内电势处处有限的条件为 $\mu=n(n+1), n=1,2,\cdots$，这时式(11.20)和式(11.21)可化为

$$\frac{\mathrm{d}}{\mathrm{d}r}\left(r^2\frac{\mathrm{d}R}{\mathrm{d}r}\right)-n(n+1)R=0 \tag{11.22}$$

$$\frac{\mathrm{d}}{\mathrm{d}r}\left[(1-x^2)\frac{\mathrm{d}y}{\mathrm{d}x}\right]+n(n+1)y=0 \tag{11.23}$$

式(11.22)和式(11.23)的通解为

$$\begin{cases}R(r)=Ar^n+B\dfrac{1}{r^{n+1}}, & A、B\text{为任意常数}\\ y(x)=P_n(x)\ \text{或}\ \Theta(\theta)=P_n(\cos\theta), & n=1,2,\cdots\end{cases} \tag{11.24}$$

因此，式(11.17)在有限区域($r_0 < r$)中有界的特解为

$$U_n(r,\theta)=\left(Ar^n+B\frac{1}{r^{n+1}}\right)P_n(\cos\theta),\quad n=1,2,\cdots \tag{11.25}$$

将同时满足式(11.25)的所有特解叠加，可得电势分布的通解为

$$U(r,\theta)=\sum_{n=0}^{\infty}\left(A_n r^n+B_n\frac{1}{r^{n+1}}\right)P_n(\cos\theta),\quad n=1,2,\cdots \tag{11.26}$$

式中，A_n、B_n为待定常数。

在球坐标系中，感应电位的极限条件为：①当 r=0 时，球内电位 $U_2\to 0$；②当 $r\to\infty$时，球外电位为均匀场 $U_1=-Er\cos\theta$；③球面上电荷感应强度的法向分量连续，球体分界面上电位相等，即

$$\begin{cases}U_1=U_2\\ \varepsilon_1\dfrac{\partial U_1}{\partial r}=\varepsilon_2\dfrac{\partial U_2}{\partial r},\quad r=r_0\end{cases} \tag{11.27}$$

根据感应电位的极限边界条件，可以求得

$$U_1=-\frac{3\varepsilon_1}{2\varepsilon_1+\varepsilon_2}Er\cos\theta \tag{11.28}$$

$$U_2=-Er\cos\theta-\frac{\varepsilon_2-\varepsilon_1}{2\varepsilon_1+\varepsilon_2}\frac{r_0^3}{r^2}E\cos\theta \tag{11.29}$$

式中，球外电位$\dfrac{\varepsilon_2-\varepsilon_1}{2\varepsilon_1+\varepsilon_2}\dfrac{r_0^3}{r^2}E\cos\theta$为球型电场传感器在测量场中引起的畸变电场产生的畸变电位。由此可见，测量时引起的电场畸变主要与传感器探头的大小、测量距离和介电常数等因素有关。

1) 不同形状传感器探头对电场畸变的仿真分析

在基于电学原理设计的电场传感器测量系统中，探头结构主要有球型和盒型两类。球型探头的传感器易于测量，在工程中的应用较为广泛；盒型探头的传感器使用相对较少。另外，相对于光滑球面，棱边和尖角的不规则形状在电场中产生的畸变要更强烈。将体积相等，有 6 个相互绝缘的对称电极构成的球型和盒型传感器探头在大小相等的均匀场域中进行分析。图 11.4 和图 11.5 分别为球型和盒

型探头在均匀场域中引起的电场畸变状况的场强(电场强度)云图。从图中可以看出，在球型和盒型探头周围的场强明显比均匀场的场强高，且盒型探头所产生的畸变相比球型探头更加严重，可达数倍以上，在强电场情况下，甚至会引起电晕放电。相比盒型探头，采用球型探头更有利于提高电场测量精度。

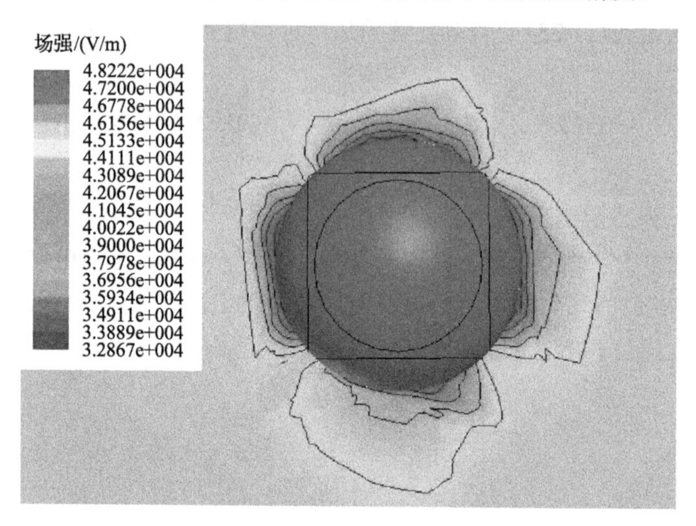

图 11.4　球型探头的电场畸变的场强云图

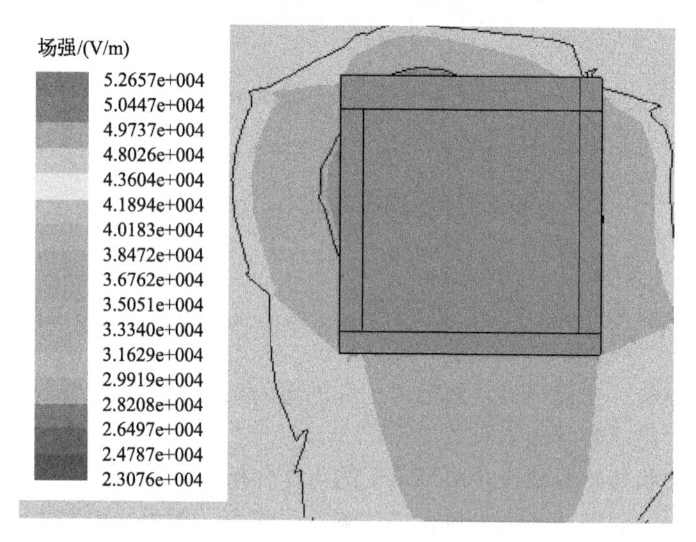

图 11.5　盒型探头的电场畸变的场强云图

图 11.6 为球型直径和盒型边长相等的探头在不同电压等级下的场强分布。当其他条件一致时，两种探头所测得的场强基本上随着电压的升高而增大。其中，盒型探头所测得的场强值大部分情况下要比球型探头大，除因测量误差造成外，

还可能由于对于相同尺寸的探头，盒型探头体积比球型探头体积大，使得在场域中的空间占位性不同而引起测量场强不同；另外，可能由于盒型探头中棱边、尖角的存在使得局部电场畸变现象严重，甚至有电晕现象发生。所以在设计探头时应进行打滑处理避免有尖角、毛刺等。

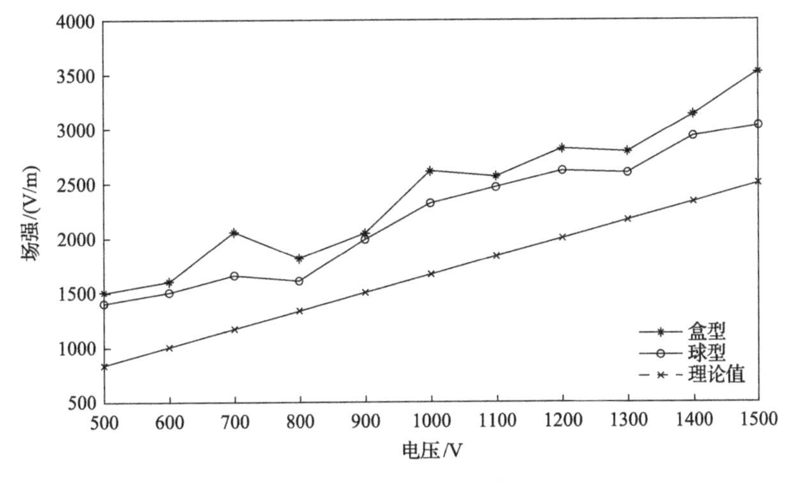

图 11.6　不同形状探头的场强

2) 不同大小球型电场传感器探头对电场畸变的仿真分析

根据前面内容可知，采用球型探头的传感器更有利于提高测量精度。因此本节主要分析球型结构下不同探头大小的畸变情况。图 11.7(a) 是探头半径为 30mm 的电力线分布图，图 11.7(b) 是探头半径为 100mm 的电力线分布图。

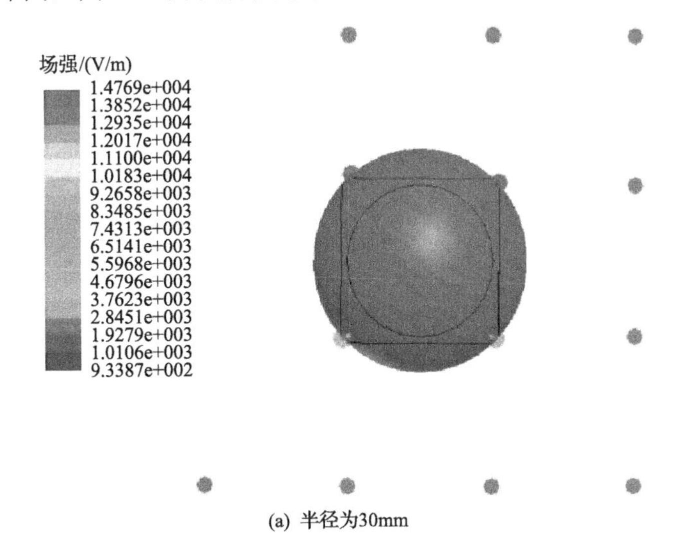

(a) 半径为30mm

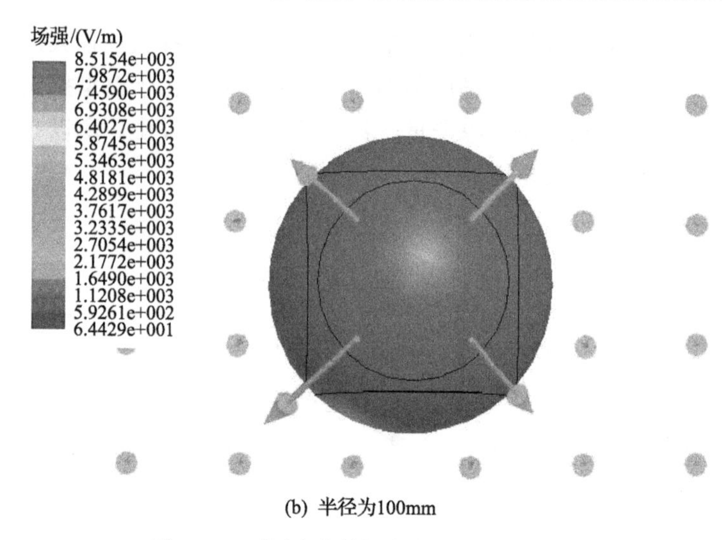

(b) 半径为100mm

图 11.7　不同大小的探头的电力线分布图

图 11.8 和图 11.9 分别是半径为 30mm、100mm、200mm 的探头以及无探头时在 40kV/m 均匀工频电场中横向和纵向不同距离处的场强分布图。在探头的横向距离 2cm 处场强都在 46kV/m 以上，而在纵向处的最小场强只有 0.5kV/m 左右。在横向上探头越大，距离越近引起的电场畸变增加量越大；在探头纵向上探头越大，距离越近引起的电场畸变减小量越大。从图中可以看出，传感器探头体积越大，引起的电力线的偏移程度变化越大，引起的畸变量越大。从降低畸变量的角度希望探头尺寸要小，因为越小越适合测量且减小畸变的产生；但是探头越小感应的电荷量也越少，测量信号就很微弱。因此选择合适大小的探头对于电场测量起着非常重要的作用。

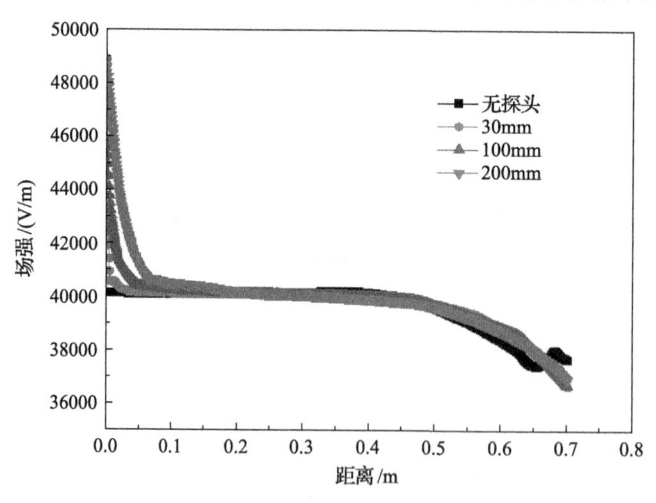

图 11.8　不同距离的横向场强分布

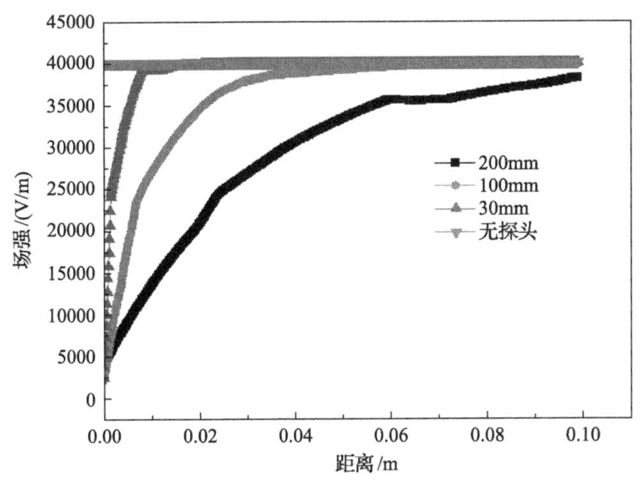

图 11.9　不同距离的纵向场强分布

为了进一步研究不同尺寸的探头对测量的影响，设定环境场强为 7500V/m，将不同半径的探头放入其中进行测量，所得结果如图 11.10 所示。从图中可知，电场分布是一条不规则的曲线，不同大小的探头所测得的场强各不相同。探头半径为 30mm 时测得的场强最准确。半径较小的探头在电场中测得的值比实际值要小，而半径较大的探头测得的值比实际值大。所以对于不同电压等级的电场测量，应选取合适大小的测量探头，通过比较，本章选择半径为 30mm 的球型探头。

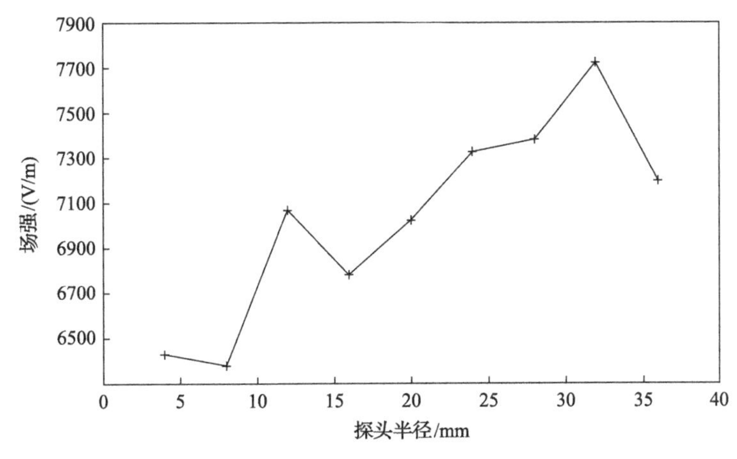

图 11.10　不同尺寸探头的场强

3) 不同材料球体对电场畸变的仿真分析

在高压电场测量中，介质将发生极化，产生空间电荷。电场越强，电场对介质的极化作用越剧烈，介质上出现的束缚电荷也就越多，所产生的空间电荷对周围电场产生的畸变也越大，导致电场分布发生改变，将对局部电场起到削弱或加强的作用。为了分析不同的介电常数对电场畸变的影响，本章主要采用铜球、塑料球和聚乙烯树脂球在 40kV/m 的均匀电场中进行分析比较，结果如图 11.11 所示。

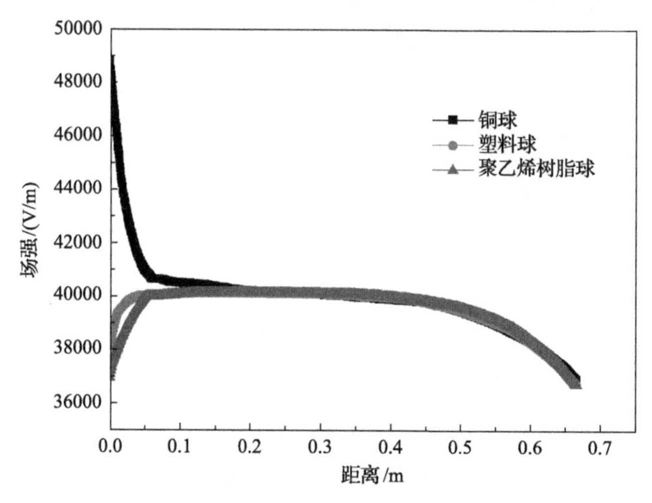

图 11.11 不同材料球体引起的电场畸变

从图 11.11 中可以看出，铜球是良导体、电阻小，且表面上具有感应电荷，在铜球附近电场增加量大，最大电场强度约为 49kV/m，电场畸变较严重；塑料球和聚乙烯树脂球的电阻抗大，在球体附近电场变化不明显。因此，本章的传感器探头中，测量电极主要采用厚度为 0.2mm 的铜电极，而电极间的绝缘材料使用聚乙烯树脂。

11.1.3 测量电极间的耦合畸变分析

1) 电极间的杂散电容分析

三维测量传感器由 6 个对称的电极构成，可以等效地看作 3 个平行板电容，每一个电极和相邻的电极也会构成一个杂散电容，从而每个测量电极都会对相邻的测量电极造成影响。若将每个电极看作一个点，两点之间的直线表示相间的电容。由于极间耦合效应，相邻的电极间也构成一个极间电容，整个传感器的探头就构成了一个复杂的电容网络，如图 11.12(a) 所示。也就是说，每一组测量电极的电场值不仅是该方向的电场值，还与相邻测量电极间的杂散电容有关[6]。

这个复杂的电容网络，具有完全的对称性，若以 x—x'为主测量电极，y、y'、z、z'节点的电位是相等的，可以得到相应的等效电容网络模型，如图 11.12(b) 所示。假设对立板间电容为 C，相邻板间电容为 C_1，则以 x—x'为主测量电极测量

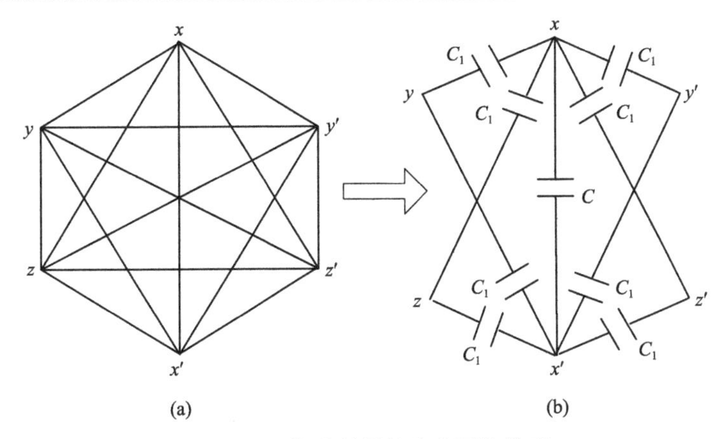

图 11.12　探头的等效电容网络模型

时，电极的固有等效电容 $C_c=2C_1+C$，从而有 $U=Q/C+Q/(2C_1)$，所以测量电势增大了 $Q/(2C_1)$。每组测量电极对其余电极都有一定的影响，这个影响主要体现在测量电极的感应电压上。每组测量电极所感应出来的电压值不仅仅是该组电极感应出的电压，也包括相邻电极的杂散电容上产生的电压，即

$$
\begin{aligned}
U_x &= U_{xx'} + U_{xy} + U_{xy'} + U_{xz} + U_{xz'} \\
U_y &= U_{yy'} + U_{yx} + U_{yx'} + U_{yz} + U_{yz'} \\
U_z &= U_{zz'} + U_{zy} + U_{zy'} + U_{zx} + U_{zx'}
\end{aligned}
\tag{11.30}
$$

2) 测量电极间的耦合畸变仿真分析

为了研究探头测量电极间的耦合畸变影响，本章主要对探头半径为 30mm、测量电极半径为 18mm、测量电极距离球心为 24mm 的球型探头在电场强度为 40kV/m 的均匀场中所产生的耦合畸变进行分析。

图 11.13 为测量探头电极间畸变的电场分布。图 11.14 为主电极与副电极、副电极与副电极间的电场曲线分布。从图中可以看出，由于极间耦合效应的存在，当以 x-x'为主电极时，主电极上的电位大于其他电极上的电位，因而在主电极和副电极间发生较为严重的畸变，最大畸变率可达 35%。电极间畸变不仅与电极上的电位有关，还与场域空间电场强度有关。若是在强电场中极间距比较小，在电极间的间距处，将低场强拉向高场强区域，间隙场强增大，局部场畸变，严重时将发生电晕现象，甚至会有局部放电现象产生。副电极与副电极之间电极所感应的电荷量较少，产生畸变量相对较小。

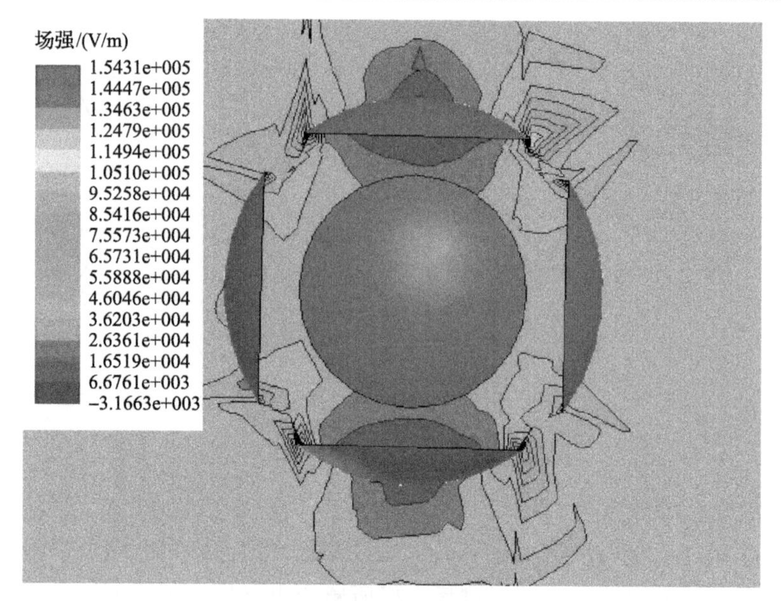

图 11.13　探头电极间畸变电场

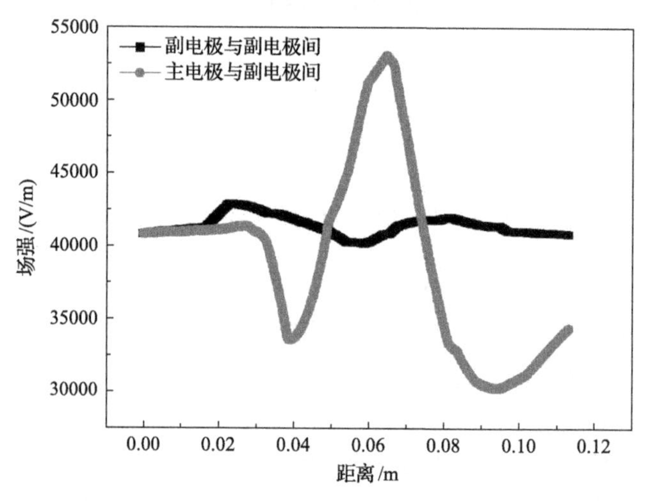

图 11.14　电极间的电场畸变

11.1.4　电场畸变校正研究

在电场测量试验中，传感器探头的三维测量电极分别与直角坐标系中 x、y、z 轴相对应。在测量中利用三个方向的电场 E_x、E_y、E_z 可计算感应电压 U_x、U_y、U_z。以其中任意一维测量电极的空间占位性引起的畸变为例，在测量中电极的空间占位引起的畸变将对测量感应电压产生影响。由于探头所测量的感应电压与外界电场强度的大小是呈正比的线性关系。记测量电极占位性引起的畸变产生的感

应电压为 U_1，定义一维测量电极对感应电压的影响因子为 λ_1，那么该组电极对测量的感应电压的影响为

$$\lambda_1 E = U_1 \tag{11.31}$$

该电极对其他两个感应电压的影响为

$$\lambda_1' E = U_2, \quad \lambda_1'' E = U_3, \quad \lambda_1 > \lambda_1', \quad \lambda_1 > \lambda_1''$$

从而可以得出整个三维测量电极的空间占位性引起的畸变与感应电压的关系为

$$\begin{bmatrix} \lambda_1 & \lambda_2 & \lambda_3 \\ \lambda_1' & \lambda_2' & \lambda_3' \\ \lambda_1'' & \lambda_2'' & \lambda_3'' \end{bmatrix} \boldsymbol{E} = \begin{bmatrix} U_1 \\ U_2 \\ U_3 \end{bmatrix} \tag{11.32}$$

同理，可以得到电极材料和电极耦合所引起的畸变对感应电压的影响矩阵关系分别为

$$\begin{bmatrix} k_1 & k_2 & k_3 \\ k_1' & k_2' & k_3' \\ k_1'' & k_2'' & k_3'' \end{bmatrix} \boldsymbol{E} = \begin{bmatrix} U_1' \\ U_2' \\ U_3' \end{bmatrix} \tag{11.33}$$

$$\begin{bmatrix} \varepsilon_1 & \varepsilon_2 & \varepsilon_3 \\ \varepsilon_1' & \varepsilon_2' & \varepsilon_3' \\ \varepsilon_1'' & \varepsilon_2'' & \varepsilon_3'' \end{bmatrix} \boldsymbol{E} = \begin{bmatrix} U_1'' \\ U_2'' \\ U_3'' \end{bmatrix} \tag{11.34}$$

将式(11.32)～式(11.34)相加，可得到整个探头引起的畸变与感应电压的关系为

$$\begin{bmatrix} \lambda_{11} & \lambda_{12} & \lambda_{13} \\ \lambda_{21} & \lambda_{22} & \lambda_{23} \\ \lambda_{31} & \lambda_{32} & \lambda_{33} \end{bmatrix} \boldsymbol{E} = \begin{bmatrix} U_x \\ U_y \\ U_z \end{bmatrix} \tag{11.35}$$

为使测量值最大限度地逼近真实值，通过对实际测量数据计算研究，可得到探头半径为 30mm 时的影响因子矩阵为

$$\boldsymbol{\lambda} = \begin{bmatrix} 0.0119120 & 0.0082060 & 0.0088160 \\ 0.0088474 & 0.0112730 & 0.0083805 \\ 0.0084332 & 0.0086993 & 0.0119690 \end{bmatrix}$$

计算时初始测量精度不够，因此在计算影响因子时尽量取数值比较大的值，从而提高计算精度。在实际测量中根据该影响因子矩阵 $\boldsymbol{\lambda}$ 和测量的感应电压值 $\boldsymbol{U}$，利用方程 $\boldsymbol{\lambda E}=\boldsymbol{U}$，可以得出探头处的场强，该值也就是探头处的原始场强。图 11.15 为传感器探头半径为 30mm 时，两组测量值的校正结果。

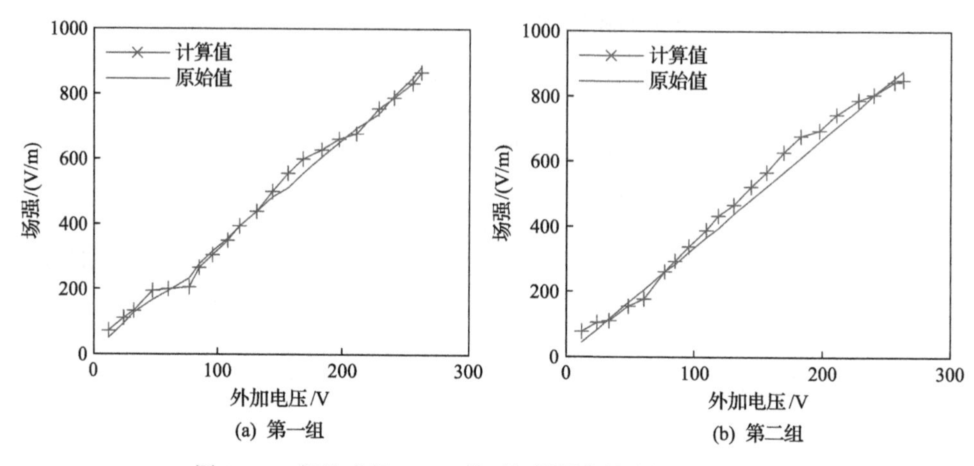

图 11.15　探头半径 30mm 的两组测量值的电场畸变校正图

当探头半径为 30mm 时，还原后的场强最大误差约为 13%，其平均误差约为 4.5%。因此采用该方法求得的场强可以作为最终测量的场强，并可近似看作场域的原始场强。可见利用影响因子矩阵法最大限度地还原了探头处的场强，有利于降低畸变对电场测量的影响，提高了电场测量的精度。

11.2　电场传感器测量系统研究

11.2.1　传感器探头设计与等效分析

1)探头的设计与制作

铜具有良好的导电性、很强的柔韧性，并且易于加工，因此测量电极选用很薄的铜制成。在每个电极间用绝缘材料(聚乙烯树脂)隔离，保证每个电极在物理上都是相互独立的个体。连接导线都焊接到铜电极的边缘，其焊点应该尽量小并且光滑，同时将电极四周的边缘打磨圆滑，防止焊点突出或者尖端效应引起电荷分布不均。6 条导线从探头的两个角引出，然后连接到后续测量电路中。本章制作的电场探头的铜电极厚度为 0.2mm，探头半径为 30mm。实物如图 11.16 所示。

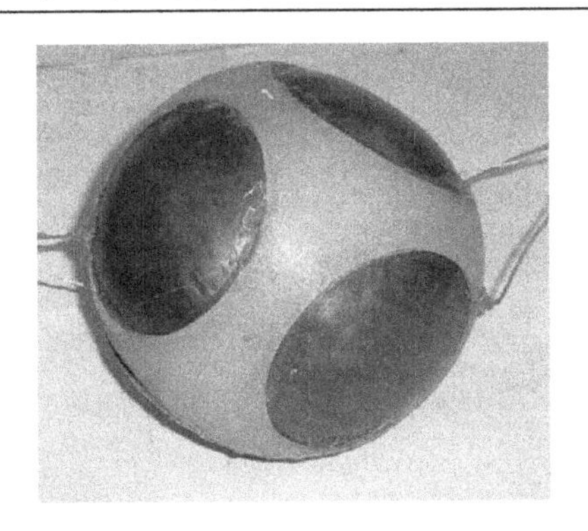

图 11.16　探头实物图

2) 探头等效电路分析

取三维探头的一维测量电极进行分析。当测量电极在场域中时，如图 11.17(a)所示。正电荷集中在上极板，负电荷集中在下极板，两半球电极构成一个电容器。当两极板积聚异性电荷时，两极板间电压为 $U=Q/C_k$，所以可以把该传感器的探头等效为一个电压源 U 和一个电容 C_k 的串联电路，如图 11.17(b)所示。由电路图可知，只有在负载无穷大，内部也无漏电流时，感应电荷产生的电压 U 才能长期保存下来；如果负载不是无穷大，测量电路就要以时间 R_kC_k 按指数规律放电。当用来测量一个变化频率很小的参数时，就需要负载 R_k 很大，通常需要达数百兆欧以上，以使时间常数 R_kC_k 足够大。

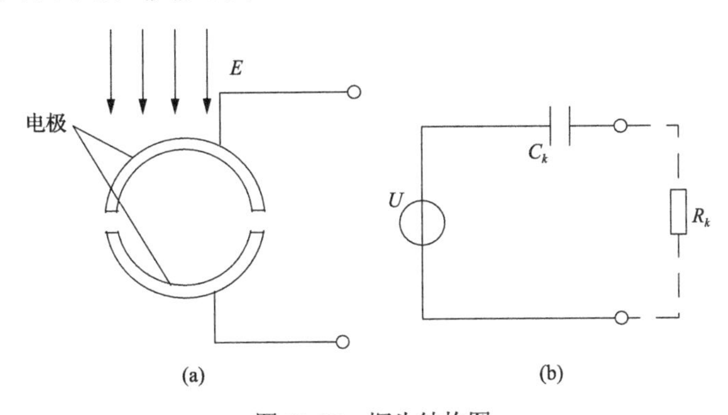

图 11.17　探头结构图

在实际测量中，传感器与测量仪表配合使用。除两个电极的固有电容 C_k 外，还有两对称电极间取样电容 C_m、探头电路的入口电容 C_i、取样电容本身的电阻 R_k、测量电路的入口电阻 R_i 以及两球壳之间的电阻 R_c 并联组成。整个探头完整的等效电路如图 11.18 所示。

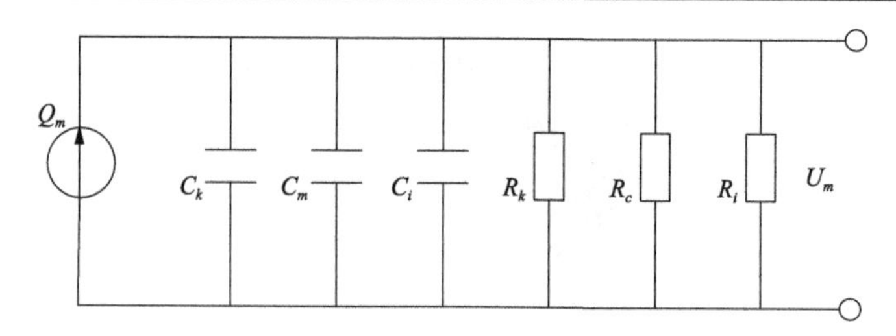

图 11.18　传感器探头的等效电路

根据基尔霍夫电流定律[7]：

$$\frac{\mathrm{d}Q_m(t)}{\mathrm{d}t}=(C_k+C_m+C_i)\frac{\mathrm{d}U_m(t)}{\mathrm{d}t}+\frac{U_m(t)}{R_k//R_c//R_i} \tag{11.36}$$

转化为向量表达式为

$$\mathrm{j}\omega\dot{Q}_m=\mathrm{j}\omega C_{\mathrm{eq}}\dot{U}_m+\frac{\dot{U}_m}{R_{\mathrm{eq}}} \tag{11.37}$$

式中，$C_{\mathrm{eq}}=C_k+C_m+C_i$；$R_{\mathrm{eq}}=R_k//R_c//R_i$。

将 $Q(t)=\iint\sigma(t,\theta)\mathrm{d}S=\int_0^{\frac{\pi}{2}}\int_0^{\frac{\pi}{2}}\sigma(t,\theta)r^2\sin\theta\mathrm{d}\theta\mathrm{d}\varphi=3\pi r^2\varepsilon E_0(t)$ 代入式 (11.37) 可得

$$\dot{U}_m=\frac{\mathrm{j}\omega 3\pi r^2\varepsilon\dot{E}_0}{\mathrm{j}\omega C_{\mathrm{eq}}+1/R_{\mathrm{eq}}} \tag{11.38}$$

可见电场传感器的测量与电场频率、探头大小、探头上的电容和电阻有关，而取样电容本身的电阻 R_k 和两球壳之间的电阻 R_c 高达 1000MΩ，因此，可忽略测量电路的入口电阻的作用，则探头的变换因子为

$$k=\frac{\dot{U}_m}{\dot{E}_0}=\frac{3\pi r^2\varepsilon}{C_{\mathrm{eq}}} \tag{11.39}$$

11.2.2　信号处理电路

本章设计的电场传感器系统的基本原理是利用感应电极的电荷感应作用。当传感器置于电场区域中时，将在电极上积聚微小的电荷，从而产生感应电压，在电极上测量到的电压信号是微弱信号，所以需要首先对信号进行放大处理。

图 11.19 为放大电路的示意图。任何一个放大电路都可以看成一个两端口网

络。其中 U_s 为输入电压，U_o 为输出的放大电压，R_s 为信号源的内阻，R_i 为输入电阻，R_o 为输出电阻，R_L 为负载电阻。在应用运算放大器构成各种应用放大器时，为了达到所需要的灵敏度、准确度和稳定性等各项指标，必须了解集成运算放大器的技术指标，主要包括[8]：

(1) 放大倍数是直接衡量放大电路放大能力的重要指标，其值为输出量 X_o 与输入量 X_i 之比。理想的信号增益为无限大。

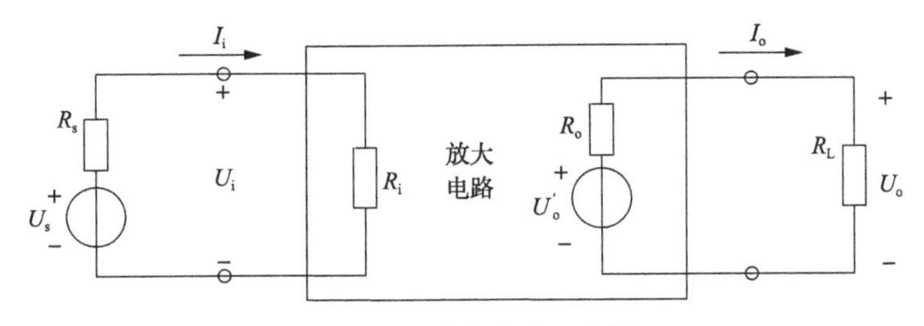

图 11.19　放大电路示意图

(2) 输入电阻是从放大电路输入端看进去的等效电阻，其定义为输入电压有效值 U_i 和输入电流有效值 I_i 之比。输入电阻越大表明放大电路从信号源索取的电流越小，放大电路得到的输入电压越接近信号源电压，即信号源内阻上的电压越小，信号电压损失越小。

(3) 输出电阻为从放大电路输出端看进去的等效内阻。由图 11.19 可得，$R_o=\left(\dfrac{U_o'}{U_o}-1\right)R_L$，即 R_o 越小，负载电阻 R_L 变化时，U_o 的变化越小，放大电路的带负载能力越强。

(4) 通频带用于衡量放大电路对不同频率信号的放大能力。放大电路放大倍数 A_m 的数值与信号频率 f 的关系曲线，称为幅频特性曲线，如图 11.20 所示。其中 f_L 与 f_H 之间的频段称为中频段，其差值 $f_{bw}=f_H-f_L$ 也称为放大电路的通频带。通频带越宽，表明放大电路对不同频率信号的适应能力越强。

(5) 非线性失真系数 D 是输出波形中的谐波成分总量与基波成分之比。假设基波幅值为 A_1，谐波幅值为 $A_2, A_3, \cdots$，则

$$D=\sqrt{\left(\frac{A_2}{A_1}\right)^2+\left(\frac{A_3}{A_1}\right)^2+\cdots} \tag{11.40}$$

(6) 共模抑制比 (common mode rejection ratio, CMRR) 表示放大器抑制共模干扰的能力，其值越大越好，理想值为无限大。

(7) 最大无失真输出电压为当输入电压再增大就会使输出波形产生非线性失真时的输出电压。一般以有效值 U_{om} 表示，也可以用峰-峰值 U_{opp} 表示，峰-峰值

与有效值之间的关系为

$$U_{\text{opp}} = 2\sqrt{2}U_{\text{om}} \tag{11.41}$$

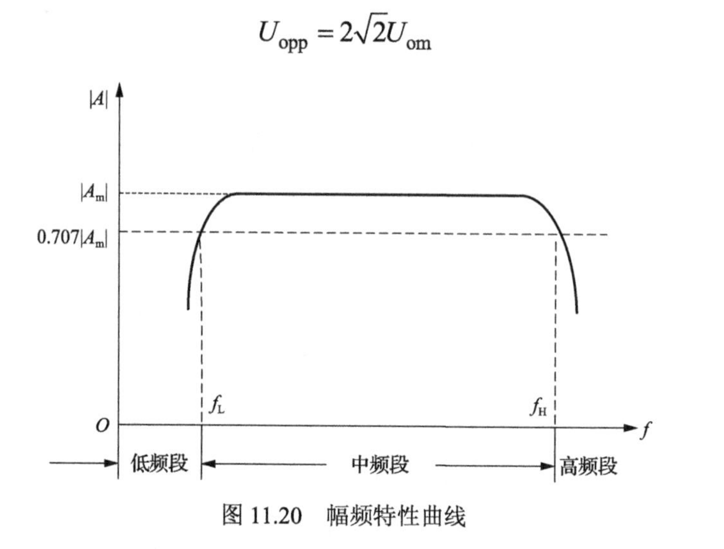

图 11.20　幅频特性曲线

根据上述分析，整个探头的测量装置设计的主要要求包括：

(1) 放大器为高阻抗输入，低阻抗输出；

(2) 发射电路有足够的带宽；

(3) 共模抑制比尽可能大；

(4) 对被测信号的影响要小，测量精度要高；

(5) 内部测量电路需要保护装置，防止探头在高电压、强电场下工作时造成损坏。

1) 前端放大电路

一般的集成运算放大器对微弱信号的放大，适用于信号回路不受干扰的条件下。由于本节的传感器测量系统工作条件比较恶劣，在传感器的输出线上经常产生较大的干扰信号，有时完全是相同的干扰，即共模干扰。虽然运算放大器对直接输入的差动信号端的共模信号也有较强的抑制能力，但两差动输入端电路不对称对共模干扰信号起不到很好的抑制作用，对测量精度有一定的影响。因此，在本节的传感器发射电路中采用仪器放大器。

如图 11.21 所示，仪器放大器有两个放大级电路，放大器对输入信号进行放大，将两个输入信号直接耦合到运算电路的两个差动输入端后，再将其差值传送到输出端。第一级的两个集成运算放大电路的特点是同相输入，输入电阻很大，在整个电路中的结构对称，从而可以抑制零点漂移。由一个集成运算放大器组成的差动放大电路为整个仪器放大电路的第二级放大电路。在同相并联差动放大器后面串联了一个基本差动放大器，解决了由于同相并联差动放大器的浮动输出而带来的使用不方便的问题[9]。

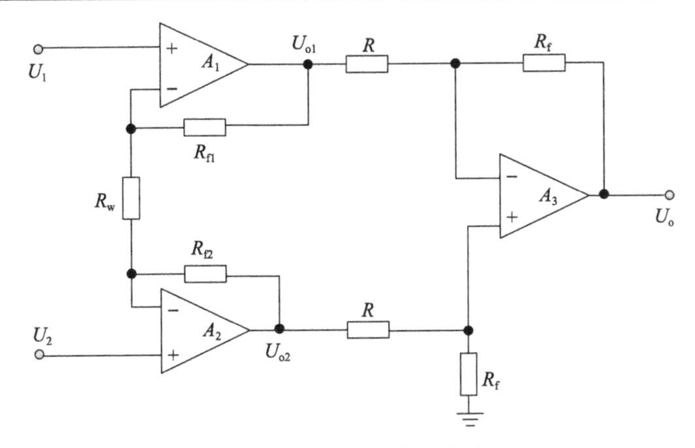

图 11.21　仪器放大器电路

从电路图中可知

$$
\begin{aligned}
U_{o1} &= \left(1+\frac{R_{f1}}{R_w}\right)U_1 - \frac{R_{f1}}{R_w}U_2 = U_1 - (U_2 - U_1)\frac{R_{f1}}{R_w} \\
U_{o2} &= \left(1+\frac{R_{f2}}{R_w}\right)U_2 - \frac{R_{f2}}{R_w}U_1 = U_2 - (U_2 - U_1)\frac{R_{f2}}{R_w} \\
U_o &= \frac{R_f}{R}(U_{o2} - U_{o1}) = \frac{R_f}{R}\left(1+\frac{R_{f1}+R_{f2}}{R_w}\right)(U_2 - U_1)
\end{aligned}
\tag{11.42}
$$

其增益为

$$
A_U = \frac{U_o}{U_2 - U_1} = \frac{R_f}{R}\left(1+\frac{R_{f1}+R_{f2}}{R_w}\right) \tag{11.43}
$$

可见，只要改变 R_W 的阻值，就可以调节放大倍数。差动输入端 U_1 与 U_2 是两个输入阻抗和电压增益对称的同相输入端，具有高输入阻抗、低失调电压、低漂移、稳定的放大倍数和低输出阻抗等优点，并且适应于远距离信号传输。

本系统采用的仪器放大器是 INA128 芯片，INA128 是美国德州仪器公司推出的最新精密仪器仪表用放大器，具有精度高、成本低、通用性强等特点，其特性指标比 3 个独立的运算放大器构成的仪表放大器高得多，INA128 内含输入保护电路，如果输入过载，保护电路将把输入电流限制在 1.5～5mA 的安全范围内，以保证后续电路的安全[10]。实践证明，INA128 可以在很宽的频带范围内很好地工作，并且有很高的抗干扰能力，是一款非常方便的仪器放大器。

图 11.22 是 INA128 仪器放大器的原理图，其各引脚的功能如下：

引脚 1 和引脚 8 为放大倍数调节端输入电阻；

引脚 2、引脚 3 分别为反相输入端和同相输入端；

引脚 4、引脚 7 分别为负电源端和正电源端，提供电源；

引脚 5 为接地端；

引脚 6 为输出端。

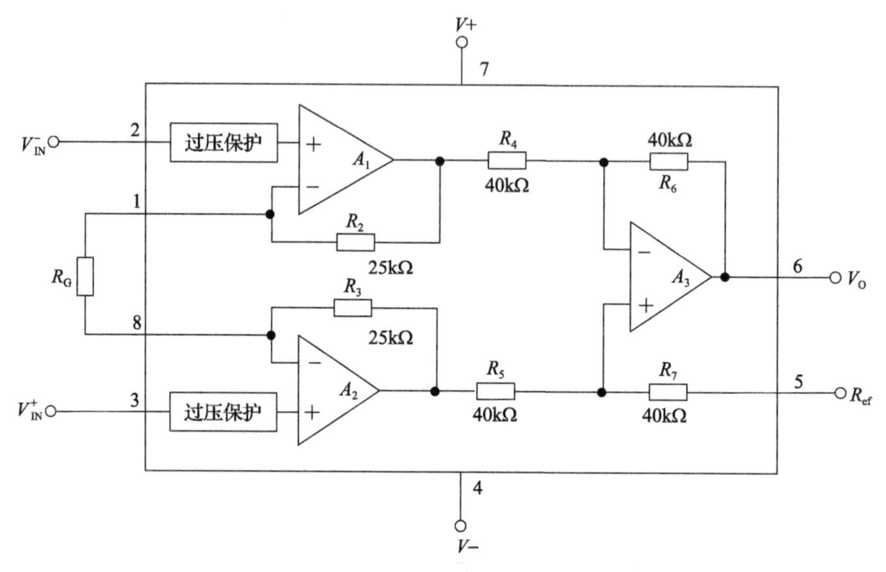

图 11.22　INA128 仪器放大器的原理图

在 INA128 中 R_2=R_3=25kΩ，R_4=R_5=R_6=R_7=40kΩ，令输入信号电压为 U_i。因为 R_2=R_3，R_G的中点是“地”电位，于是可得出 A_1和 A_2的输出电压分别为

$$
\begin{aligned}
u_{o1} &= \left(1+\frac{R_2}{R_G/2}\right)u_{i1} = \left(1+\frac{2R_2}{R_G}\right)u_{i1} \\
u_{o2} &= \left(1+\frac{2R_2}{R_G}\right)u_{i2}
\end{aligned}
\tag{11.44}
$$

由此可得

$$
\begin{aligned}
u_{o1}-u_{o2} &= \left(1+\frac{2R_2}{R_G}\right)(u_{i1}-u_{i2}) \\
A_{uf1} &= \frac{u_{o1}-u_{o2}}{u_{i1}-u_{i2}} = \frac{u_{o1}-u_{o2}}{u_i} = 1+\frac{2R_2}{R_G}
\end{aligned}
\tag{11.45}
$$

后半部分为 A_3组成的差动放大电路，有

$$A_{uf2} = \frac{u_o}{u_{o2} - u_{o1}} = -\frac{u_o}{u_{o1} - u_{o2}} = -\frac{R_6}{R_4} \tag{11.46}$$

因此，两级电路的总放大倍数为

$$A_{uf} = \frac{u_o}{u_i} = A_{uf1} \cdot A_{uf2} = -\frac{R_6}{R_4}\left(1 + \frac{2R_2}{R_G}\right) \tag{11.47}$$

其中，R_4=R_6=40kΩ，R_2=25kΩ，所以

$$A_u = -\left(1 + \frac{50}{R_G}\right) \tag{11.48}$$

从而可以得出表 11.1。

表 11.1　INA128 放大增益与 R_G 的关系

放大增益 /(V/V)	R_G/Ω	最接近 1% R_G 值/Ω
1	NC	NC
2	50.00×10^3	49.99×10^3
5	12.50×10^3	12.4×10^3
10	5.556×10^3	5.62×10^3
20	2.632×10^3	2.61×10^3
50	1.02×10^3	1.02×10^3
100	505.1	511
200	251.3	249
500	100.2	100
1000	50.05	49.9
2000	25.01	24.9
5000	10.00	10
10000	5.001	4.99

因此通过调节 R_G 的值就可以调节放大器的放大倍数。在该系统中由于测量信号为毫伏级的微弱信号，要求放大倍数约为 1000，可取 R_G=49.9Ω。图 11.23 为整个测量系统具体的放大电路原理图。图 11.24 为放大电路的仿真波形图。

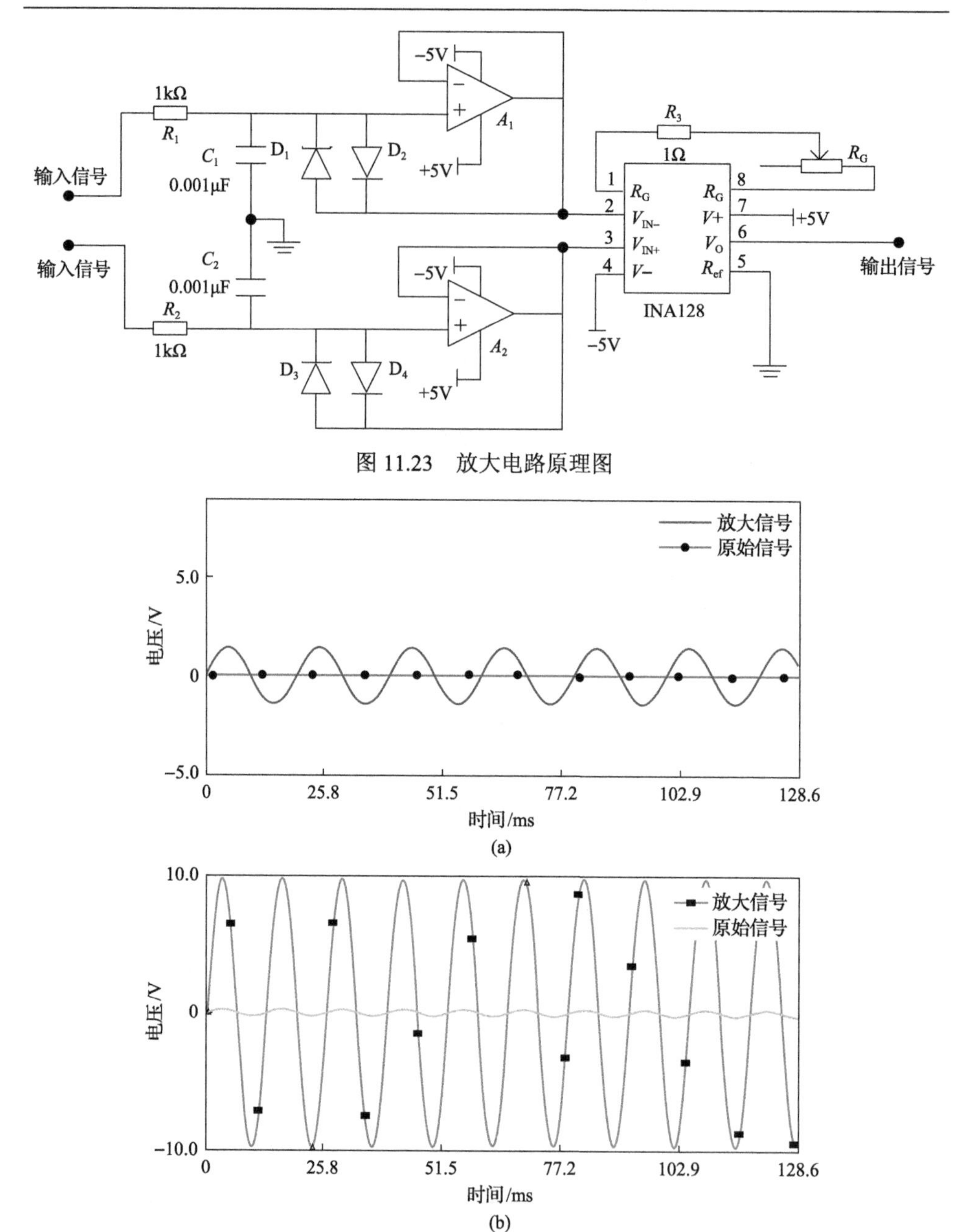

图 11.23　放大电路原理图

图 11.24　放大电路仿真波形图

图 11.23 中缓冲输入级用双向并联二极管限制缓冲放大器两输入端之间的电压不超过+5.7V，起过压保护作用。图 11.24(a)中原始输入信号为 0.001V，设置 R_G 为 4.99Ω，使放大倍数 A_u 为 1000，输出电压最大值为 1V；若调高输入信号为

0.5V，调节 R_G 为 2.61kΩ，输出为 10V，如图 11.24(b)所示。由放大器的输出结果可以看出，整个测量系统中，对微小信号的放大完全可以达到要求。

2)滤波电路

自然界中存在不同频率的电场信号，各种信号包含的频谱范围很宽，要求电场传感器测量频带较宽。为满足各种频率信号的测量，所设计的传感器带宽为 10Hz～200kHz，以确保满足各种测量需要。

由于测量中的感应电压信号是一个微小值，还要保证输出的电压信号足够大，因此可采用图 11.25 所示的传感器滤波电路，R_1、C_2 组成低通网络，R_3、C_1 组成高通网络，整个输入端组成二阶有源模拟带通滤波器。

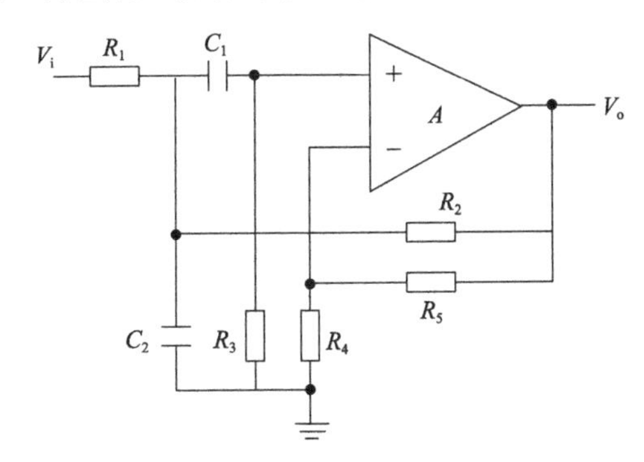

图 11.25　传感器滤波电路

根据图 11.25 可求出传感器滤波电路的传递函数为

$$A(s)=\frac{V_o(s)}{V_i(s)}=\frac{\left(1+\frac{R_5}{R_4}\right)s\frac{1}{R_1C_2}}{s^2+s\left(\frac{1}{R_3C_1}+\frac{1}{R_3C_2}+\frac{1}{R_1C_2}-\frac{R_5}{R_2R_4C_2}\right)\frac{R_1+R_2}{R_1R_2R_3C_1C_2}} \tag{11.49}$$

$$Q=\frac{\sqrt{R_1+R_2}\sqrt{R_1R_2R_3C_1C_2}}{R_1R_2(C_1+C_2)+R_3C_1\left(R_2-\frac{R_1R_5}{R_4}\right)} \tag{11.50}$$

则

$$A(s)=\frac{A_0(s\omega_0)/Q}{s^2+s(\omega_0/Q)+\omega_0^2}=\frac{A_0s/(Q\omega_0)}{(s/\omega_0)^2+s/(Q\omega_0)+1} \tag{11.51}$$

式中，A_0 为带通滤波器的通带电压增益；ω_0 为中心角频率。令 s=jω，可得带通滤波器的频率响应特性为

$$\dot{A}_{\mathrm{u}}(\mathrm{j}\omega)=\frac{A_0\cdot \mathrm{j}\omega/(Q\omega_0)}{1-(\omega/\omega_0)^2+\mathrm{j}\omega/(Q\omega_0)} \tag{11.52}$$

归一化的对数幅频响应为

$$20\lg\left|\frac{\dot{A}_{\mathrm{u}}(\mathrm{j}\omega)}{A_0}\right|=-10\lg\left[Q^2\frac{\omega_0}{\omega}-\left(\frac{\omega}{\omega_0}\right)^2+1\right] \tag{11.53}$$

当取 R_1=1kΩ、R_2=1kΩ、R_3=2kΩ、R_4=1kΩ、R_5=100kΩ、C_1=1μF、C_2=1μF 时，其幅频特性和相频特性曲线如图 11.26 所示。

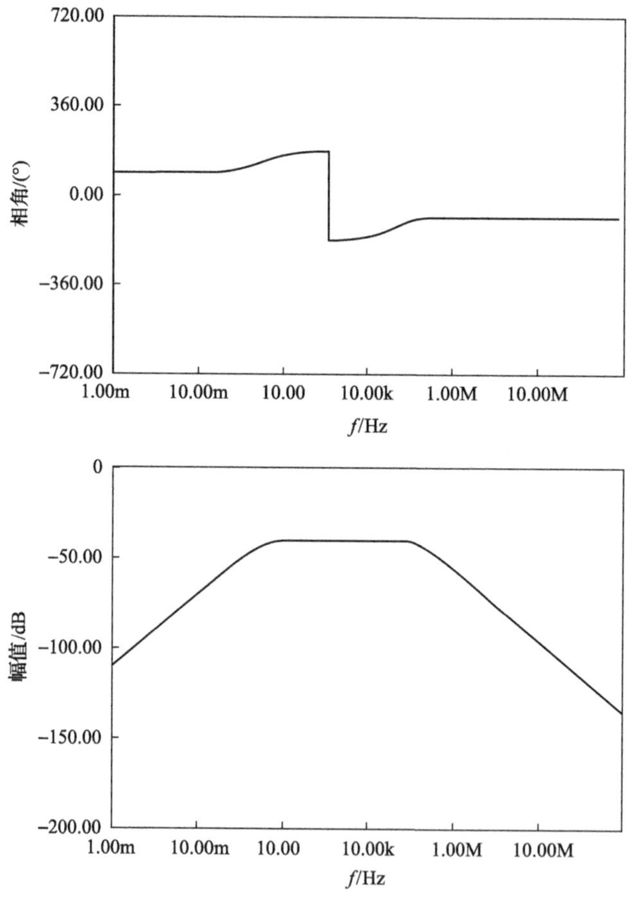

图 11.26　幅频特性和相频特性曲线

由图 11.26 可见，该传感器滤波系统的 Q 值选择合适，对频率具有良好的选择性。在下限截止频率大于 10Hz，上限截止频率小于 200kHz 的通频带 $\mathrm{BW}_{0.7}=W_0/(2\pi Q)=f_0/Q$ 中具有通透性。在相当宽的频带范围内相位差都接近零。

3) 电平抬升电路

本章所采用的单片机 A/D 的输入范围为 0～5V。因此单片机的片上 ADC 模块对信号进行测量采样前必须将双极性的交流信号变成单极性的交流信号，并且要将其电压幅值变换到片上 A/D 能够承受的幅值范围内。

图 11.27 为电平抬升电路，通过该电路可将输入信号的幅值抬升 2V，若通过调节 INA128 的放大倍数，使测量信号的最大输入电压为 ±2V，这样信号叠加后最大值为 4V，正好在 A/D 的模拟输入信号范围内，消除信号中的负值部分，即可将输出信号传入单片机内进行 A/D 转换和数字滤波处理。

图 11.28 为信号处理电路的仿真波形，其中原始输入信号经过 INA128 放大器

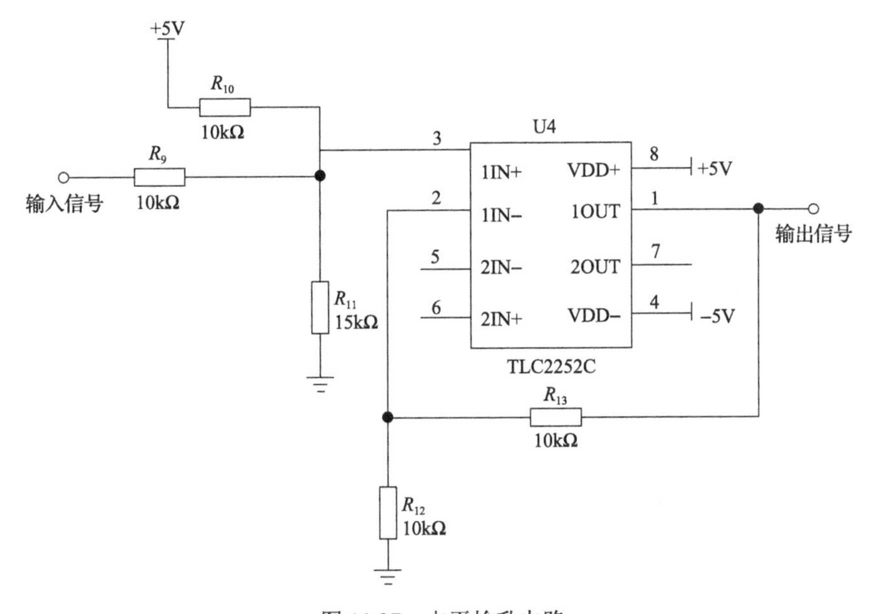

图 11.27　电平抬升电路

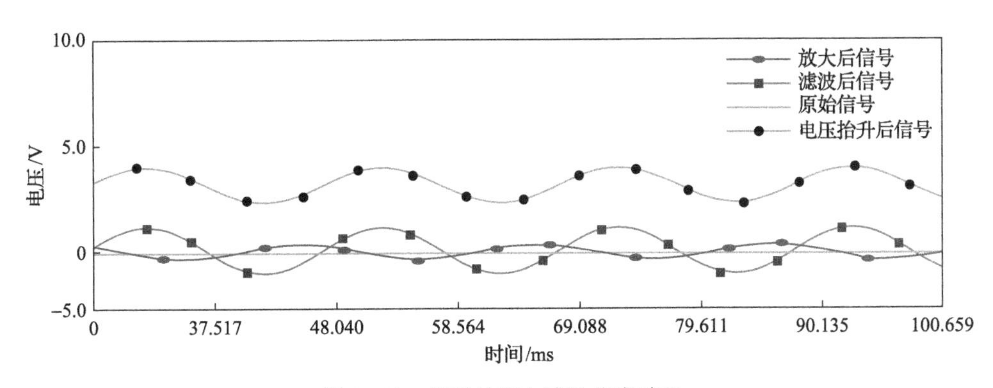

图 11.28　信号处理电路的仿真波形

放大后，由滤波电路进行带通滤波并将信号放大 3 倍，然后经过电平抬升电路输出信号。从仿真波形可以看出，整个电路的设计满足设计要求。

11.2.3　PIC 单片机处理电路

PIC 单片机处理电路是整个测量系统的核心部分，主要完成输入信号的计算处理、数值转换，并控制其他器件动作。本章主要以 PIC18F4420 单片机为核心，辅以适当的外围设备，以实现期望的功能。

1. PIC18F4420 概述

PIC18F4420 是美国微芯(Microchip)公司 PIC 系列单片机的一款中档单片机。它不仅具备所有 PIC18 单片机固有的优点，还具有优惠的价格和出色的计算性能，而且引进了高耐久性和增强型闪存程序存储器等设计，结构采用 44 脚 QFP 四边形封装，如图 11.29 所示。

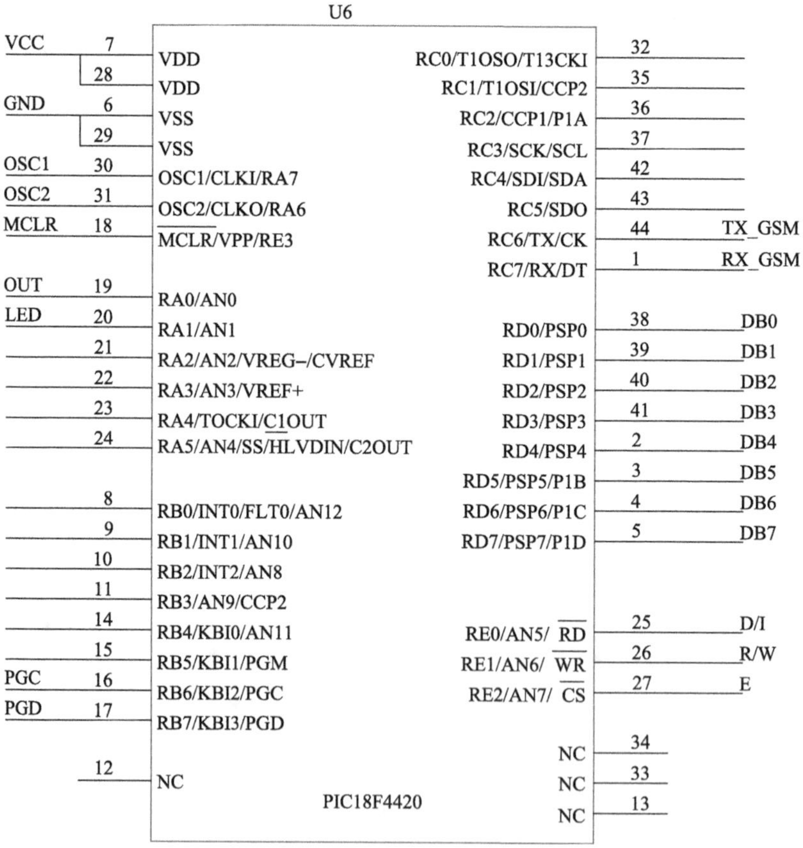

图 11.29　PIC18F4420 结构图

PIC18F4420 主要有如下性能[11]：

(1) 精简指令使其执行效率大为提高。CPU 采用 RISC 结构，分别有 33、35、58 条指令，相比 51 单片机和 AVR 单片机，其指令较为精简。PIC 系列单片机采用 Haryard 双总线结构，运行速度快。

(2) 采用纳瓦技术。将 Timer1 或内部振荡器模块作为单片机时钟源，可使代码执行时的功耗降低大约 90%。

(3) 多个振荡器选项和特点。①使用晶振或陶瓷谐振器，从而提供使用两个引脚(振荡器输入引脚和四分频时钟输出引脚)或一个引脚(振荡器输入引脚，四分频时钟输出引脚重新分配为通用 I/O 引脚)的选项；②两种外部 RC 振荡器模式，具有与外部时钟模式相同的引脚选项；③一个内部振荡器模块，提供一个 8MHz 的时钟源和一个内部 RC 时钟源(振荡频率大约为 31kHz)。

(4) 资源丰富。PIC18F4420 内部资源为：ROM 共 4KB、192B 的 RAM、8 路 A/D、3 个 8 位定时器、2 个 CCP 模块、3 个串行口、1 个并行口、11 个中断源、33 个 I/O 脚，并在其片内集成了片内看门狗定时器。

2. 单片机外围电路设计

1) 时钟电路设计

本章使用的振荡为 XT 模式，即晶振/谐振器模式，通过设置编程配置寄存器 1H 中的配置位 FOSC3:FOSC0 来选择。由晶振与输入端 OSC1 和输出端 OSC2 引脚连接来产生振荡，如图 11.30 所示。其中晶振为 4MHz，电容为 30pF，并取两电容中点为“地”电位。

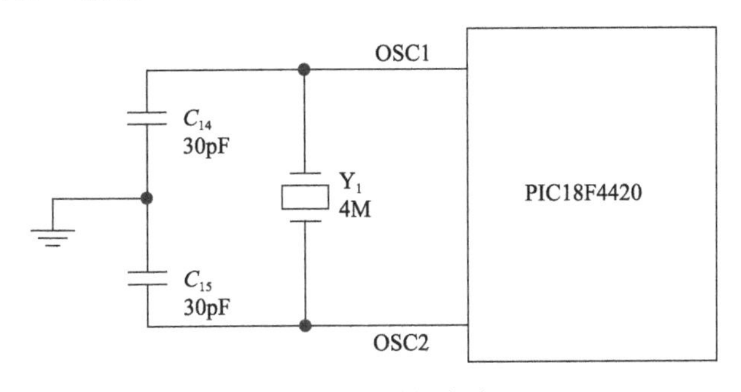

图 11.30　时钟电路

2) 复位电路设计

在单片机内部的上电复位功能 POR 和两个定时器 PWRT 与 OST 满足不了需求时，为了保证系统可靠复位，可以设计外接 RC 延时电路，使 MCLR 引脚上的低电平维持足够长的延迟时间。与外部上电延时复位功能相关的硬件电路如图 11.31 所示。

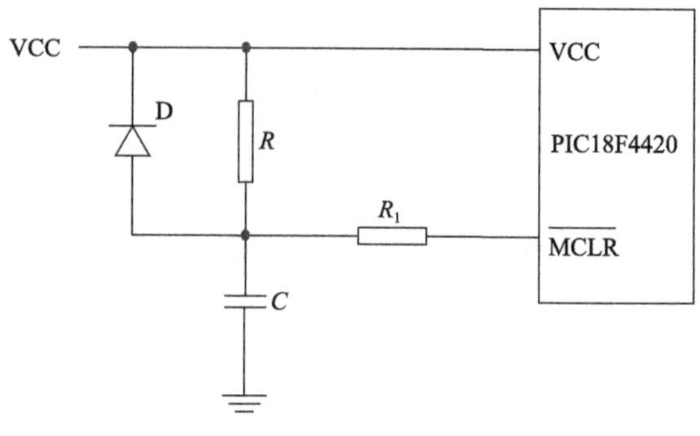

图 11.31　复位电路

其中，$\overline{\text{MCLR}}$ 引脚的最大漏电流值为 5μA，电阻取值应小于 40kΩ，以保证其压降不大于 0.2V；R_1 为 1.0Ω 的限流电阻，用于保护 MCLR 引脚内部电路。电容的充电过程有用，放电过程不仅无用，而且在一次掉电之后，电容还有积累电荷时，如果再次上电，就会造成 RC 延时电路失去延时作用，从而不能可靠复位，因此需要在电阻上并联一个二极管 D 使电容在电源掉电时快速放电。

11.2.4　通信接口电路

1. 短消息及 TC35i 模块简介

1) 短消息[12-15]

短消息就是指手机通信公司提供的一种独特的沟通方式。与语音服务不同，它通过短消息服务中心(short message service center, SMSC)在网络和手机间传递的是文字、图形等可视信息，手机对手机的短消息收发支持中、英文方式，一条短消息最多可包含 160 个英文字符或 70 个汉字信息。

短消息的通信业务是非对称的，认为起始端发送短消息与接收端接收短消息是两回事。但是信息的传输总是由处于 GSM (global system for mobile communications) 的 SMSC 进行信息的处理和传输。消息的发送端和接收端只与用户和 SMSC 有关，而与其他 GSM 基础设施无关。

短消息的独特特点主要有：①在保证接收端的正确性且信号畅通的条件下，不会遗漏和错过任何信息，节省话费。②受外界干扰小，即使接收端关机，服务中心也会在一定时间内保存这些信息，当系统重新开机时，服务中心会及时将所保存的信息发送给接收端。因此在本设计中采取了用 TC35i 模块进行远程数据传输。

2) TC35i 模块[16, 17]

TC35i 模块是西门子公司生产的一个集成的 GSM 模块，如图 11.32 所示。该模块集射频电路和基带于一体，向用户提供标准的 AT 命令接口，通过接口可以用 AT 命令切换操作模式，使它处于语音、数据、短消息或传真模式。该模块由一个 DSP(digital signal processing) 处理器内核和一个 C166CPU 控制着模块内各种信号的传输、转换、放大等处理过程。TC35i 模块的数据输入/输出接口实际上是一个串行异步收发器，符合 ITU-T RS232 接口标准。

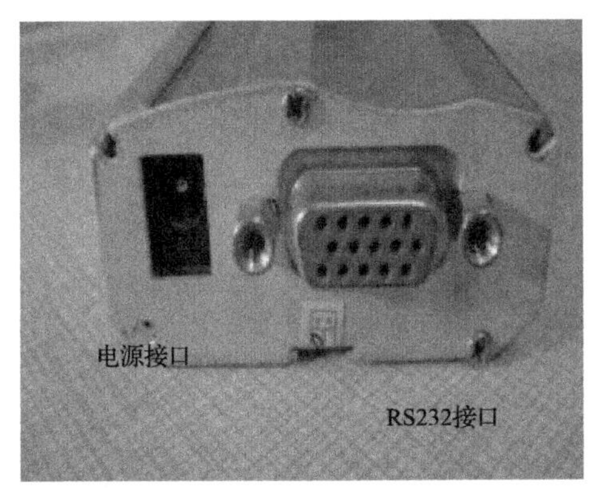

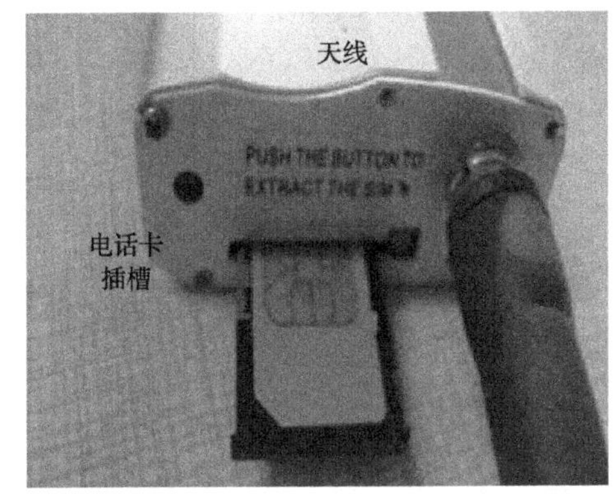

图 11.32　TC35i 接口功能

TC35i 模块具备 GSM 无线通信的全部功能，支持 GSM07.05 所定义的 AT 命令集的指令，并且提供标准的通信异步接收发送设备(universal asynchronous receiver/transmitter, UART) 串行接口。直接使用 AT 命令就可以方便简洁地实现短消息的查寻、收发和管理，而且可以通过 UART 接口与 GSM 模块连接。

本设计的远程传输系统利用短消息实现传输应用，具有以下特点：

(1) 利用移动通信网络覆盖面广、网络设施完备的整体优势，不再需要投资基础设施，随时随地实现个性化的服务。

(2) 可以实现在无人情况、环境恶劣、超远距离的情况下控制信息的收集和传送。硬件的品质保证了通信安全可靠，从而有利于在高电压、强电场下进行测量，并可以避免测量人员在场域中引起畸变场产生。

(3) 系统应用独立性好。利用单片机控制 TC35i 模块，在一定范围内，要实现不同的应用，只需要对前台软件做一定修改。

2. 串行通信设置

PIC18F4420 单片机除主控同步串口 MSSP 模块外，还有一个增强型通用同步/异步收发器串行模块。通过配置 EUSART 可以构建与 CRT 终端和个人计算机等外设通信的全双工异步系统，也可以将它配置成能够和 A/D 或 D/A 集成电路、串行 EEPROM 等外设通信的半双工同步系统。

EUSART 的引脚与 PORTC 复用，为了将 RC6/TX/CK 和 RC7/RX/DT 配置为

USART，需设置以下位：

(1) SPEN (RCSTA〈·〉) 位必须置 1 (= 1)；

(2) TRISC〈7〉位必须置 1 (= 1)；

(3) TRISC〈6〉位必须置 1 (= 1)。

PIC18F4420 含有一个波特率发射器 BRG。BRG 是一个专用的 8 位或 16 位发射器，支持 EUSART 的异步和同步模式。默认情况下，BRG 工作在 8 位模式下，如果将 BRG16 (BAUDCON〈3〉) 位置 1 则可选择 16 位工作模式。SPBRGH:SPBRG 寄存器控制一个独立定时器的周期。在异步模式下，BRGH (TXSTA〈2〉) 位和 BRG16 (BAUDCON〈3〉) 位也可以控制波特率[8]。在同步模式下，用不到 BRGH 位。表 11.2 给出了主控模式(由内部产生时钟信号)下，不同 EUSART 工作方式的波特率计算公式。在给定目标波特率和 f_{osc} 的情况下，可以使用表 11.2 中的波特率计算公式计算出 SPBRGH:SPBRG 寄存器的最近似整数值，从而确定波特率误差。

表 11.2　波特率计算公式

<table>
<tr><th colspan="3">配置位</th><th rowspan="2">BRG/EUSART</th><th rowspan="2">波特率
计算公式</th></tr>
<tr><th>SYNC</th><th>BRG16</th><th>BRGH</th></tr>
<tr><td>0</td><td>0</td><td>0</td><td>8 位/异步</td><td>$f_{osc}/[64(n+1)]$</td></tr>
<tr><td>0</td><td>0</td><td>1</td><td>8 位/异步</td><td rowspan="2">$f_{osc}/[64(n+1)]$</td></tr>
<tr><td>0</td><td>1</td><td>0</td><td>16 位/异步</td></tr>
<tr><td>0</td><td>1</td><td>1</td><td>16 位/异步</td><td rowspan="3">$f_{osc}/[64(n+1)]$</td></tr>
<tr><td>1</td><td>0</td><td>×</td><td>8 位/异步</td></tr>
<tr><td>1</td><td>1</td><td>×</td><td>8 位/异步</td></tr>
</table>

本设计的单片机串行口通信中，定时器 T1 工作在模式 2 定时方式上。在此种方式中，定时器的溢出率定义为

定时器 T1 的溢出率=定时器 T1 的溢出次数/秒

设计中要求的波特率为 9600bit/s，f_{osc} 振荡频率选择 4MHz，软件设置 SMOD=0，也就是让波特率不倍增，则时间常数 N 的表达式为

$$\begin{aligned} N &= 256 - \frac{2^{\text{SMOD}} \times f_{osc}}{\text{波特率} \times 32 \times 12} \\ &= 256 - \frac{2^0 \times 4 \times 10^6}{9600 \times 32 \times 12} \\ &\approx 256 - 1.085 \\ &\approx 254.91493 \end{aligned}$$

串行口采用方式 2 工作，其工作方式具体为：串行口为 8 位异步通信接口。一帧信息为 10 位：1 位起始位、8 位数据位、1 位停止位。TXD 为发送端，RXD 为接收端，其波特率计算公式为

$$\begin{aligned}
\text{波特率} &= \frac{2^{\text{SMOD}}}{32} \times \text{定时器T1的溢出率} \\
&= \frac{2^{\text{SMOD}}}{32} \times \frac{f_{\text{osc}}}{12 \times (2^8 - N)} = \frac{2^{\text{SMOD}}}{32} \times \frac{4 \times 10^6}{12 \times (2^8 - N)} \\
&= 9599.995\text{bit/s}
\end{aligned}$$

计算结果与要求的波特率符合。

3. 通信接口电路

PIC 单片机主控模块采用的是 TTL 电平协议，TC35i 模块采用的是 RS232 的电平协议。为了能够将通信模块与系统主控模块中的 TTL 器件连接，必须在 RS232C 与 TTL 电路之间进行电平和逻辑关系的转换，将 TTL 电平转换成 RS232 电平。此处采用 MAXIM 公司的 MAX232 芯片来实现。具体通信电路如图 11.33 所示。

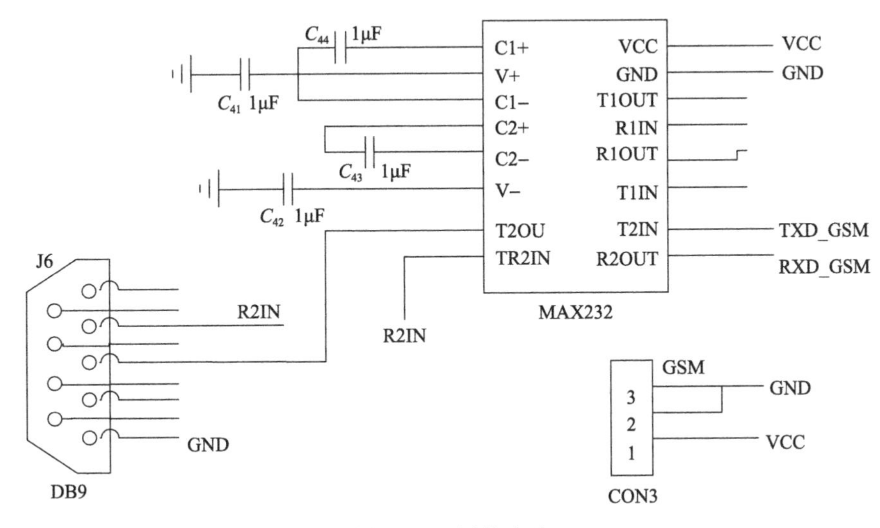

图 11.33 通信电路

11.2.5 电源电路

本系统选用的元件工作电压都为 ±5V，因此整个系统只有这两个电源端。系统工作电源采用的是可充电大容量锂电池，电池使用寿命长、价格便宜。采用三

端稳压集成电路 LM7805 和 LM7905，分别输出 ±5V 直流电压为系统供电，电路如图 11.34 所示。

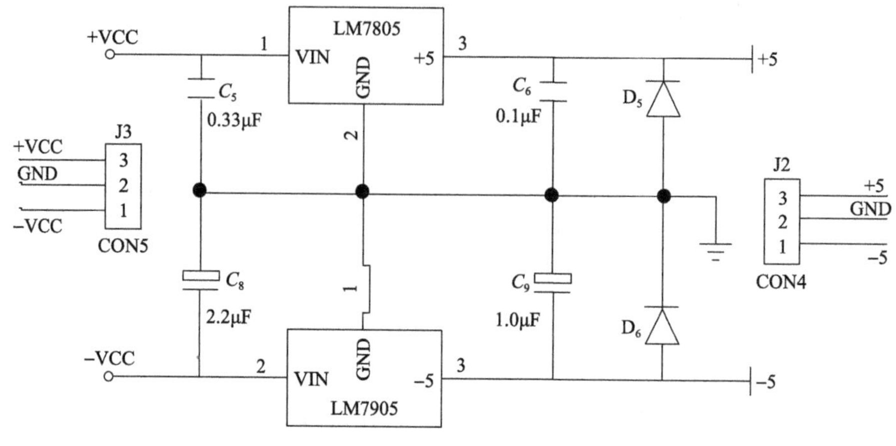

图 11.34　电源电路

11.2.6　PCB 电路整体设计

PCB 板的设计会直接影响到测量系统的准确性和稳定性，是系统设计的一个重要环节。对于微弱信号的测量系统，设计过程的抗干扰和电磁兼容性等问题更是必须要考虑的重要问题。特别是对于时钟频率高、有大电流驱动电路的系统，含有大功率、含微弱模拟信号以及高精度 A/D 转换电路的系统。为了增加系统的抗电磁干扰能力，在设计 PCB 板时应注意以下几方面内容：

(1) 合理布置元器件。在元器件的布局上要充分考虑系统的电磁干扰，要将易受干扰的元器件远离干扰源布置，把数字电路信号、模拟电路信号和有大噪声产生的电路合理分开，以减小彼此间的信号耦合。

(2) 合理布线。为了减小信号间的干扰，电路板的布线要尽量布为垂直方向。电源线要尽可能宽，有利于减小干扰。在布线过程中，还应该尽量缩短走线的长度，增大两根线之间的距离，减少电路中器件引脚的弯折。

(3) 降低电源噪声。电源在向整个系统供电时，也将其噪声加到所供电的系统中，不但影响电源质量，而且将对测量系统产生噪声干扰。因此在电源电路中应当跨接去耦电容，以降低电源噪声的干扰。

(4) 尽量缩短输入引线长度。在测量系统中，电路板外的引线最好采用具有屏蔽效果的屏蔽线，可以抗外界的干扰。对于数字和高频信号，屏蔽线两端都需要接地。

(5) 地线处理。在设置地线时，应该尽量选择粗地线，增加接地的敷铜，使电路板中的元器件更好地就近接地，减小信号间的干扰。在有各种不同信号的电路中，需要将数字地、模拟地、大功率器件地分开连接，再汇聚到电源的接地点，以免相互干扰，影响系统工作。

最终确定的系统 PCB 电路和设计的测量系统实物图如图 11.35 和图 11.36 所示。

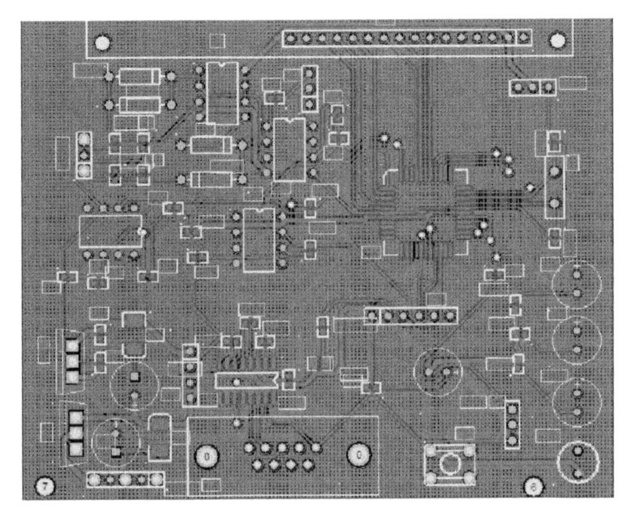

图 11.35　系统测量的 PCB 电路

图 11.36　测量系统实物图

11.3　测量系统的软件设计与实现

11.3.1　程序总体流程介绍

针对电场测量系统的要求，并结合系统的硬件电路，系统软件部分主要实现数据的采集、处理和传输等功能。

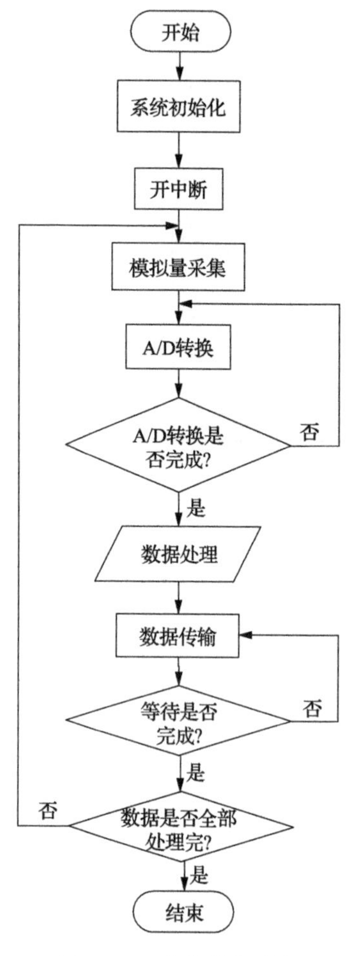

图 11.37　主程序流程图

主程序在整个过程中主要协调系统各个部分的运行。当测量系统工作时，首先加载程序和系统初始化，然后进行测量点的数据采集，并对测量值进行相应的分析、处理、转换。系统中各个部分的功能由相应的子程序来实现。

主程序流程图如图 11.37 所示。开始后系统初始化，为了使串口能够配合处理器工作，首先对串口进行设置，其中包括将 SPEN 串行端口使能位 RCSTA 和 TRISC 中的〈7〉位置 1、〈6〉位清零，把 RC6/TX 和 RC7/RX 配置成 USART 的发送 TX 线和接收 RX 线，对波特率发生器(BRG)的设置等。接着对 A/D 进行初始化，打开采样通道，设置采样模式等。然后打开 INT0 等待中断，INT0 由锁相环(phase locked loop, PLL)电路产生，以实现同步采样。处理器在收到 INT0 指令后，打开发送中断向 A/D 发送采样指令，同时对采集的数据进行 A/D 转换，并将值存储到寄存器中。采样完成后对数据进行分析处理、转换及传输。

11.3.2　系统各模块的软件设计

1) 数据采集模块软件设计

数据采集流程如图 11.38 所示。这里采用 PIC18F4420 单片机的模数转换器，它具有 13 路输入，能将一个模拟输入信号转换成相应 13 位的数字信号。当串口初始化完成后，选择模拟输入口，然后下达开始 A/D 转换的命令，1 工频时间内等间隔采样 16 点，即每间隔 1.25ms 进行一次采样，16 点全部采样完成后，通过检查 A/D 转换完成标志 ADCON0bits.GO 是否为零来判断转换是否完成，最后读取转换的结果。ADCON0 寄存器负责 A/D 转换的设定与标志。数据存储器的 ADRESH 寄存器及 ADRESL 寄存器分别记录转换结果的高低位。寄存器 ADCON1 配置端口引脚功能，ADCON2 配置 A/D 时钟源。

2) 数据处理模块软件设计

当程序检查到采样完成标志后，计算输入电压的有效值，计算公式采用均方根公式：

$$U_{有效值}=\sqrt{\frac{1}{n}\sum_{i=1}^{n}u_i^2} \tag{11.54}$$

式中，n 为一个周波内采样点数，本例中 n=16；u_i 为第 i 个采样值。

在该程序中用软件对10×10乘法进行处理，在 10 位数乘法中，a 为高 2 位，b 为低 8 位，平方可表示为

$$\begin{aligned}j&=(a<<8+b)\times(a<<8+b)=(a\times a)<<16+2\times(a<<8\times b)+b\times b\\&=(a\times a)<<16+(a\times b)<<9+b*b\end{aligned}$$

由于电场探头在电场环境中会引起电场畸变，在 11.2 节已经进行了详细的分析。其测量出来的电场值与实际值间存在一定的误差，因此传感器测得的数据需要进行数据校正，以获得较为精确的实际电场值。由所测得的 3 个方向的感应电压值矩阵 $\boldsymbol{U}$ 和影响因子矩阵 $\boldsymbol{\lambda}$ 来共同计算出探头处的原始电场值。其处理流程如图 11.39 所示。

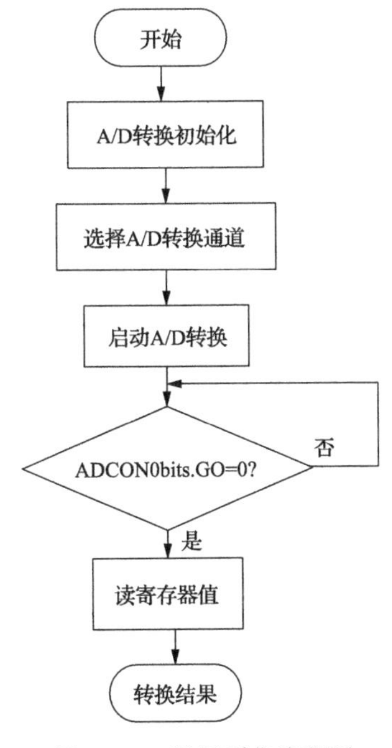

图 11.38　数据采集流程图

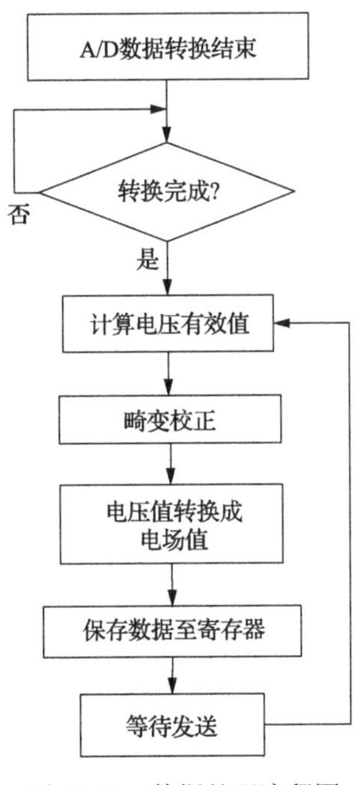

图 11.39　数据处理流程图

3）数据通信模块软件设计

通信模块是本设计的重要组成部分。首先，待发送的数据已装入 TXREG 寄存器，通过串口接收数据命令，然后连接 TC35i 通信模块，通过 AT 命令发送相应的数据，根据 TXIF 的状态来检查数据是否发送完毕。本设计使用的是 RS232 主从半双工通信模式，通信速率为 9600bit/s。在配置异步发送模式时，应遵循以下步骤[18,19]：

（1）对 SPBRG 寄存器进行初始化以得到合适的波特率，如果需要高速波特率，则置 BRGH=1；

（2）置 SYNC=0 和 SPEN=1，使其工作在异步串行工作方式；

（3）若需要中断，置 TXIE=1；

（4）若需要传送 9 位数据，则置 TX9=1，它可以用作地址/数据位；

（5）置 TXEN=1，使 USART 工作在发送方式；

（6）把数据送入 TXREG 寄存器，启动发送。

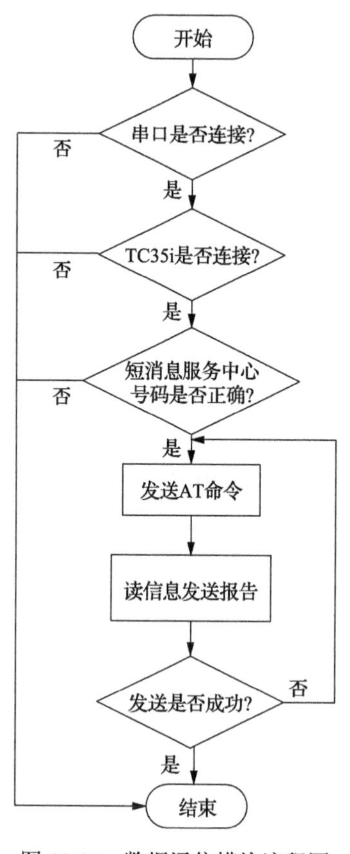

图 11.40　数据通信模块流程图

GSM 模块提供的命令接口符合 GSM07.05 和 GSM07.07 规范。该规范对短消息进行了详细的规定，指定 AT Command 接口为一种移动平台与数据终端设备之间的通用接口，数据终端设备可以向 GSM 模块发送各种命令。当前，常采用 Text 和 PDU（协议数据单元）两种模式发送短消息，Text 模式收发短消息代码简单，实现起来十分容易，但缺点是不能收发中文短消息；而 PDU 模式不仅支持中文短消息，也能发送英文短消息。本设计不需要发送中文，因此采用 Text 模式收发短消息，通过设置 AT+CMGF=1，即采用文本格式发送。整个过程的程序流程如图 11.40 所示。

4）软件的抗干扰设计

系统的抗干扰设计，除在硬件电路上尽量消除外界干扰外，在软件上也需采取相应的措施，以提高系统的可靠性。在整个设计过程中有如下的软件抗干扰设计[20]。

（1）利用看门狗技术实现自动复位。单片机系统的工作环境不同，系统所受到的各种干扰也不相同，因此要求单片机系统具有自动复位功能。内部有看门狗电路的单片机只需在程序中启动内部看门狗电路，一旦发生系统程序错误或者某种干扰引起系统错误，看门狗电路就会自动发出复位脉冲，使单片机控制系统自动复位，系统正常运行。

(2) 设置冗余指令。在微处理器系统运行过程中，当 CPU 受到干扰后，程序计数器的值被改变，将操作数作为指令码来执行，引起混乱甚至使系统进入死循环。因此需要设置软件陷阱及冗余指令，当程序正确执行不能运行的地址(如程序各模块间、未用的中断向量地址等)时，填入 NOP 指令或者复位指令，使程序自动停止。

11.4　系统试验研究

11.4.1　变电站外测量试验

(1) 大学城 220kV 变电站位于重庆沙坪坝区内，由 500kV 陈家桥变电站双回路 220kV 至大学城变电站。

(2) 测量时间：2011 年 2 月 20 日下午。

(3) 测量环境：阴，10℃。

(4) 测量系统离地面高度为 1.5m，测量间距为 1.5m，与变电站外围围墙的距离为 1m，如图 11.41 所示，测量点分布如图 11.42 所示。

图 11.41　变电站外测量图

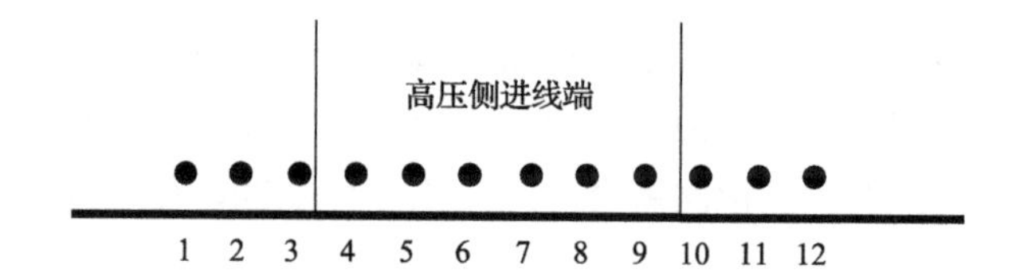

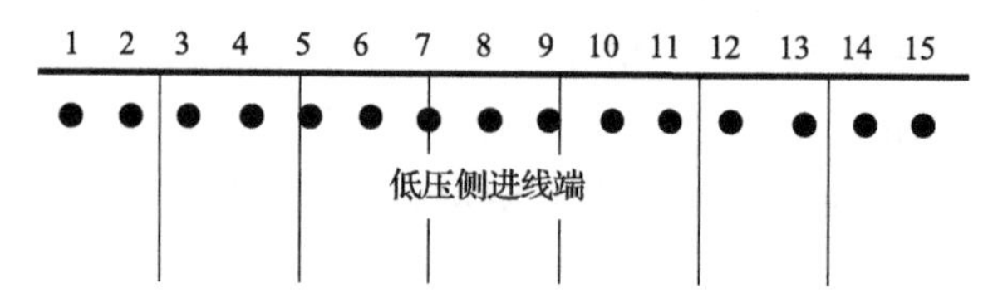

图 11.42　测量点分布图

(5)测量结果如表 11.3、表 11.4 和图 11.43 所示。

表 11.3　变电站外高压侧电场测量值　(单位：kV/m)

测量点	RJ-5 测量值	本系统测量值
1	2.057	2.273
2	2.548	2.864
3	2.615	2.731
4	3.513	3.928
5	3.633	3.736
6	3.828	4.152
7	3.924	4.254
8	4.304	4.247
9	4.113	3.937
10	3.896	3.642
11	3.341	3.058
12	3.137	2.961

表 11.4　变电站外低压侧电场测量值　(单位：kV/m)

测量点	RJ-5 测量值	本系统测量值
1	1.218	1.017
2	1.226	1.065
3	1.319	1.531
4	1.442	1.437
5	1.431	1.463
6	1.503	1.571

续表

测量点	RJ-5 测量值	本系统测量值
7	1.652	1.541
8	1.572	1.663
9	1.523	1.538
10	1.673	1.596
11	1.642	1.624
12	1.586	1.542
13	1.715	1.540
14	1.652	1.617
15	1.554	1.605

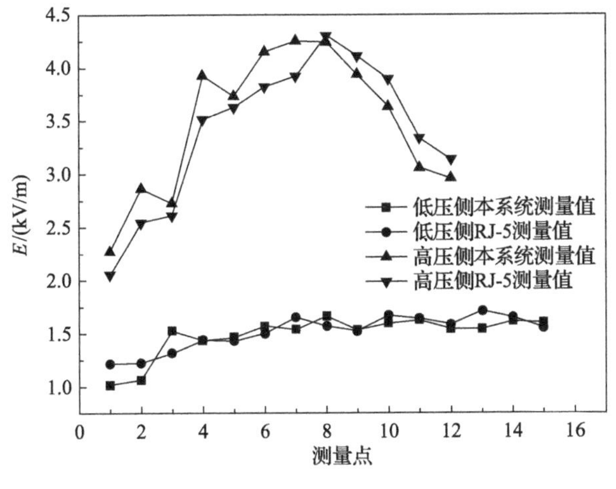

图 11.43　测量结果分布图

(5) 测量分析。在变电站外围距离 1m 左右的高压侧母线进线端区域内的电场强度都小于 4.5kV/m，在母线下端具有最大测量值；在低压侧的电场强度都小于 2kV/m。从图 11.43 中可以看出，测量系统在电场强度较低时，产生的误差较大；电场强度较高时，产生的误差较小。

11.4.2　输电线下测量试验

(1) 500kV 陈长输电线，位于重庆市大学城内，为长寿变电站至重庆陈家桥变电站的输电线路，所选择的测量地段地势比较平坦，利于测量。

(2) 测量时间：2011 年 2 月 23 日下午。

(3) 测量环境：多云，12℃。

(4) 测量系统离地面高度为 1.5m，测量间距为 2m，对输电线路下方电场进行测量，如图 11.44 所示。测量点分布如图 11.45 所示。

图 11.44　输电线下方电场测量图

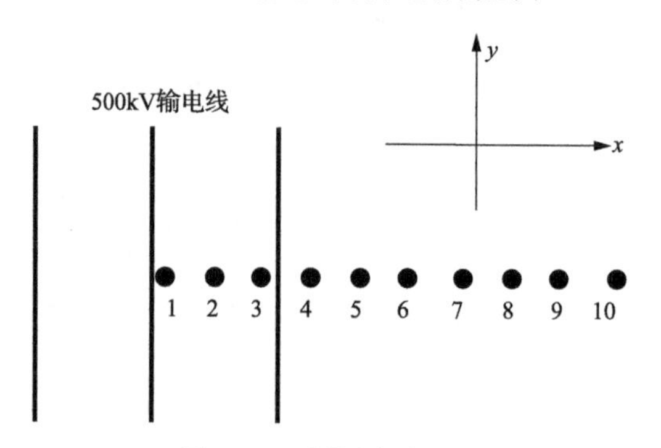

图 11.45　测量点分布图

(5)测量结果如表 11.5 和图 11.46 所示。

表 11.5　输电线下方电场测量值　　(单位：kV/m)

测量点	RJ-5 测量值	本系统测量值
1	2.881	2.846
2	3.326	3. 531
3	4.218	3.982
4	5.315	5. 367
5	5.683	5.782
6	5.573	5.454
7	4.672	4.247
8	3.458	3.973
9	2.316	3.042
10	1.432	1.723

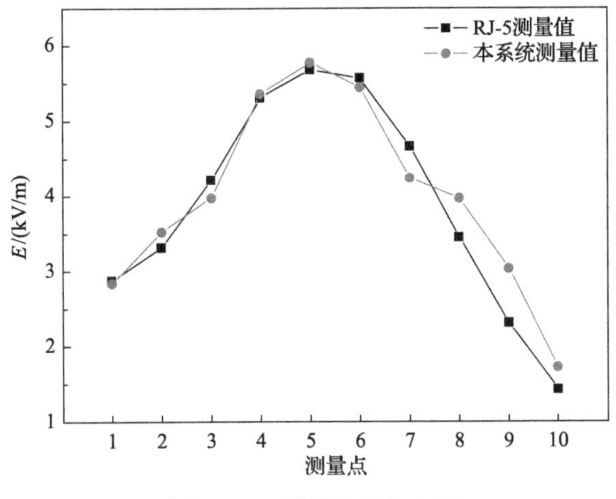

图 11.46　测量结果分布图

(6)测量分析。在 500kV 输电线路下，测量的电场强度较大，在输电线路下测量的最大场强约为 5.78kV/m。本测量系统与 RJ-5 工频电场测量仪在 500kV 输电线路下的测量值较为接近，误差较小。

参 考 文 献

[1] 刘健. 基于球型电场探头的空间电场光电测量系统的研制[硕士学位论文]. 西安: 西安交通大学, 2002.

[2] 程锦房, 龚沈光. 测量体引起的舰船电场畸变. 哈尔滨工程大学学报, 2009, 30(7): 816-819.

[3] 马西奎. 电磁场理论及应用. 西安: 西安交通大学出版社, 2000.

[4] 梁昆淼. 数学物理方法. 北京: 高等教育出版社, 1978.

[5] 王竹溪, 郭敦仁. 特殊函数概论. 北京: 北京大学出版社, 1965.

[6] 张占龙, 胡平, 李敬雄. 均匀场域中工频电场畸变效应分析. 重庆大学学报: 自然科学版, 2012, 35(4): 19-25.

[7] 张卫东, 崔翔. 光纤瞬态电场传感器的研究. 测控技术, 2004, 23(4): 7-9.

[8] 童诗白, 华成英. 模拟电子技术基础. 3 版. 北京: 高等教育出版社, 2001.

[9] 赵家贵, 付小美, 董平. 新编传感器电路设计手册. 北京: 中国计量出版社, 2002.

[10] 赵明. 基于汽车活塞检测的应变片式微位移传感器系统研究[硕士学位论文]. 辽宁: 沈阳理工大学, 2008.

[11] Microchip Technology Inc. PIC18F2420/2520/4420/4520 数据手册, 2000.

[12] 刘宇宏, 王新, 李飞. 短消息语音增值平台的设计和应用. 计算机工程, 2006, 32(12): 274-276.

[13] Huang H P, Xiao S D, Meng X Y. A remote home security system based on wireless sensor network and GSM technology. The 2010 Second International Conference on Networks Security Wireless Communications and Trusted Computing, 2010: 535-538.

[14] Jia H T, Cao L. A remote data acquisition system based on SMS. The 2004 IEEE International Conference on Man and Cybernetics, 2004: 6155-6159.

[15] 孙增雷, 黄俊年, 孙敏, 等. 基于 GSM 的远程报警系统的研制. 武汉理工大学学报, 2008, 30(6): 122-124, 134.

[16] 张占龙, 胡平, 王科, 等. 基于 GSM 的电力线路故障监测系统. 电测与仪表, 2009, 46(7): 38-40, 73.

[17] 傅正财, 吴斌, 黄宪东, 等. 基于 GSM 网络的输电线路故障在线监测系统. 高电压技术, 2007, 33(5): 69-72.

[18] 刘和平, 刘钊, 郑群英, 等. PIC18Fxxx 单片机程序设计及应用. 北京: 北京航空航天大学出版社, 2005.

[19] Alshamali A. GSM based remote ionized radiation monitoring system. The Proceedings International Conference on Advances in Electronics and Micro-electronics, 2008: 155-158.

[20] 胡平. 球型电场传感器测量系统的研究及应用[硕士学位论文]. 重庆: 重庆大学, 2011.

第 12 章　可穿戴式电场测量系统研究与实现

从业人员生命安全和身体健康是供电企业安全生产工作的重中之重[1,2]。但是从目前情况来看，电力安全事故仍然时有发生，形势比较严峻。对电力运维人员安全危害最大的是触电，包括直接触电和间接触电[3-5]。对于直接触电，可以通过加强操作规范和安全管理来避免。对于间接触电，通过与带电体之间保持一定的安全距离来避免。电力运维人员难免会在工作中接近高压设备，使其身处较为危险的环境当中，这是导致电力事故以及安全隐患的主要原因。要研制一种可穿戴式的电场测量系统，对电力运维人员周围电场进行实时测量并在电场过高时发出报警信号，减少电力运维人员长期处于高电场环境中造成的安全隐患，做到防患于未然[6-8]。基于电场信息进行安全预警的设想为解决电力运维人员安全防护问题提供了一个新的思路，相比传统设置安全距离的方法，该方法可为电力运维人员提供更为主动的防护，不用电力运维人员时刻注意安全距离，在电场过高时自动报警，提高了带电作业的安全系数。

本章拟从工频电场测量入手，构建预警机制，进行实时安全预警，为靠近高压带电设备的电力运维人员提供有效的安全防护。同时，从电力运维人员现场使用、操作方便的角度出发，要实现防护装置的小型轻便化设计。要实现该目标，对可穿戴式电场测量系统有如下特殊的要求：

(1) 对电场测量系统的要求。①要求测量系统体积小、重量轻，便于携带且不能影响电力运维人员正常工作；②要求测量系统能够测量多电气设备产生的复杂电场环境；③要求在人体行走或有小幅度肢体动作时，测量系统的输出仍然能够保持稳定。

(2) 考虑人体对电场测量的影响。可穿戴式电场测量系统佩戴在人体上，人体会对电场产生影响，因此需要通过仿真或试验，研究并评估人体对电场产生的影响[9,10]。

12.1　可穿戴式电场传感器测量原理理论分析

本章的研究重点在于提出一种适用于可穿戴式电场测量的新型结构的电场传感器，并对其测量原理进行分析。首先根据可穿戴式电场测量这一需求，对传感器的性能提出要求，分析现有传感器在该问题上的局限性，提出全新结构的双球壳型电场传感器。然后分析传感器对空间电场的影响以及传感器外表面电场分布，随后进一步推导传感器内外球壳之间的电场与外表面电场关系，进而推导传感器输出电压与空间原电场之间的线性关系以及影响传感器输出的因素[11]。

12.1.1　双球壳型传感器的提出

传统的极板型传感器从维数上可分为一维、二维和三维[12-14]。传统的一维、二维电场传感器无法满足对电场测量系统的要求②，而三维电场传感器无法满足要求①和③，原因在于：①由于边缘效应，极板的边缘处会聚集电荷，造成极板周围电场畸变较大，并且难以对其进行定量计算，会增大测量的不确定性并影响测量精度[15]；②传统的极板型传感器体积较大且难以减小体积，因为体积的减小会导致边缘效应产生的畸变场占比增大，影响传感器精度；③人体会对电场测量产生影响，对于传统的多极板型电场传感器，人体对每对极板的影响程度各不相同，因而在计算上较为复杂。综上，本章提出一种全新结构的双球壳型电场传感器，并对其测量原理进行分析，其结构示意图如图 12.1 所示。

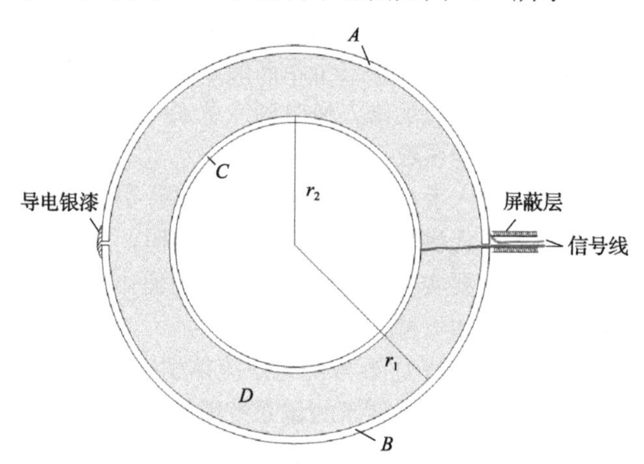

图 12.1　双球壳型电场传感器结构示意图

双球壳型电场传感器主要包含三部分：内球壳、外球壳和填充介质。A 和 B 是两个半金属球壳，半径为 r_1，C 为完整金属球壳，半径为 r_2，D 为填充介质。在制作中，先将内球壳 C 放在两个半金属球壳 A 和 B 中间，加入环氧树脂后将两个半外球壳紧紧压在一起形成一个完整的球壳。为了保证 A 和 B 能够形成一个完整的外球壳，使用导电银漆对连接缝隙进行密封。内外球壳厚度为 0.5mm。传感器的输出信号为内外球壳电势差 U_{AB}，为减小空间电场对输出信号的影响，使用屏蔽线对输出信号进行提取，并将屏蔽线的屏蔽层与后续处理电路作共地处理。

双球壳型电场传感器主要有以下三个特点：

(1) 内外电极均为完整的球壳，可以增大感应面积并减小尺寸；

(2) 内电极为空心球壳，可以减轻重量；

(3) 每个电极均为对称的球形结构，因此当双球壳型电场传感器发生旋转时，其输出仍然可以保持稳定。

12.1.2　双球壳型电场传感器对空间电场分布影响的分析

由于双球壳型电场传感器的体积非常小，可认为处于均匀电场中，其表面及外部空间电场分布情况如图 12.2 所示。

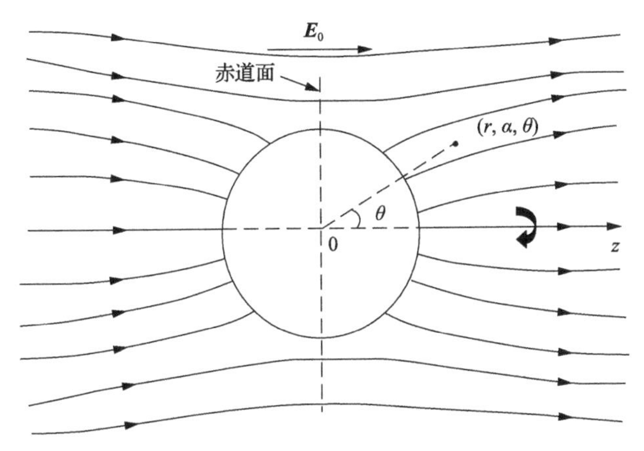

图 12.2　双球壳型电场传感器外部电场分布示意图

由于外球壳为等电势体，因此设球壳表面电势为参考电势点 $\varphi=\varphi_0$，在球坐标 (r,α,θ) 中，球外 $r\geqslant r_1$ 的区域中电位 $\varphi(r,\alpha,\theta)$ 的拉普拉斯方程形式为[15]

$$\frac{1}{r}\frac{\partial}{\partial r}\left(r^2\frac{\partial\varphi}{\partial r}\right)+\frac{1}{r^2\sin\theta}\frac{\partial}{\partial\theta}\left(\sin\theta\frac{\partial\varphi}{\partial\theta}\right)+\frac{1}{r^2\sin^2\theta}\frac{\partial^2\varphi}{\partial\alpha^2}=0 \tag{12.1}$$

设分离变量形式的解为

$$\varphi(r,\alpha,\theta)=R(r)Q(\alpha)P(\theta) \tag{12.2}$$

代入式(12.1)化简得

$$\frac{\sin^2\theta}{R}\frac{\mathrm{d}}{\mathrm{d}r}\left(r^2\frac{\mathrm{d}R}{\mathrm{d}r}\right)+\frac{\sin\theta}{P}\frac{\mathrm{d}}{\mathrm{d}\theta}\left(\sin\theta\frac{\mathrm{d}P}{\mathrm{d}\theta}\right)+\frac{1}{Q}\frac{\mathrm{d}^2Q}{\mathrm{d}\alpha^2}=0 \tag{12.3}$$

式中，前两项只与 r 和 θ 有关，第三项只和 α 有关，故前两项之和以及最后一项均为常数。

取最后一项的分离常数为 m^2，则有

$$\frac{\mathrm{d}^2Q}{\mathrm{d}\alpha^2}+m^2Q=0 \tag{12.4}$$

和

$$\frac{1}{R}\frac{\mathrm{d}}{\mathrm{d}r}\left(r^2\frac{\mathrm{d}R}{\mathrm{d}r}\right)+\left[\frac{1}{P\sin\theta}\frac{\mathrm{d}}{\mathrm{d}\theta}\left(\sin\theta\frac{\mathrm{d}P}{\mathrm{d}\theta}\right)-\frac{m^2}{\sin^2\theta}\right]=0 \tag{12.5}$$

式中，第一项只与 r 有关，方括号内项只与 θ 有关。

用类似的方法，式(12.5)可分离成两个常微分方程：

$$r^2\frac{\mathrm{d}^2R}{\mathrm{d}r^2}+2r\frac{\mathrm{d}R}{\mathrm{d}r}-n(n+1)R=0 \tag{12.6}$$

$$\frac{1}{\sin\theta}\frac{\mathrm{d}}{\mathrm{d}\theta}\left(\sin\theta\frac{\mathrm{d}P}{\mathrm{d}\theta}\right)+\left[n(n+1)-\frac{m^2}{\sin^2\theta}\right]P=0 \tag{12.7}$$

式中，$n(n+1)$为另一分离常数。

若将式(12.7)中的 θ 用 $x=\cos\theta$ 代换，则有

$$(1-x^2)\frac{\mathrm{d}^2P}{\mathrm{d}x^2}-2x\frac{\mathrm{d}P}{\mathrm{d}x}+\left[n(n+1)-\frac{m^2}{1-x^2}\right]P=0 \tag{12.8}$$

式(12.8)为连带勒让德方程，其解为

$$P(x)=B_{1n}P_n^m(x)+B_{2n}Q_n^m(x) \tag{12.9}$$

式中，函数 $P_n^m(x)$ 和 $Q_n^m(x)$ 分别称为第一类、第二类连带勒让德函数，它们是由级数展开式得到的。当 $x=\pm1$ 时，$Q_n^m(x)\to\infty$，故仅当极轴($\theta=0$，$\theta=\pi$)不在研究区域内时它才有用。若场域中包含 $\theta=0$ 和 $\theta=\pi$ 的区域，则应取 $B_{2n}=0$。

式(12.4)的解为

$$Q(\alpha)=C_{1m}\cos(m\alpha)+C_{2m}\sin(m\alpha) \tag{12.10}$$

若在整个方位角内 φ 为单值，则 $Q(\alpha)$ 为周期性函数。因此，m 必须是实整数。式(12.6)的解为

$$R(r)=A_{1n}r^n+A_{2n}r^{-(n+1)} \tag{12.11}$$

联立式(12.10)和式(12.11)，可得用分离变量法所得的通解为

$$\varphi(r,\alpha,\theta)=\sum_{n=0}^{\infty}\sum_{m=-n}^{n}(A_{1n}r^n+A_{2n}r^{-(n+1)})T_{nm}(\theta,\alpha) \tag{12.12}$$

$$T_{nm}(\theta,\alpha)=\left[B_{1n}P_n^m(\cos\theta)+B_{2n}Q_n^m(\cos\theta)\right]\left[C_{1m}\cos(m\alpha)+C_{2m}\sin(m\alpha)\right] \tag{12.13}$$

在式(12.13)中，对 m 的求和终止于 n。因此当 $m>n$ 时，有 $P_n^m=0$。$T_{nm}(\theta,\alpha)$ 称为球谐函数，它对 θ 和 α 都是正交的，而且在球坐标系中，任何 θ 和 α 的函数均可展开为此函数的级数。待定系数 A_n、B_n 和 C_m 由边界条件确定。

由图 12.2 不难看出，φ 具有对称性且以 z 轴为对称轴，因此 φ 与 α 无关，即 $\dfrac{\partial\varphi}{\partial\alpha}=0$，必有 $m=0$。因此，式(12.8)变为

$$(1-x^2)\frac{\mathrm{d}^2P}{\mathrm{d}x^2}-2x\frac{\mathrm{d}P}{\mathrm{d}x}+n(n+1)P=0 \tag{12.14}$$

该方程为勒让德方程，其解 $P_n(x)$ 称为 n 阶勒让德多项式。这时，φ 的通解为

$$\varphi(r,\theta)=\sum_{n=0}^{\infty}\left(A_{1n}r^n+A_{2n}r^{-(n+1)}\right)P_n(\cos\theta) \tag{12.15}$$

考虑到在距离传感器很远处，原来的电场不受传感器引入的影响，因而，空间中电位分布的边界条件为式(12.16)和式(12.17)。

$$\varphi=\varphi_0,\quad r=r_1 \tag{12.16}$$

$$\varphi(r,\theta)=-E_0z=\varphi_0-E_0r\cos\theta,\quad r\to\infty \tag{12.17}$$

对式(12.15)进行展开，有

$$\varphi(r,\theta)=\left(A_{10}+A_{20}r^{-1}\right)+\left(A_{11}r^1+A_{21}r^{-2}\right)\cos\theta+\sum_{n=2}^{\infty}\left(A_{1n}r^n+A_{2n}r^{-(n+1)}\right)P_n(\cos\theta) \tag{12.18}$$

比较边界条件，则式(12.18)中各项系数为

$$\begin{cases}A_{10}=\varphi_0\\A_{11}=-E_0\\A_{20}=0\\A_{21}=a^3E_0\\A_{1n}r^n+A_{2n}r^{-(n+1)}=0,\quad n\geqslant 2\end{cases} \tag{12.19}$$

因此，空间中的电位表达式为

$$\varphi(r,\theta)=\varphi_0-E_0\left(r-\frac{r_1^3}{r^2}\right)\cos\theta,\quad r\geqslant r_1 \tag{12.20}$$

根据式(12.20)求得电势的负梯度，即可求得空间中的电场表达式为

$$\boldsymbol{E}_1=-\nabla\varphi=E_0\left(1+2\frac{r_1^3}{r^3}\right)\cos\theta\boldsymbol{e}_r-E_0\left(1-\frac{r_1^3}{r^3}\right)\sin\theta\boldsymbol{e}_\theta \tag{12.21}$$

将 $r=r_1$ 代入式(12.21)，可求得传感器表面的电场分布为

$$E_{1r}(r_1,\theta)=-\nabla\varphi(r,\theta)|_{r=r_1}=3E_0\cos\theta \tag{12.22}$$

由式(12.22)可以看出，由于传感器的引入，空间中的电场重新分布，距离传感器越近，电场变化量越大，受 θ 的影响也越大。同时可以看出，空间中最大电场强度与最小电场强度均出现在传感器表面，最大电场为原电场的 3 倍，出现在传感器两极处；最小电场为 0，出现在传感器赤道处。传感器表面电场可以完全由空间原电场的一个余弦函数表示，空间电场也可以由原电场的一个函数表示，说明原电场虽然发生变化，但相比于传统的传感器结构，新的电场分布完全可以计算，更有利于计算和评估传感器的输出。

12.1.3　传感器输出电压与空间原电场的关系

根据式(12.22)，由高斯定律可以求得传感器表面的面电荷密度为

$$\sigma_1(a,\theta)=\varepsilon_0E_{1r}=3\varepsilon_0E_0\cos\theta \tag{12.23}$$

式中，ε_0 为空气中的介电常数。

考虑到该传感器应用环境中的电场为工频电场，即原电场为 $E_0(t)=\sqrt{2}E_0\sin(\omega t)$，因此外球壳表面的面电荷密度为 $\sigma_1(t)=\sqrt{2}\varepsilon_0E_{1r}\sin(\omega t)$。由此可见，随着时间的变化，外球壳表面电荷会重新分布，产生交变的电流。每一个 θ 对应于外球壳中的一个圆环截面，通过截面的电流为电荷总量对时间的导数：

$$i_{\text{in}}(\theta,t)=\frac{\mathrm{d}\left[\int_0^\theta\int_0^{2\pi}\sigma_1(t)r_1^2\mathrm{d}\alpha\mathrm{d}\theta\right]}{\mathrm{d}t}=-6\sqrt{2}\pi\omega r_1^2\varepsilon_0\sin\theta E_0\cos(\omega t) \tag{12.24}$$

电流密度为

$$J_{\text{in}}(\theta,t)\approx\frac{i_{\text{in}}(\theta,t)}{2\pi r_1\sin\theta\cdot d}=-\frac{3\sqrt{2}\omega\varepsilon_0r_1}{d}E_0\cos(\omega t) \tag{12.25}$$

由式(12.25)可以看出，传感器外球壳内部电流大小与 θ 无关，方向与 $\boldsymbol{e}_\theta$ 同向。

考虑到传感器材料为非理想导体材料，该电流方向不严格与 $\boldsymbol{e}_\theta$ 同向，会透入中间填充介质。电流方向与半径方向的夹角为 β，该角度与传感器材料和填充介质的体电导率相关，且为定值。传感器材料电导率越低，集肤深度越大，β 越小。在 50Hz 的工频频率下，不同材料对应的集肤深度如表 12.1 所示[16]。

表 12.1　工频频率下不同材料对应的集肤深度

材料	理想导体	铜	铝	铁	不锈钢
电导率/(S/m)	∞	5.8×10^7	3.8×10^7	1.03×10^7	1.1×10^6
集肤深度/mm	0	9.3	11.5	22.2	67.9

从表 12.1 中可以看出，集肤深度远远大于传感器外球壳厚度 0.5mm。如果传感器材料确定，角度 β 就可以确定，透入填充介质的电流与传感器外球壳内部电流的比例为 $\cos\beta$。进一步地，内外球壳中间电场强度可以表示为

$$E_{2r}\big|_{r=r_1}(t)=\frac{J_{\text{in}}(\theta,t)\cos\beta}{\gamma_e}=-\frac{\sqrt{2}\omega\varepsilon_0 r_1\cos\beta}{\gamma_e d}E_0\cos(\omega t)=K_1E_0\cos(\omega t) \tag{12.26}$$

$$E_{2r}(t)=\frac{r_1^2}{r^2}E_{2r}\big|_{r=r_1}(t) \tag{12.27}$$

式中，$E_{2r}\big|_{r=r_1}(t)$ 为传感器外球壳内表面电场强度值；γ_e 为填充介质电导率。

传感器的感应电压有效值 U_{AC} 即为从内球壳到外球壳对电场进行的线积分：

$$U_{AC}=\int_{r_1}^{r_2}E_{2r}\mathrm{d}r=\frac{r_1(r_2-r_1)}{r_2}E_{2r}\big|_{r=r_1} \tag{12.28}$$

将式(12.26)代入式(12.28)可得传感器感应电压有效值 U_{AC} 与原电场值 E_0 满足关系：

$$U_{AC}(t)=\frac{\sqrt{2}\omega\varepsilon_0 r_1^2(r_1-r_2)\cos\beta}{\gamma_e r_2 d}E_0\cos(\omega t) \tag{12.29}$$

式(12.29)对时间取一个周期的积分，得到传感器输出电压有效值与原电场有效值的关系为

$$U_{AC}=\frac{\omega\varepsilon_0 r_1^2(r_1-r_2)\cos\beta}{\gamma_e r_2 d}E_0=K_2E_0 \tag{12.30}$$

由式(12.30)可以看出，传感器输出电压与频率、材料、结构参数有关。当传感器材料与结构参数确定时，传感器输出电压与所在点原电场成正比，比例系数

为 K_2(单位为 m)。因此测量传感器输出电压并对其进行校正，即可求得传感器所在点原空间的电场强度值。

12.1.4　传感器等效电路分析

空间电场会在传感器内外极板上产生电势差，测量该电势差即可求得空间电场强度。实际上，由于传感器固有电容和引出线的影响，并不能直接测得传感器的输出电压，因此需要对传感器的参数进行计算分析。传感器探头包含两部分，传感器及其引出线，等效电路如图 12.3 所示。

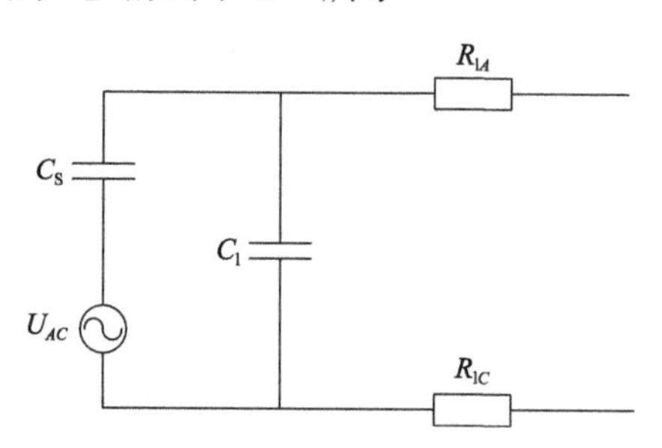

图 12.3　传感器及其引出线等效电路

图 12.3 中，U_{AC} 为传感器在电场中的感应电压有效值，C_S 为传感器的等效电容，R_{lA}、R_{lC} 分别为传感器内外球壳引出线的等效电阻，C_l 为内外球壳引出线之间的等效电容。

假设传感器内球壳带电量为 Q，根据高斯定律，传感器内外球壳之间的电场强度 E_{2r} 为

$$E_{2r}=\frac{Q}{4\pi\varepsilon r^2} \tag{12.31}$$

式中，r 为到传感器中心的距离；ε 为填充介质的介电常数。

由式(12.28)可得，传感器内外球壳电势差 U_{AC} 为

$$U_{AC}=\int_{r_1}^{r_2}E_{2r}\mathrm{d}r=\frac{Q}{4\pi\varepsilon}\frac{(r_1-r_2)}{r_1r_2} \tag{12.32}$$

根据电容的定义，传感器内外球壳之间的等效电容 C_S 为

$$C_S=\frac{Q}{U_{AC}}=\frac{4\pi\varepsilon r_1r_2}{r_1-r_2} \tag{12.33}$$

由于传感器引出线选用具有良好导电性能的铜线且较短，因此可忽略引出线电阻的影响，传感器引出线等效电容可计算为

$$C_1 = \frac{2\pi l \varepsilon_1}{\ln(d_1 - r_1) - \ln(r_1)} \tag{12.34}$$

式中，l 为引出线长度；ε_1 为引出线绝缘层介电常数；d_1 为引出线之间的距离；r_1 为引出线半径。

比较式(12.33)与式(12.34)，由于引出线的线间距远大于引出线半径，相比传感器固有电容，引出线电容可以忽略不计。引出线的电学参数对传感器等效电路的影响可以忽略。

12.1.5　双球壳型电场传感器的仿真及参数选择

建立传感器的三维模型，设置内外球壳半径分别为 r_2=8mm，r_1=12.5mm，球壳厚度 d=0.5mm。球壳材料设置为不锈钢，内外球壳之间填充物为环氧树脂。建立平行板型均匀电场校准装置的三维模型，在平行板上施加工频交流电压以在空间中产生正弦的工频电场，通过设置电压来改变电场的有效值；将传感器放置于该均匀电场中，研究传感器在不同尺寸、材料的情况下，其输出电压与空间原电场之间的关系。

1. 传感器输出电压与空间原电场关系的仿真研究

设置空间原电场强度有效值为 3kV/m，传感器周围及内部电场分布的瞬时值如图 12.4 所示。

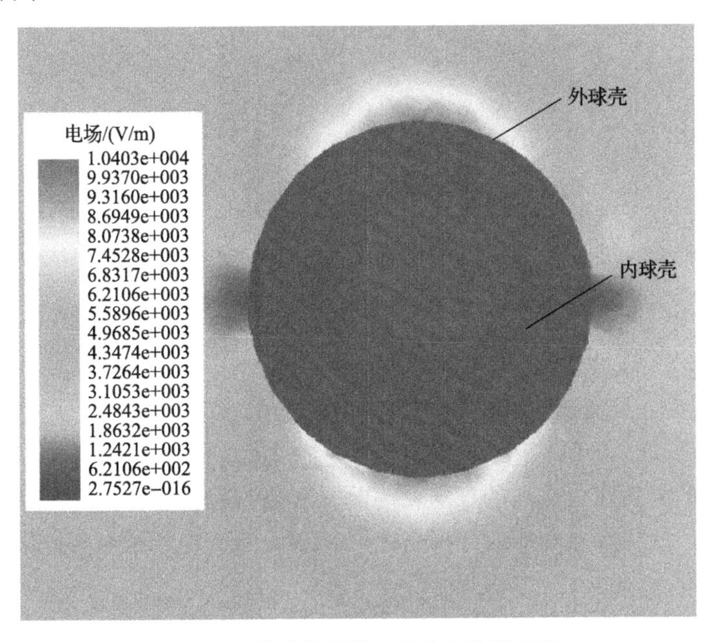

图 12.4　传感器周围电场分布的瞬时值

由图 12.4 可以看出，传感器外表面电场强度沿外球壳表面连续变化，最大电场强度为原电场强度的 3 倍，最小电场强度约为 0。进一步地，为了研究传感器表面电场分布情况，测得距传感器中心点 13mm(略大于传感器半径)处，电场强度 $E^*_{0\_13}$ 随 θ 角的变化如表 12.2 所示。

表 12.2　传感器外表面不同 θ 时的电场强度有效值

θ/(°)	0	10	20	30	40	50	60	70	80
$E^*_{0\_13}$/(kV/m)	8.182	7.944	7.420	7.106	6.030	5.226	4.084	2.825	1.143
θ/(°)	90	100	110	120	130	140	150	160	170
$E^*_{0\_13}$/(kV/m)	0.151	1.450	2.512	3.900	5.099	6.325	7.018	7.421	7.941
θ/(°)	180	190	200	210	220	230	240	250	260
$E^*_{0\_13}$/(kV/m)	8.466	7.837	7.211	7.155	6.262	4.957	3.916	2.573	1.388
θ/(°)	270	280	290	300	310	320	330	340	350
$E^*_{0\_13}$/(kV/m)	0.258	1.348	2.606	3.992	4.926	6.403	7.100	7.397	7.791

根据式(12.22)，传感器外表面 13mm 处电场强度有效值的理论值为 $E_{0\_13}=8.33|\cos\theta|$，理论值与仿真值对比如图 12.5 所示。

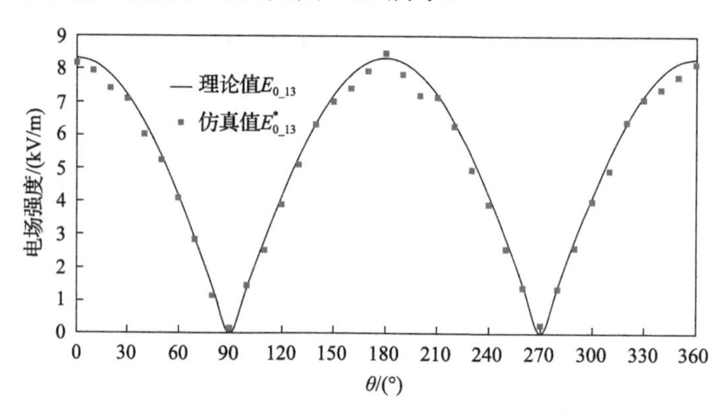

图 12.5　传感器表面电场强度理论值与仿真值

由图 12.5 可以看出，传感器表面电场分布的仿真值与理论值近似相等，若考虑电场的方向，则传感器表面的电场强度为原空间电场强度乘以余弦函数，如式(12.22)所示。可以看出，传感器的引入会对空间中的电场分布产生影响，但由于传感器的外表面为光滑的球面，因此重新分布后的电场无论在空间中还是在传感器表面，变化都比较均匀，根据式(12.22)，最大电场强度为原电场强度的 3 倍，最小为 0。

传感器内部电场分布和电场矢量图如图 12.6 所示。

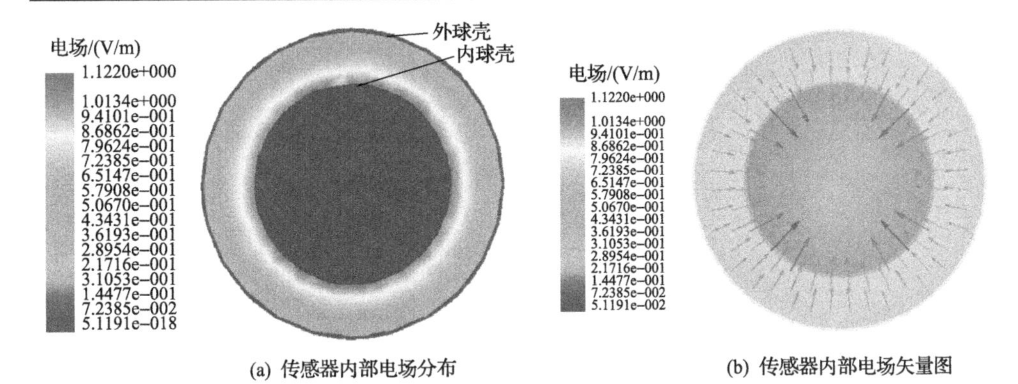

(a) 传感器内部电场分布　　(b) 传感器内部电场矢量图

图 12.6　传感器内部电场分布和电场矢量图

由图 12.6 可以看出，传感器内部存在电场，方向沿径向方向且方向相同(球坐标系)，越接近传感器内球壳，电场强度越大，与式(12.27)相符。由于传感器内部介质中存在电场，因此传感器内外球壳之间存在电势差。传感器外球壳电势 u_A、内球壳电势 u_C、内外球壳电势差 u_{AC} 随时间变化的曲线如图 12.7 所示。

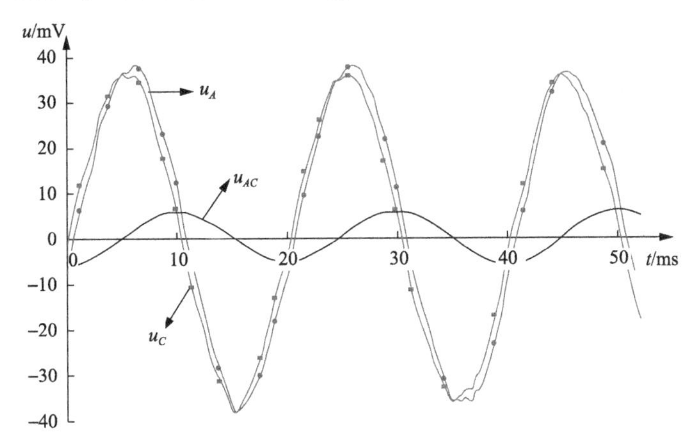

图 12.7　传感器电势时域波形图

由图 12.7 可以看出，传感器输出电压 u_{AC} 为一工频正弦电压，其有效值 U_{AC_rms} 约为 4.28mV。为了研究传感器输出电压与空间原电场的关系，设置不同的空间原电场强度，得到传感器输出电压有效值如表 12.3 所示。

表 12.3　传感器输出电压 U_{AC_rms} 与空间原电场 E_{0_rms}

E_{0_rms}/(kV/m)	1	2	3	4	5	6	7	8	9	10
U_{AC_rms}/mV	1.43	2.85	4.28	5.71	7.13	8.57	10.01	11.30	12.84	14.20

分析表 12.3 中的数据，U_{AC_rms} 与 E_{0_rms} 之间的线性相关系数接近于 1.00，说明二者呈正比例关系。对表 12.3 数据进行拟合，如图 12.8 所示。

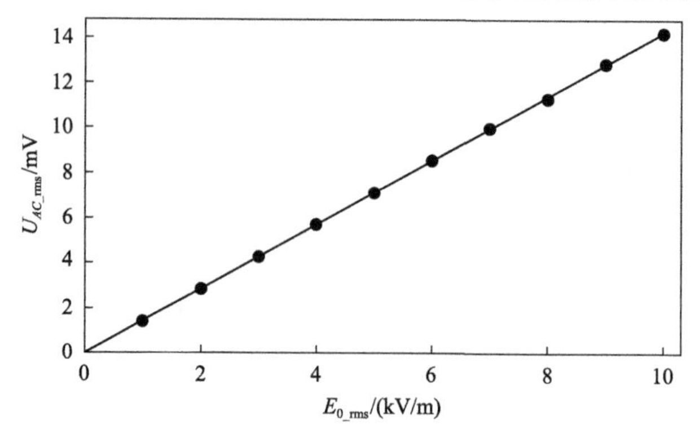

图 12.8　传感器输出电压与空间原电场的关系

由图 12.8 可以看出，传感器输出电压与所在点的空间原电场强度呈正比关系，根据式(12.30)，可求得比例系数 K_2=1.42×10^{-6}。因此，测量传感器输出电压，即可求得空间原电场强度。

2. 传感器参数与输出电压关系的仿真研究

为了尽可能增大传感器的输出电压，本节通过仿真来研究传感器输出电压与传感器尺寸和材料之间的关系，以尽可能提升传感器的性能。

1) 传感器尺寸的影响

保持空间原电场强度为 3kV/m，传感器材料选择为不锈钢。改变传感器内外球壳半径，得到不同的输出电压有效值 U_{AC_rms} 如表 12.4 所示。

表 12.4　不同传感器尺寸下的输出电压有效值　　　(单位：mV)

r_2/mm	r_1/mm				
	9.5	11	12.5	14	15.5
8	0.53	2.13	4.28	6.73	9.54
9.5	—	0.44	1.74	3.77	5.73
11	—	—	0.37	1.56	3.36
12.5	—	—	—	0.33	1.41
14	—	—	—	—	0.29

由表 12.4 可得，传感器输出电压受传感器尺寸影响较大，具体表现如下：

(1) 传感器内球壳半径固定时，输出电压随外球壳半径的增大而增大；传感器外球壳半径固定时，输出电压随内球壳半径的减小而增大。

(2) 传感器内外球壳间距固定时，输出电压随传感器尺寸的减小而减小。

根据式(12.30)，当空间原电场不变时，传感器输出电压有效值与尺寸的关系为

$$U_{AC} \propto r_1^2\left(\frac{r_1}{r_2}-1\right) \tag{12.35}$$

由式(12.35)可以看出，上述仿真结果与理论分析相符。由于传感器外球壳半径决定了传感器整体尺寸，因此需要兼顾输出电压与传感器尺寸两方面的影响，选择传感器外球壳半径 r_1=12.5mm，为使传感器输出电压达到最大，内球壳半径选择为 r_2=8mm。

2) 传感器球壳材料对输出电压的影响

由表 12.5 及其分析可知，球壳材料电导率越大，透过球壳的电场强度越弱，传感器输出电压越低，这是因为当传感器球壳材料为理想导体时，其屏蔽效能为无穷，因此传感器内部不存在电场。由于实际中传感器球壳材料不可能为理想导体，材料体电导率越小，外电场穿过球壳在传感器内外球壳之间感应的电场就越强，感应电压就越大，本小节通过仿真来验证该结论。

为了保证传感器内外球壳为等势体，本小节只研究金属材料对传感器输出电压的影响。设置空间原电场强度为 3kV/m 不变，传感器内外球壳材料分别设置为不锈钢、铁、铝、铜、理想导体，设置球壳厚度为 0.5mm，传感器输出电压有效值如表 12.5 所示。

表 12.5　不同球壳材料时传感器输出电压有效值 U_{AC_rms}

材料	电导率/(S/m)	U_{AC_rms}/mV
不锈钢	1.1×10^6	4.28
铁	1.03×10^7	3.40
铝	3.8×10^7	2.90
铜	5.8×10^7	0.83
理想导体	∞	0

由表 12.5 可以看出，传感器输出电压有效值与传感器球壳材料的电导率呈反相关关系，与理论分析相符。为了尽可能增大传感器输出电压，选择不锈钢作为传感器球壳材料。

3) 传感器填充介质对输出电压的影响

不同填充介质的介电常数不同，会影响内外球壳之间的电场强度，从而影响传感器输出电压。保持空间原电场强度为 3kV/m，传感器内外球壳材料为不锈钢，半径分别为 r_2=8mm，r_1=12.5mm，球壳厚度为 0.5mm，当改变传感器内外球壳之间的填充介质时，传感器输出电压有效值如表 12.6 所示。

表 12.6 不同介质材料时传感器输出电压有效值 U_{AC_rms}

材料	相对介电常数	U_{AC_rms}/mV
空气	1	13.44
环氧树脂	3.6	4.28
玻璃	5.5	2.32
云母	5.7	2.31

由表 12.6 可以看出，填充介质材料的相对介电常数越大，传感器输出电压越小，当没有填充介质时，传感器输出达到理论上的最大值。但由于填充介质起到为传感器内外球壳提供支撑塑形的作用，同时考虑环氧树脂填充较为方便，这里选择环氧树脂作为传感器的填充介质。

12.2 人体模型及其对电场影响的仿真研究

人体对电场的影响是本章需要着重研究的内容之一，因为相比传统电场测量仪，可穿戴式电场测量系统由电场运维人员佩戴进行测量。人体处于电场环境中时，不仅会改变电场的原有分布，造成局部电场的增强；由于电场运维人员在工作中的行走或摆臂等动作，会造成电场分布随人体动作不停地变化。本节通过仿真研究人体周围的电场分布特性，并通过改变人体摆臂动作的幅度来模拟实际情况，为可穿戴式电场测量系统选择合适的安装地点。

12.2.1 人体模型的建立

通过现代的解剖学手段，有的研究机构已经建立了高精度的人体模型[17]。但是高精度人体模型的计算量过于庞大，不适用于一般的工程计算问题，因此，本章需要兼顾通用、简便两个原则，建立合适的人体计算模型[18]。

本节以国家标准《中国成年人人体尺寸》(GB 10000—1988)作为首要依据，建立了较为简化的人体模型。该标准根据人体工效学要求，提供了我国不同年龄段成年人人体尺寸的统计数值，包括人体立姿、水平、坐姿、头部细节、手部细节等。表 12.7 为成年人人体在站立姿态时关键部位的尺寸统计[19]。

表 12.7 成年人人体在站立姿态时关键部位的尺寸统计 (单位：mm)

	百分位数	头高	头宽	头长	胸厚	肩宽	肩高	身高	身长	腿长
18～60 岁男性	50	223	154	184	280	431	1367	1678	550	834
	90	237	162	192	307	460	1435	1754	596	882
	百分位数	头高	头宽	头长	胸厚	肩宽	肩高	身高	身长	腿长
18～55 岁女性	50	216	149	176	199	397	1271	1570	497	782
	90	228	156	184	230	428	1333	1640	532	847

表 12.7 中百分位数表示相应部位的尺寸小于等于所列值的人所占比例，例如，18～60 岁男性中头高小于等于 223mm 的人数占比为 50%，小于等于 237mm 的人数占比为 90%。根据表中的统计结果，建立了简化的人体模型，如图 12.9 所示。该模型不仅有人体的关键部位尺寸、形状清晰明了，而且容易对模型参数以及人体动作进行调整，又不纠结于尺寸的细节，工程操作性强，计算速度和准确度能够得到保障。

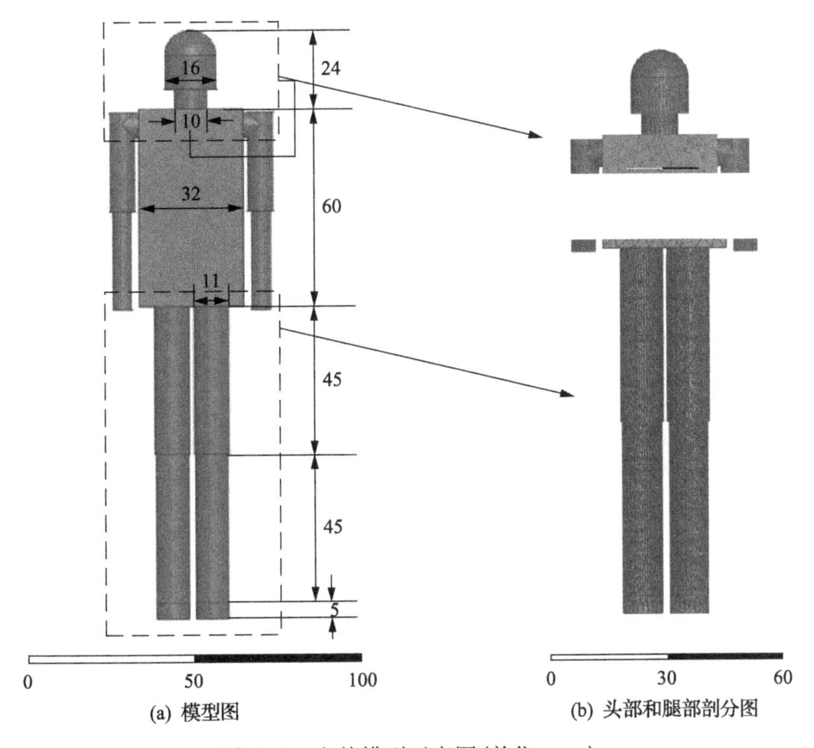

(a) 模型图　　(b) 头部和腿部剖分图

图 12.9　人体模型示意图(单位：cm)

如图 12.9(a)所示，人体腿长 95cm(包括脚)，身长 60cm，头高 24cm(包括脖子)，总身高 179cm。对人体剖分时选择对物体内部剖分，同时为了提高计算精度，对包含曲面的模型增加表层剖分，最终人体剖分网格总数为 37037，其中头部和腿部的剖分结果如图 12.9(b)所示。

人体不同器官组织的电导率如表 12.8 所示[18]。

表 12.8　人体不同器官组织的电导率

器官	肌肉	脂肪	血液	肠	软骨	肝脏	肾
电导率/(S/m)	0.11	0.04	0.60	0.11	0.04	0.13	0.16
器官	胰腺	脾脏	肺	心脏	脑	皮肤	眼
电导率/(S/m)	0.11	0.18	0.10	0.11	0.12	0.11	0.11

由表 12.8 可见，相比于空气(电导率为 0)，人体近似为导体。简便起见，本节将人体视为均匀介质[20, 21]，电导率取为 0.1S/m，相对介电常数取为 10^6。

12.2.2　人体对电场分布的影响

1)电场环境模型的建立

本节研究人体对均匀电场和非均匀电场的影响，电场环境如图 12.10 所示。

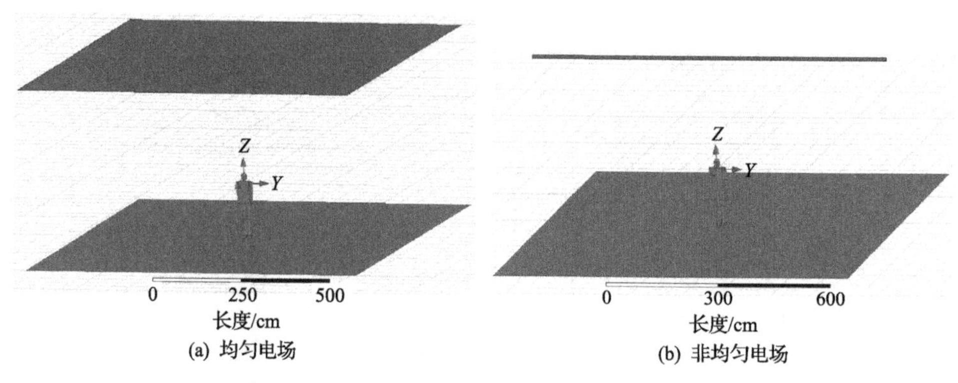

(a) 均匀电场　(b) 非均匀电场

图 12.10　电场仿真模型

图 12.10(a)为人体在均匀电场中的仿真，将人体放置于一对较大的平行板之间，通过设置平行板之间的电压差来产生均匀电场。平行板设置为正方形，边长 10m，两个平行板之间的距离为 5m，下极板为地面，电压设置为 0。

图 12.10(b)为人体在非均匀电场中的仿真，以单相输电线产生的非均匀电场为例。下极板为地面，电压设置为 0，导线直径设置为 5cm，高度设置为 4.5m，长度设置为 10m。

2)人体对电场分布的影响

上极板电压有效值设置为 15kV，即空间中原电场有效值为 3kV/m。人体周围电场分布如图 12.11 所示。

分析图 12.11 可知，人体内部电场几乎为 0(小于 0.1V/m)，但是人体对周围电场的影响较大，由图 12.11 可以看出，人体头部和肩膀部位对电场的影响最为明显。

人体在单根导线产生的电场中时，周围电场分布如图 12.12 所示。

由图 12.12 可以看出，在单根导线产生的不均匀电场中，电场在导线周围变化较大，在远离导线，特别是接近地面处，电场变化较小。在人体周围，由于人体近似为等电势体，人体内部电场几乎为 0，人体外部随身高的不同电场变化较大，特别是在人体头部及肩膀周围，电场强度较大。

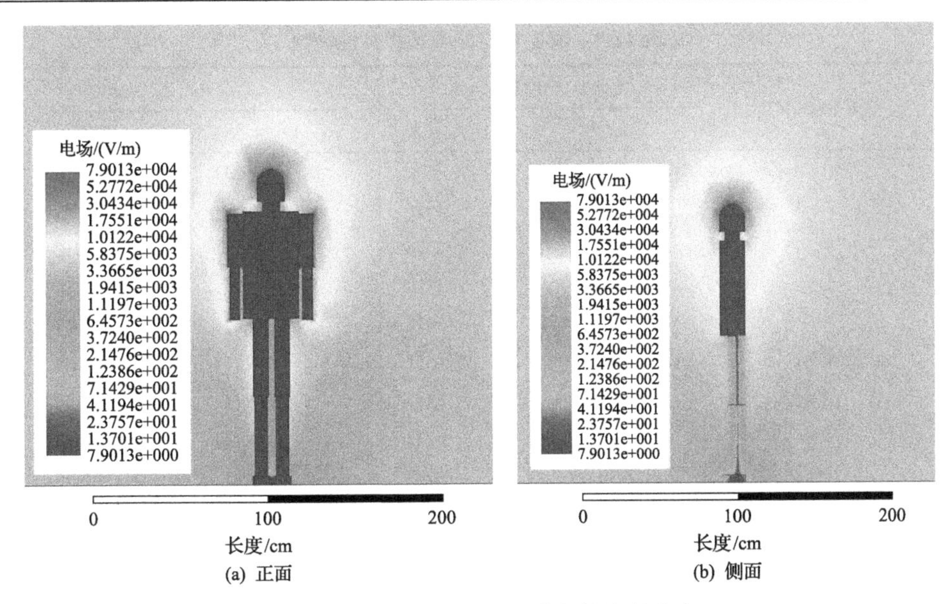

图 12.11　均匀电场中的人体周围电场分布

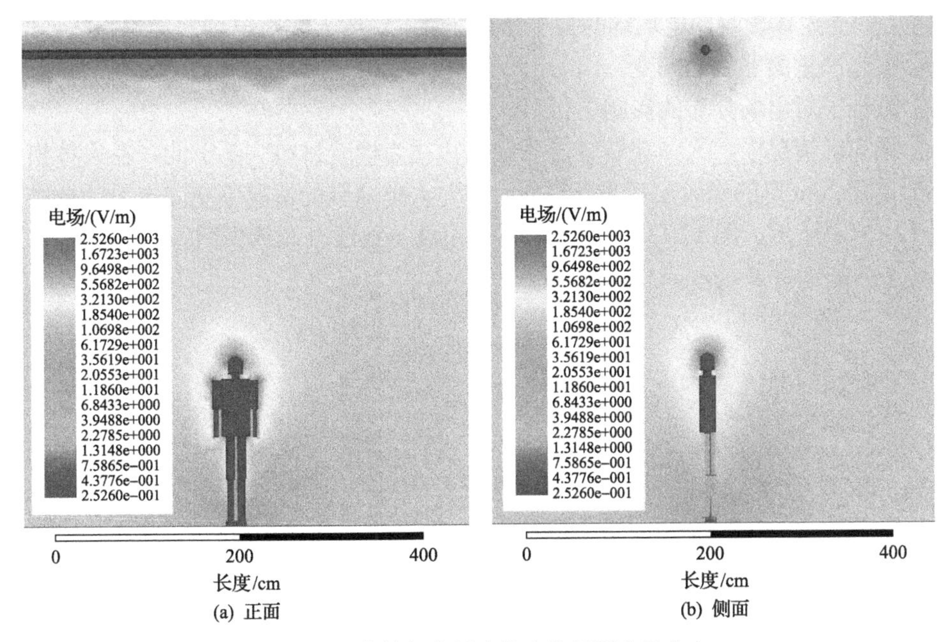

图 12.12　非均匀电场中的人体周围电场分布

为了进一步验证受人体影响的电场与原电场之间的相关性，以研究人体是否会对原电场造成较为严重的畸变，选择人体头顶 5cm 处一点 A 和肩膀外侧 5cm 处一点 B 为观测点，分别观测在不同的激励电压下，无人和有人两种情况下的电场，以评估人体对电场的影响程度。数据记录如表 12.9 所示。

表 12.9　畸变场与原电场相关性检验

电压等级/kV	测点 A 电场/(V/m)		测点 B 电场/(V/m)	
	无人	有人	无人	有人
1	113.12	778	109.31	571
2	226.01	1555	218.49	1141
3	340.32	2336	326.54	1712
4	449.49	3118	438.11	2286
5	561.87	3894	544.41	2857
6	680.16	4671	656.25	3424
7	788.64	5445	763.43	3994
8	907.58	6227	873.18	4572
9	1013.34	6998	979.47	5136
10	1134.19	7781	1091.59	5711

由表 12.9 可以看出，人体的加入会对电场产生影响，使原电场增强；不同的测量位置对电场的影响程度也不一样。但是在不同的电压等级下，不管在哪一个测量点，受人体影响的电场均与原电场成正比，说明人体对电场的影响是线性的，不会引起严重的非线性畸变。

3）鞋子对电场分布的影响

在实际情况中，人体穿着鞋子且鞋底往往为橡胶材料。鉴于此，在人体模型脚部设置 2cm 厚的橡胶层后重新进行计算。人体穿鞋的情况下空间电势的分布如图 12.13(a)所示，图 12.13(b)为腿部周围空间等势线分布放大图。

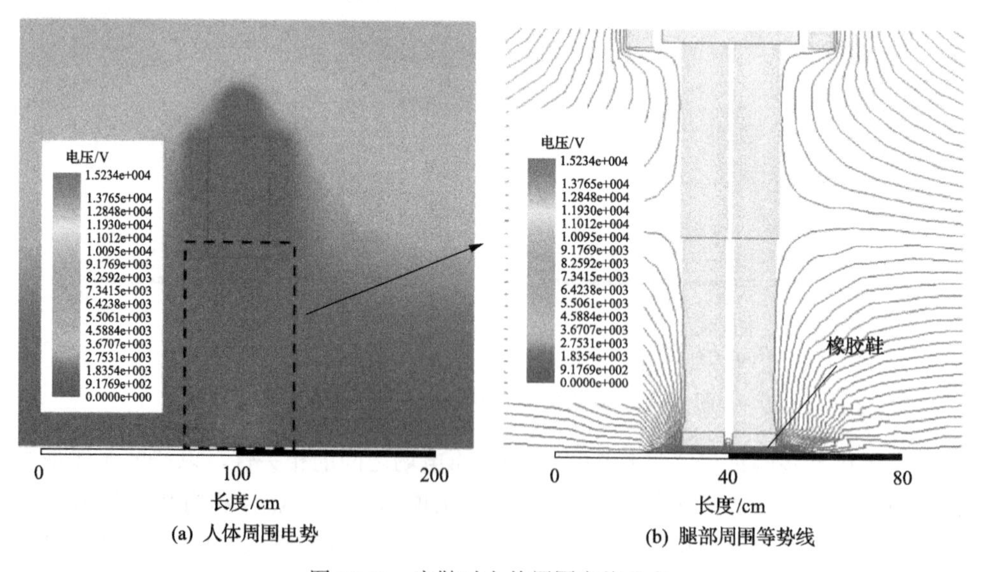

(a) 人体周围电势　　(b) 腿部周围等势线

图 12.13　穿鞋时人体周围电势分布

由图 12.13(a)可以看出，人体仍然为等势体，但由于人体穿鞋，人体相当于一个悬浮的导体。由图 12.13(b)可以看出，人体电势接近于膝盖处的空间原电势，且与图 12.10(a)相比，人体鞋子内部及周围电势变化较大，说明电场较强。穿鞋情况下，人体周围电场分布如图 12.14 所示。

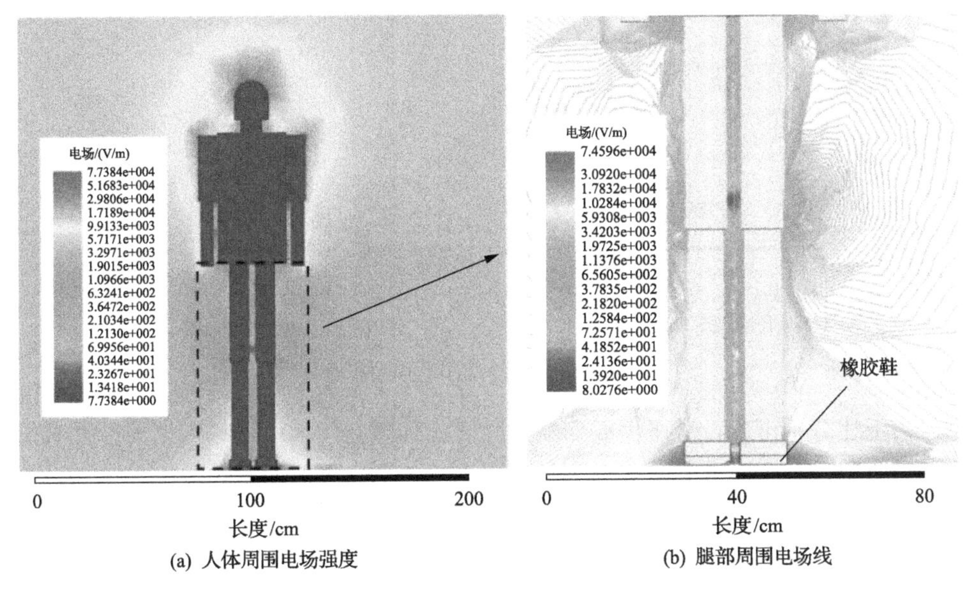

(a) 人体周围电场强度　　(b) 腿部周围电场线

图 12.14　穿鞋时人体周围电场分布

由图 12.4(a)可以看出，人体穿鞋时，会在鞋子内部及周围产生较高的场强，导致人体腿部周围电场增大。与图 12.12(a)相比可以看出，在穿鞋的情况下，人体两腿之间缝隙的电场强度增大较为明显，为数倍以上。

为了定量分析人体赤脚和穿鞋两种情况对周围电场的影响，选取人体身后 5cm 处，自下而上求得每点上的电场强度值，计算路径示意图如图 12.15(a)所示，沿电场路径上每一点的电场强度如图 12.15(b)所示。

由图 12.15(b)可以看出，由于人体的影响，人体周围地面的电场强度不再为 3kV/m。人体在赤脚的情况下，在脚部附近出现零电场值，且电场随着高度的增加而增大，在人体头部周围达到最大值，约为空间原电场强度的 6 倍。随着高度的继续增加，电场强度迅速缩小，大约在 3m 以上的高度时，减小为原电场强度。人体在穿鞋的情况下，脚部周围空间由于鞋子的影响，电场畸变较大，电场强度约达到空间原电场强度的 10 倍，随着高度的增加，电场强度迅速减小，在人体膝盖附近减小到 0，随后迅速增大，在头部周围达到极大值，约为原空间电场强度的 5 倍。随着高度继续增加，电场强度迅速缩小，与人体赤脚的情况较为接近。

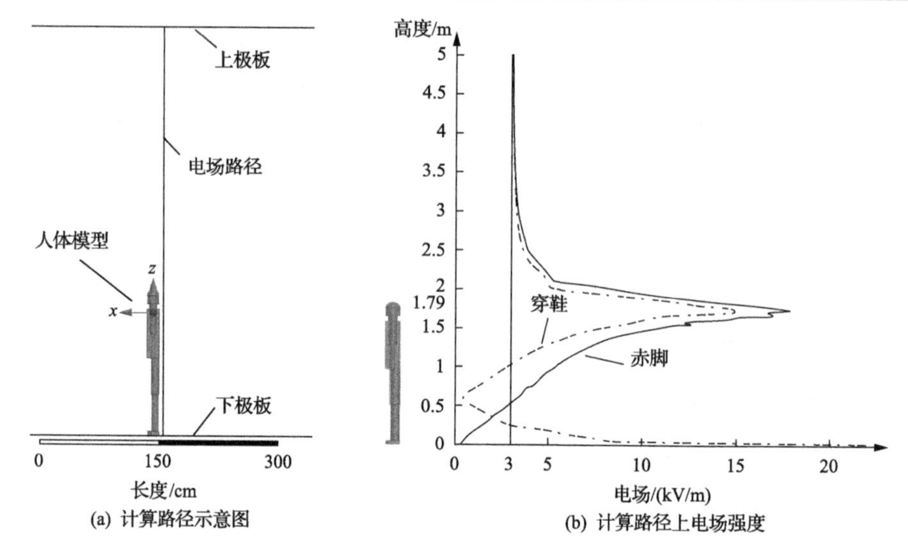

(a) 计算路径示意图　　(b) 计算路径上电场强度

图 12.15　人体对周围电场的影响

由上述分析可知，鞋子主要影响人体脚部周围空间的电场畸变情况，并且影响范围有限，鞋子对人体腿部以上和远离人体的空间电场的影响较小。

4) 人体行走对电场的影响

对于可穿戴式电场测量系统，由于测量系统佩戴在人体上，人在移动过程中必然会改变空间和人体周围的电场分布，而可穿戴式电场测量系统要求人体的移动不会对电场测量造成较大的影响，因此需要评估人体行走以及动作对电场强度的影响。模拟人体走路姿势，设置人体手臂和腿部不同的摆动角度，如图 12.16 所示。

图 12.16　人体走路示意图

以均匀电场为例，在人体走路时，人体周围电势和电场分布如图 12.17 所示。

图 12.17 为沿人体中轴线的 xz 截面的电势和电场分布情况。由图 12.9 可以看出，人体两腿之间有一条缝隙，因此图 12.17 中腿部所示位置的场分布实际为人体腿部外侧空间的场分布，人体腿部内部场强仍然近似为 0。与人体静止时的电场分布相比，人体在行走过程中，脚部周围空间的电场强度变化较大，这是由于在走路时，脚部相当于一个突出的导体，其周围电场会发生畸变。

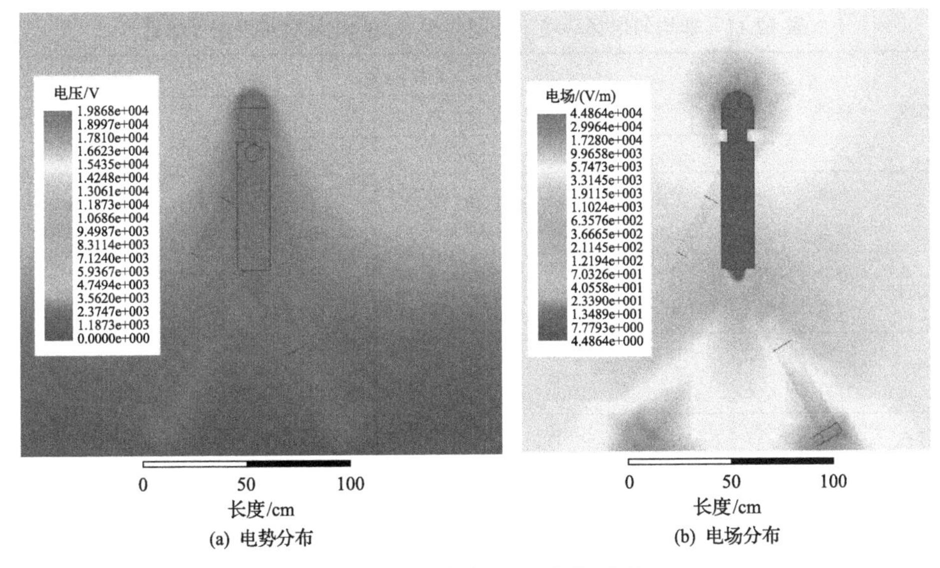

(a) 电势分布　(b) 电场分布

图 12.17　人体走路时周围场分布

为了研究人体周围不同测量点电场随人体行走时的变化情况，在本小节中，选择 4 个测量点：头顶、前胸、后背、手臂外侧，如图 12.16 所示。分别在均匀电场环境和非均匀电场环境下，观察这几个测量点的电场强度随着人体胳膊摆动的变化情况。为了更好地比较不同数量级的数据之间的离散程度，定义变异系数 c_v 为

$$c_v = \frac{\mu}{\sigma} \tag{12.36}$$

式中，μ 为数据平均值；σ 为数据标准差。变异系数 c_v 越大，说明数据的离散程度越大。

数据统计情况如表 12.10 和表 12.11 所示。

表 12.10　均匀电场环境下不同测量点上的电场强度及统计参数

部位	条件	电场强度/(kV/m)								c_v /%
		人体手臂和腿部的摆动角度							μ	
		0°	5°	10°	15°	20°	25°	30°		
头顶	赤脚	27.27	25.84	23.14	27.06	32.57	27.46	22.85	26.60	11.3
	穿鞋	16.73	16.32	14.78	15.45	15.01	15.06	13.65	15.28	6.2
前胸	赤脚	10.99	11.21	11.19	11.52	10.78	10.71	10.50	10.98	2.9
	穿鞋	6.68	6.76	6.89	6.54	6.56	6.40	6.39	6.60	2.6
后背	赤脚	11.12	11.10	11.16	11.38	10.90	10.76	10.46	10.98	2.6
	穿鞋	6.83	6.62	6.64	6.78	6.52	6.65	6.31	6.62	2.4
手臂外侧	赤脚	15.16	15.86	14.41	17.11	17.56	16.19	17.57	16.26	6.9
	穿鞋	10.38	10.17	9.88	9.50	9.94	9.08	10.30	9.89	4.4

表 12.11　非均匀电场环境下不同测量点上的电场强度及统计参数

部位	条件	电场强度/(kV/m)								
		人体手臂和腿部的摆动角度							μ	c_v/%
		0°	5°	10°	15°	20°	25°	30°		
头顶	赤脚	647.2	763.1	592.7	556	626.8	678.3	488.9	621.9	13.1
	穿鞋	558.9	478.7	459.4	545.4	543.9	499.2	516.0	514.5	6.7
前胸	赤脚	182.4	165.2	162.1	179.4	176.8	174.7	166.3	172.4	4.2
	穿鞋	202.4	205.8	204.2	203.3	212.9	198.3	203.6	204.4	2.0
后背	赤脚	183.2	181.0	176.8	176.8	179.6	178.0	168.7	177.7	2.4
	穿鞋	206.8	206.3	204.7	216.6	199.5	194.4	195.9	203.4	3.5
手臂外侧	赤脚	307.3	295.8	291.0	279.0	255.9	267.9	255.2	278.9	6.7
	穿鞋	309.6	324.6	321.0	288.7	314.0	293.8	278.9	305.9	4.5

由表 12.10 和表 12.11 可以看出，随着人体手臂和腿部的摆动，人体周围各测量点电场强度发生变化，其中头顶测量点处电场强度值最高，后背与前胸处电场强度值相近并且最低。在电场变异系数方面，头顶处测量点电场变异系数最大，超过 10%(赤脚情况下)；手臂外侧测量点电场变异系数较小，小于 7%；前胸和后背处电场变异系数最低，小于 5%。

人体在行走过程中，其位置也会发生相应的变化。下面研究在非均匀电场环境下，人体处于不同位置，即电场强度不同时，人体对电场的影响，并与在均匀电场环境中的结果进行比较。

为了评估人体对电场的影响，可用受人体影响后的电场强度大小 E_S 与空间原均匀电场强度大小 E_0 之比来评估人体对电场的影响程度，将其称为电场强度影响因子 Δ，计算公式为

$$\Delta = \frac{E_S}{E_0} \tag{12.37}$$

在均匀电场环境中，人体周围测量点的电场强度影响因子如表 12.12 所示。

表 12.12　均匀电场环境下人体周围测量点的电场强度及影响因子

条件	参数	部位			
		头顶 3kV/m	前胸 3kV/m	后背 3kV/m	手臂外侧 3kV/m
赤脚	电场/(kV/m)	27.27	10.99	11.12	15.16
	Δ	9.09	3.66	3.71	5.05
穿鞋	电场/(kV/m)	16.73	6.68	6.83	10.38
	Δ	5.58	2.23	2.28	3.46

在图 12.10(b)所示的非均匀电场环境下，改变人体与导线在水平方向(x 方向)的相对距离，统计在不同位置处，空间原电场强度和有人体影响的电场强度，并计算电场强度影响因子 Δ，结果如表 12.13 所示。

表 12.13　非均匀电场环境下不同位置时人体周围测量点的电场强度及影响因子

部位	距离/cm	无人 E_0/(V/m)	赤脚		穿鞋	
			电场/(V/m)	Δ	电场/(V/m)	Δ
头顶	0	76.18	647.2	8.50	424.8	5.58
	50	74.54	632.7	8.49	397.2	5.33
	100	70.10	614.9	8.77	383.6	5.47
	150	63.93	592.1	9.26	363.8	5.69
	200	57.24	431.2	7.53	349.1	6.10
	250	50.76	388.4	7.65	323.4	6.37
	300	44.96	439.5	9.78	290.9	6.47
	350	40.21	358.6	8.92	257.4	6.40
	400	36.72	315.4	8.59	236.3	6.44
	450	34.55	310.8	9.00	211.4	6.12
μ		—	—	8.65	—	5.10
c_v/%		—	—	7.45	—	6.95
前胸	0	71.32	182.4	2.56	202.4	2.84
	50	70.70	158.3	2.24	210.5	2.98
	100	67.83	163.5	2.41	211.9	3.12
	150	63.18	158.4	2.51	198.5	3.14
	200	57.75	170.6	2.95	191.7	3.32
	250	52.16	152.8	2.93	180.7	3.46
	300	46.98	127.0	2.70	168.5	3.59
	350	42.62	130.6	3.06	157.0	3.68
	400	39.27	109.8	2.80	142.9	3.64
	450	37.06	107.0	2.89	139.3	3.76
μ		—	—	2.71	—	3.35
c_v/%		—	—	9.53	—	9.08
后背	0	71.31	183.2	2.57	206.8	2.90
	50	69.48	159.2	2.29	194.3	2.80
	100	65.61	156.5	2.39	187.5	2.86
	150	60.38	137.4	2.28	171.5	2.84
	200	54.75	126.9	2.32	154.6	2.82
	250	49.38	106.5	2.16	144.3	2.92
	300	44.59	103.0	2.31	138.5	3.11

续表

部位	距离/cm	无人 E_0/(V/m)	赤脚		穿鞋	
			电场/(V/m)	Δ	电场/(V/m)	Δ
后背	350	40.73	95.2	2.34	129.7	3.18
	400	37.97	93.0	2.45	123.2	3.24
	450	36.4	77.1	2.12	102.2	2.81
μ		—	—	2.32	—	2.95
c_v/%		—	—	5.34	—	5.36
手臂外侧	0	71.44	391.0	5.47	278.6	3.90
	50	70.21	353.4	5.03	264.4	3.77
	100	66.74	320.1	4.80	262.9	3.94
	150	61.84	294.8	4.77	244.1	3.95
	200	56.26	274.3	4.88	224.4	3.99
	250	50.72	256.6	5.06	199.5	3.93
	300	45.75	244.8	5.35	178.1	3.89
	350	41.67	221.7	5.32	157.7	3.78
	400	38.56	196.2	5.09	140.4	3.64
	450	36.69	173.6	4.73	134.5	3.66
μ		—	—	5.03	—	3.84
c_v/%		—	—	4.93	—	3.04

为了更好地比较不同数量级数据之间的离散程度，使用变异系数 c_v 来对数据的离散程度进行描述。c_v 越小，越说明测量点的电场强度只与该处的原电场强度相关。

由表 12.13 可以看出，在手臂外侧的测量点，电场强度影响因子的变异系数最小，说明该处测量点的电场强度与电场分布情况相关性最小，只与该处的原电场强度有关。

5)可穿戴式电场测量系统的安装方案

综合分析以上仿真结果，本节选择测量系统安装地点为手臂外侧，主要有以下优点：

(1)在手臂外侧安装测量系统，可以方便地对测量系统进行操作，并且不会影响电力运维人员的动作；

(2)根据表 12.10 和表 12.11 的仿真结果，无论在均匀电场还是在非均匀电场中，随人体动作产生的变化量在可接受范围内，能够保证测量点输出的稳定性。

(3)根据表 12.13 的仿真结果，在非均匀电场环境中人体穿鞋情况下，在手臂外侧测量点测得的电场强度变异系数最小，即表示与空间原电场强度的相关性最大，测量稳定性好。

12.3　可穿戴式电场测量系统硬件设计

本章研制的可穿戴式电场测量系统以 STC8A8K64S4A12 系列单片机为控制核心[22]。测量系统主要由双球壳型电场传感器、差分放大器、滤波器、真有效值转换器、微处理器、人机交互电路和电源模块组成，测量系统的原理框图如图 12.18 所示。

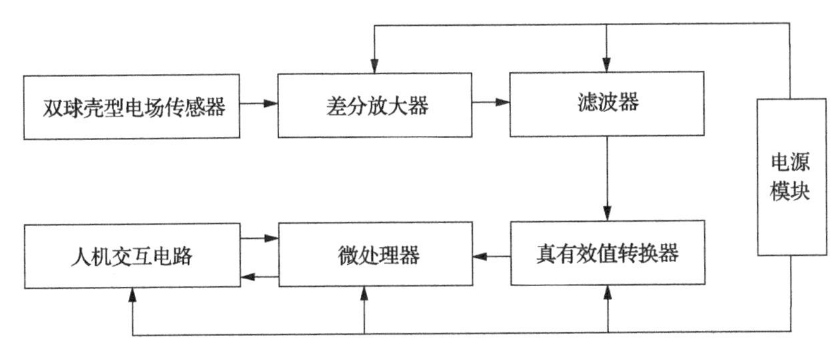

图 12.18　可穿戴式电场测量系统硬件设计框图

12.3.1　传感器探头制作与参数计算

传感器球壳材料为两个空心不锈钢球壳，半径分别为 r_1=12.5mm，r_2=8mm，厚度 d=0.5mm。根据式(12.33)，可求得传感器的固有电容为 C_S=9.89pF。将外球壳切开后放入已焊接上信号线的内球壳，使用胶枪注入填充介质环氧树脂，在介质冷却前将两个半球壳紧紧压在一起，并在连接缝隙涂上导电银漆以防止两个半球壳连接不紧密。随后在外球壳上焊接另一条信号线。值得注意的是，在不锈钢表面直接进行焊接工作比较困难，焊锡在不锈钢表面很难粘连，可先使用草酸在焊接点进行轻微的腐蚀。本节所制作的可穿戴式电场传感器探头的实物如图 12.19 所示。

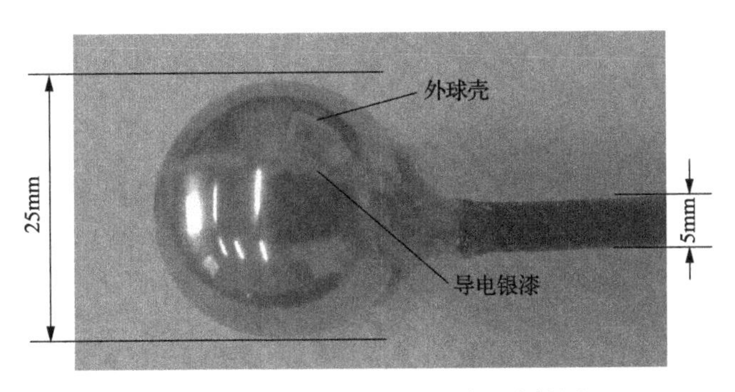

图 12.19　可穿戴式电场传感器实物图

12.3.2　测量系统硬件电路设计

1) 信号提取电路

传感器两个极板的电位为悬浮电位，输出电压为两个极板之间的差值，因此在设计信号处理电路时，需要用差分输入模块将差分信号转化为对地信号(指 PCB 的“地”)，如图 12.20 所示。

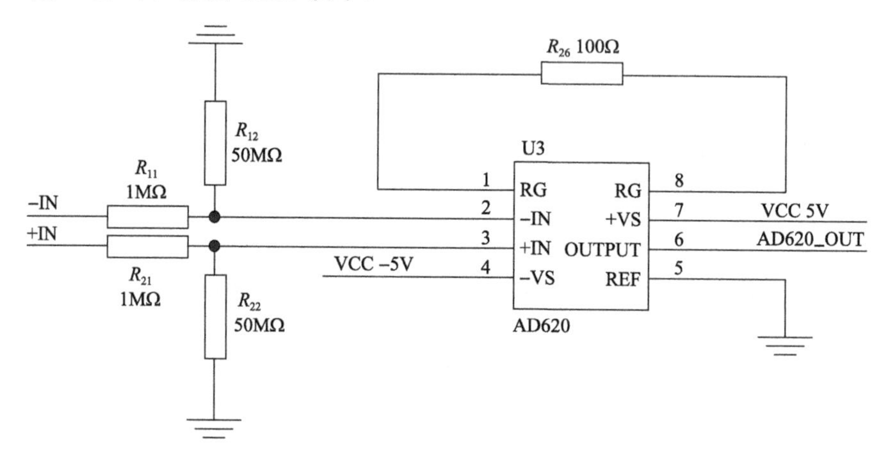

图 12.20　信号提取电路

在图 12.20 中，–IN 与+IN 为 AD620 芯片的两个输入端，分别接传感器的两极，芯片输出引脚为 AD620_OUT，输出电压为 U_O。AD620 是一款低成本、高精度的仪表差分放大器，可以将输入差分信号转化为对地信号，并且能够极大地消除空间电磁场对导引线产生的共模干扰。放大倍数仅需要一个外部增益电阻来设置，增益范围为 1～10000，增益方程式为

$$G=\frac{49.4\text{k}\Omega}{R_{26}}+1 \tag{12.38}$$

式中，若 R_{26} 设置为 100Ω，则放大倍数为 G=495。

R_{11} 和 R_{21} 为两个限流电阻，设置为 1MΩ。R_{22} 和 R_{12} 为两个直流偏置电阻，设置为 50MΩ。

在图 12.20 中，–IN 和 +IN 两端在芯片内部接运算放大器，因此输出电流为零，R_{12} 与 R_{22} 均与地相连，因此这两个电阻相当于串联，并与 R_{11}、R_{12} 和传感器并联。结合图 12.3 所示的传感器等效电路，以及式(12.38)，输出电压 U_O 可以表示为

$$U_{\mathrm{O}}=G\frac{\mathrm{j}\omega C_{\mathrm{S}}\left(R_{12}+R_{22}\right)}{\mathrm{j}\omega C_{\mathrm{S}}\left(R_{11}+R_{21}+R_{12}+R_{22}\right)+1}\cdot U_{AC} \tag{12.39}$$

进一步地，输出电压的有效值 $U_{\mathrm{O\_rms}}$ 可以表示为

$$U_{\mathrm{O\_rms}}=G\frac{\omega C_{\mathrm{S}}\left(R_{12}+R_{22}\right)}{\sqrt{\omega^2 C_{\mathrm{S}}^2\left(R_{11}+R_{21}+R_{12}+R_{22}\right)^2+1}}\cdot U_{AC\_\mathrm{rms}}=K_3 U_{AC\_\mathrm{rms}} \tag{12.40}$$

联立式(12.30)和式(12.40)，可以得到原电场有效值 E_{0_rms} 与输出电压有效值 $U_{\mathrm{O\_rms}}$ 的关系为

$$E_{0\_\mathrm{rms}}=\frac{1}{K_2 K_3}U_{\mathrm{O\_rms}}=K_{\mathrm{all}}U_{\mathrm{O\_rms}} \tag{12.41}$$

由式(12.41)可以看出，空间原电场与测量电压成正比。将图 12.20 中各电阻数据代入式(12.41)，可以求得 K_3=133，K_{all}=5285m^{-1}。

2)滤波电路

空间中存在噪声干扰，因此需要对前置放大电路的信号进行处理，常用的方法之一就是滤波。滤波技术通常分为软件滤波技术和硬件滤波技术，由于本节后续电路使用了真有效值转换芯片，无法使用软件滤波技术，因此选择硬件滤波技术。

根据滤波电路的不同，滤波器通常分为三种：LC 无源滤波器、RC 无源滤波器和 RC 有源滤波器。LC 无源滤波器是由电感和电容组成的无源电抗网络，具有能量损失小、噪声低、灵敏度高等优点，但是电感元件体积较大，因此在集成电路中使用较少；RC 无源滤波器是由电阻和电容组成的，但电阻的存在会消耗能量，信号衰减较为严重，因此通常只用在对滤波性能要求较低的场合中；RC 有源滤波器弥补了 RC 无源滤波器的缺点，可以使 RC 网络像 LC 网络一样具备较高的滤波性能。本节使用 MCP6402E-SOIC 芯片构建有源滤波网络，该芯片内部含有两个独立的运放(运放 *A* 和运放 *B*)，运放 *B* 构成电压跟随器电路，运放 *A* 构成滤波电路，如图 12.21 所示。

图 12.21 中，运放 *B* 与 R_{38}、R_{39}、R_{40}、R_{41} 构成电压跟随器电路，其作为缓冲级和隔离级，可以提高电路的带载能力。图中 AD620_OUT 为前置放大电路的输出，即电压跟随器电路的输入；AD620_OUT2 为电压跟随器电路输出，与后置滤波电路的输入相连接。根据运放的虚短、虚断原理，可以推得输入输出的关系为

$$U_{\mathrm{AD620\_OUT2}}=\frac{R_{38}}{R_{38}+R_{39}}\cdot\frac{R_{40}+R_{41}}{R_{41}}\cdot U_{\mathrm{AD620\_OUT}} \tag{12.42}$$

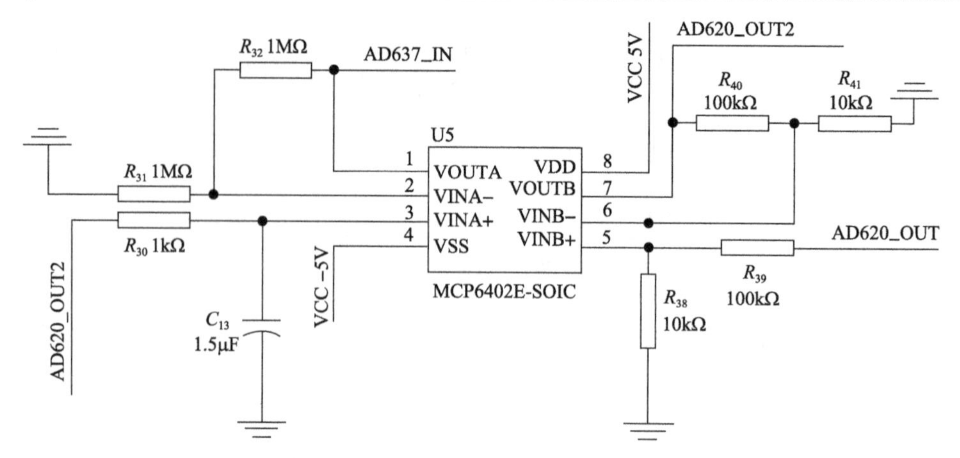

图 12.21　电压跟随器电路和滤波电路

将图 12.21 中电阻参数代入式(12.42)，可以求得该电压跟随器的变比为 1。电压跟随器的引入，可以增大电路的输入电阻，减小输出电阻，从而将前后级的电路进行隔离，提高电路的带载能力，减小滤波电路所受的干扰。

图 12.21 中，运放 A 与 R_{30}、R_{31}、R_{32}、C_{13} 构成滤波电路，该滤波电路输入为 AD620_OUT2，输出为 AD637_IN，接后续处理电路。根据运放的虚短、虚断原理，可以推得该滤波电路的输入输出关系为

$$\dot{U}_{\text{AD637\_IN}}=\frac{-\mathrm{j}\dfrac{1}{\omega C_{13}}}{R_{30}-\mathrm{j}\dfrac{1}{\omega C_{13}}}\cdot\frac{R_{31}+R_{32}}{R_{31}}\cdot\dot{U}_{\text{AD620\_OUT2}}=\frac{R_{31}+R_{32}}{R_{31}+\mathrm{j}\omega R_{31}R_{30}C_{13}}\cdot\dot{U}_{\text{AD620\_OUT2}}$$

(12.43)

由此可见，该滤波电路为低通滤波电路，将图 12.21 中电阻、电容值代入式(12.43)可以求得

$$\frac{\dot{U}_{\text{AD637\_IN}}}{\dot{U}_{\text{AD620\_OUT2}}}=\frac{2}{1+\mathrm{j}9.42\times10^{-3}f} \tag{12.44}$$

由式(12.44)可以看出，该滤波模块为低通滤波，经计算截止频率为 281Hz。该滤波模块对频率为 50Hz 的信号有放大作用，且相位滞后约 23°。

3) 真有效值转换电路

电场测量信号为模拟信号，需要使用 A/D 模块将模拟信号转换为单片机可识别的数字信号。本节使用单片机内部集成的 12 位 15 通道的高速 A/D 转换器，输入要求为 0～5V，但电场测量信号为正弦波形，因此需要对信号进行处理。通常

有如下两种处理方式：

(1) 通过电平抬升电路对电场测量信号进行电平抬升，使其最小值大于 0，然后通过程序设计，消除电平抬升电路的影响。这种方法可以保留电场信号的所有原始信息，但会增加程序的复杂性。更重要的一点是，由于电平抬升的影响，电场测量信号的幅值不能大于 2.5V，相当于电场测量范围被减小一半。

(2) 由前述分析可知，本节所需信息为电场测量信号的有效值，因此可通过外部电路直接计算得到电场测量信号的有效值后将信号输入。这种方法不仅可以避免电平抬升电路所带来的测量范围减半的影响，而且可降低程序的复杂度。本节使用 AD637 芯片完成信号的真有效值转化电路设计。

AD637 芯片可以很方便地用来计算输入信号的有效值，其原理如图 12.22 所示。

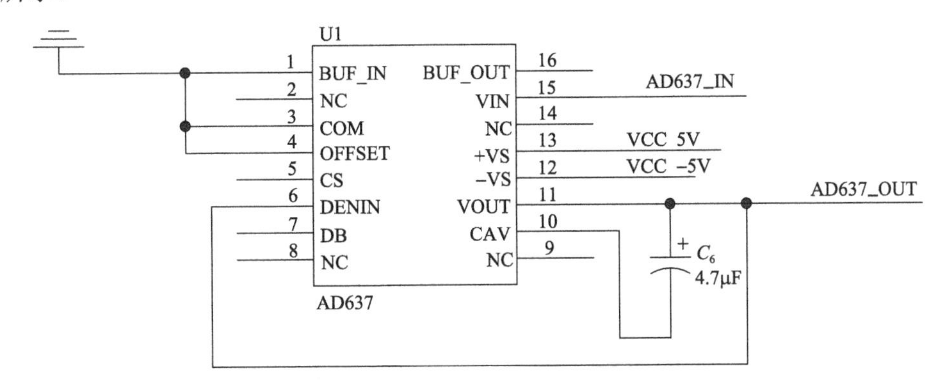

图 12.22　真有效值转换电路

图 12.22 中，AD637_IN 为电路输入，可为直流信号或交流信号，本节为正弦波信号；AD637_OUT 为电路输出，其值为输入信号的有效值。AD637 芯片只需一个外部极性电容 C_6 来设置时间常数，该电容与低频时的转换误差有关。当 C_6 设置为 4μF，频率为 10Hz 时，转换误差为 0.1%；当 C_6 设置为 4μF，频率为 3Hz 时，转换误差为 1%。本节传感器应用环境为 50Hz 电场，因此转换精确度要求能够得到满足。AD637 芯片的输出电压范围为供电电压的函数，如图 12.23 所示。

由于本节所用单片机的 A/D 模块输入电压要求不高于 5V，因此 AD637 芯片供电电压选择为 ±5V，输出电压最大值约为 4.5V。

4) 人机交互电路及报警电路

本节所设计测量系统除电场测量模块外，还需包含人机交互模块，要求含有如下功能：

(1) 按键功能。通过按键，设置报警功能的开通与关闭，并可通过按键设置不同的报警阈值。

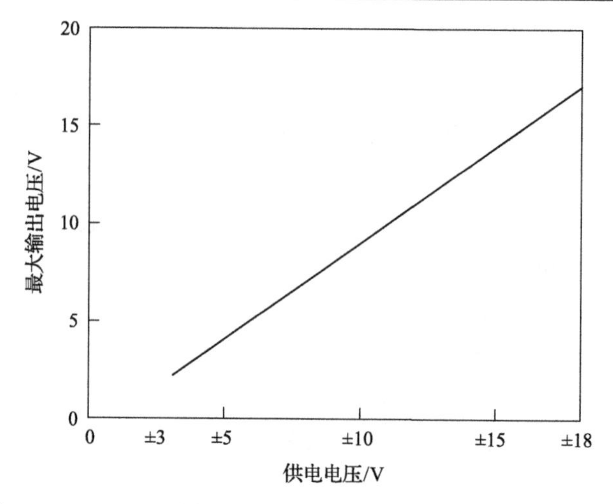

图 12.23　AD637 最大输出电压(负载为 2kΩ)与供电电压的关系

(2)显示功能。需要显示当前电场测量结果和报警阈值。

(3)报警功能。当电场测量结果高于所设置的报警功能时，测量系统须发出报警信号，这里选择声音报警。

以上三种功能的人机交互电路如图 12.24 所示。

图 12.24(a)为按键电路，共设计 3 个按键电路。以按键 key-0 为例，R-key-0 为上拉电阻，取值 20kΩ，为按键提供一个偏置电位；R-key-01 为限流电阻，取值 100Ω，防止单片机 I/O 口中流过的电流过大；C-key-0 为去抖电容，防止按键过程中由于按键抖动造成多次输入问题。当 key-0 未按下时，按键开路，key-0 端为高电位；当 key-0 按下时，key-0 端电位被拉低，为相应的单片机接口(P3.2 口)提供一个下降沿脉冲，触发相应的中断程序。

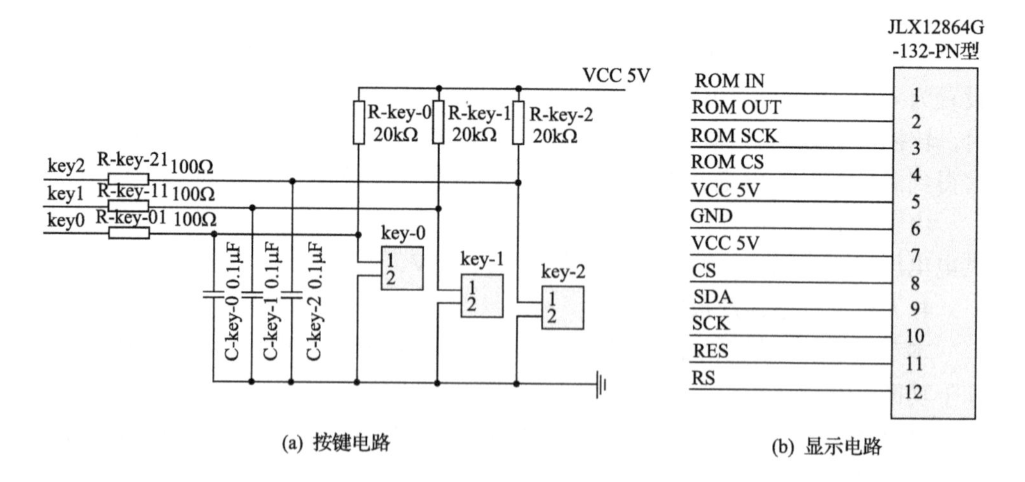

(a) 按键电路　　(b) 显示电路

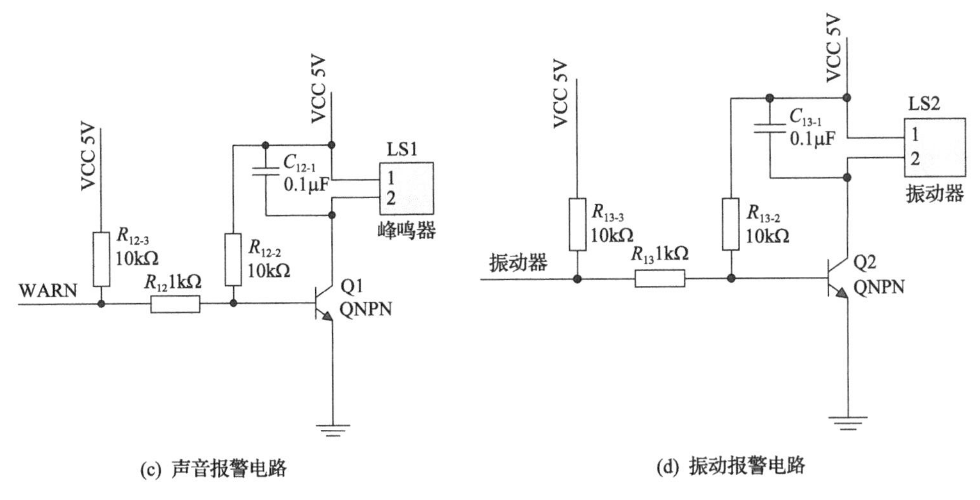

(c) 声音报警电路　　(d) 振动报警电路

图 12.24　人机交互电路

图 12.24(b)为液晶显示电路，使用 JLX12864G-132-PN 型液晶显示器，可以显示 16×16 点阵的汉字 8 个 4 行，或 8×16 点阵的英文、数字、符号 16 个 4 行，或 5×8 点阵的英文、数字、符号 21 个 8 行。大小为 43mm×35mm，可以在满足显示要求的情况下保证测量系统整体体积较小。

图 12.24(c)和(d)分别为声音报警电路和振动报警电路。以图 12.24(c)为例，WARN 接单片机 P3.7 口，为报警控制端口。由于单片机 I/O 口带载能力较弱，不足以为报警器 LS1 提供足够的电流，因此使用 NPN 型三极管 Q1 与 R_{12}、R_{12-2}、C_{12-1} 构成灌电流电路。当测量电场值小于预设的报警阈值时，WARN 口电位为 0，此时 Q1 的基极电位小于 0.5V，三极管为关闭状态，流过报警器的电流为 0，报警器不工作。当测量电场值大于预设的报警阈值时，WARN 口电位为 5V，此时 Q1 导通，由供电电源为报警器提供电流，发出声音报警。

5) 电源电路设计

本节所设计的测量系统由 9V 可充电电池供电，电路中各芯片所用电压为 5V、–5V，电源转换电路如图 12.25 所示。

图 12.25(a)为正压模块，P1 接 9V 电池，P5 为充电端口。J2 为电源开关，在充电时需要保证断开状态。P2 为 LM7805 芯片，当端口 1 输入电压高于 7V 时，其输出端口 3 可输出稳定的 5V 直流电压，其内部含有过流、过热及调整管的保护电路，使用方便、可靠。

图 12.25(b)为负压模块，使用 ICL7660 芯片，可在 1.5～10V 内将正压转换为相应的负压。

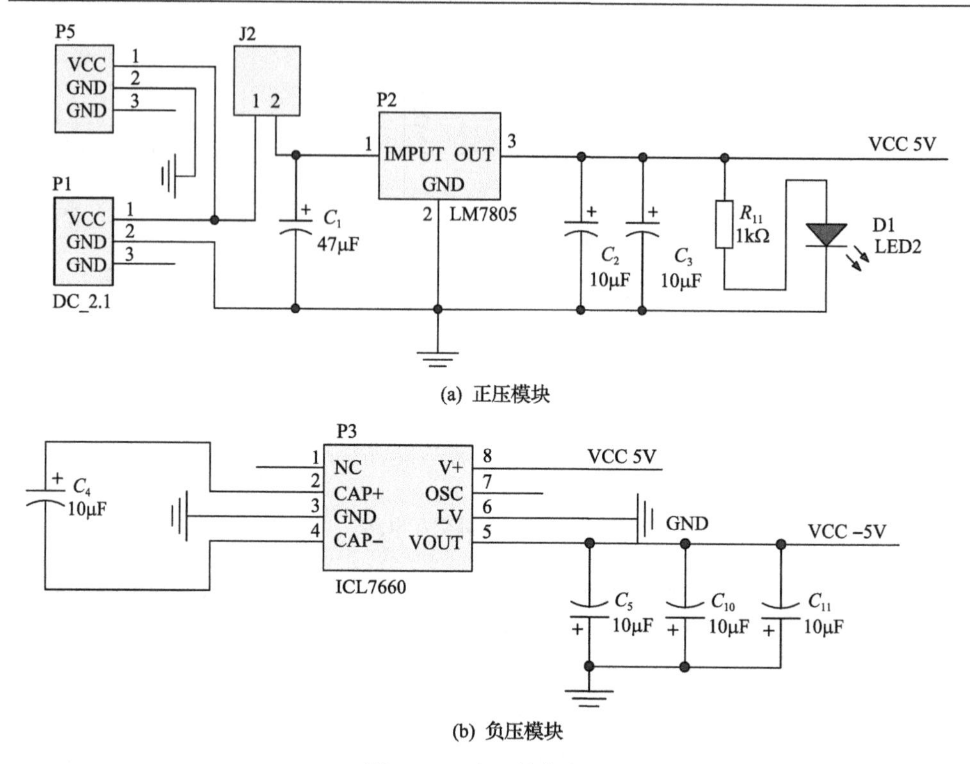

(a) 正压模块

(b) 负压模块

图 12.25　电源转换电路

6) 单片机性能分析

本节使用 STC8A8K64S4A12 作为硬件电路的微处理器芯片，是 STC 生产的单时钟/机器周期(1T)的单片机，指令代码完全兼容传统 8051 单片机，具有以下特点：

(1) 内部集成高精度 R/C 时钟。ISP 编程时，可彻底省掉外部昂贵的晶振和复位电路，可以减小测量系统设计成本与体积。

(2) 内部含有 3 个可选时钟源：内部 24MHz 高精度 IRC 时钟(可适当调高或调低)、内部 32kHz 的低速 IRC、外部 4～33MHz 晶振或外部时钟信号。用户代码中自由选择时钟源，时钟源选定后经过 8bit 的分频器分频将时钟信号提供给 CPU 和各个外设(如定时器、串口等)。

(3) 提供两种低功耗模式：IDLE 模式和 STOP 模式。IDLE 模式下，负载电流约为 1.3mA(6MHz 工作频率)。STOP 模式即为传统的掉电模式，负载电流可降低到 0.1μA 以下。

(4) 内部集成了增强型的双数据指针。通过程序控制，可实现数据指针自动递增或递减功能以及两组数据指针的自动切换功能。

(5) 单片机内部集成了一个 12 位 15 通道的高速 ADC。ADC 的时钟频率为系统频率 2 分频再经过用户设置的分频系数进行再次分频(即 ADC 的时钟频率范围为 SYSclk/2/1～SYSclk/2/16)。每固定 16 个 ADC 时钟可完成一次 A/D 转换，ADC 的速度最快可达 800kHz(即每秒可进行 80 万次模数转换)。

7) PCB 整体设计

完成原理图绘制后，需要对电路进行 PCB 设计。PCB 设计是测量系统制作中的一个重要环节，影响到测量系统的测量精度和使用寿命。好的 PCB 设计能够极大地减小信号在电路板中传输所受到的干扰。因此，在 PCB 设计时，应该注意以下几个方面的问题：

(1) 合理布置元件位置。为了减少信号在传输过程中所受到的干扰，应该将信号处理电路远离干扰源布置，同时尽量将数字电路与模拟电路分开，减少信号之间的耦合。

(2) 合理布线。在信号线的布线过程中，应尽量增大线路宽度，减小走线的长度，同时还应保持前后信号线的宽度一致，减少信号线的弯折。对于电源走线，应尽量增大电源走线的宽度。

(3) 抗干扰措施。为了减小线路中各个模块之间的干扰，可以将 PCB 进行敷铜接地。同时，将地线分为数字地和模拟地两部分，两部分之间通过磁珠或 0Ω 电阻进行连接。信号引出线使用屏蔽线，将屏蔽层与 PCB 进行共地处理。

根据以上设计要点，所设计 PCB 大小约为 53mm×48mm，PCB 图及实物如图 12.26 所示。

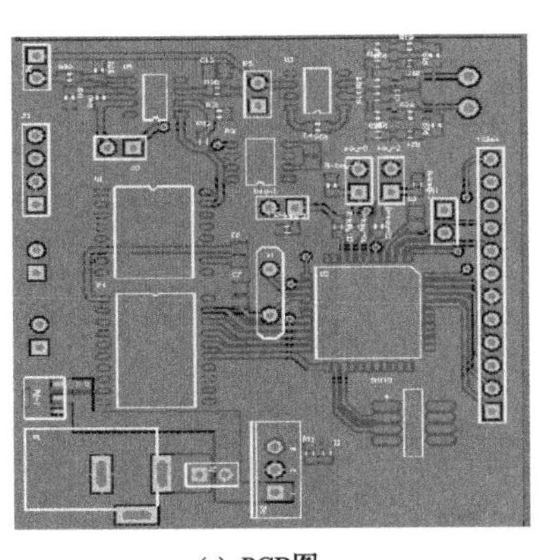

(a) PCB图

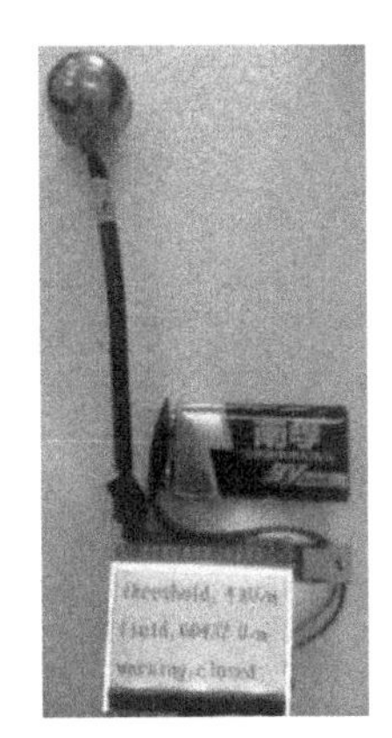

(b) 实物图

图 12.26　电场测量系统示意图

12.4　可穿戴式电场测量系统软件设计

设计硬件电路后，需要对单片机系统进行软件设计以完成相应的功能。本节软件设计需实现以下几个功能：

(1) 对输出的测量信号进行模数转换；

(2) 对测量信号数据进行处理，尽量减小数据误差；

(3) 对测量结果进行判断并能够相应地改变报警电路的端口设置；

(4) 对测量结果进行显示；

(5) 要求按键电路能够触发中断，进行报警功能的开/闭、报警阈值的设置等操作。

系统总体流程框图如图 12.27 所示。

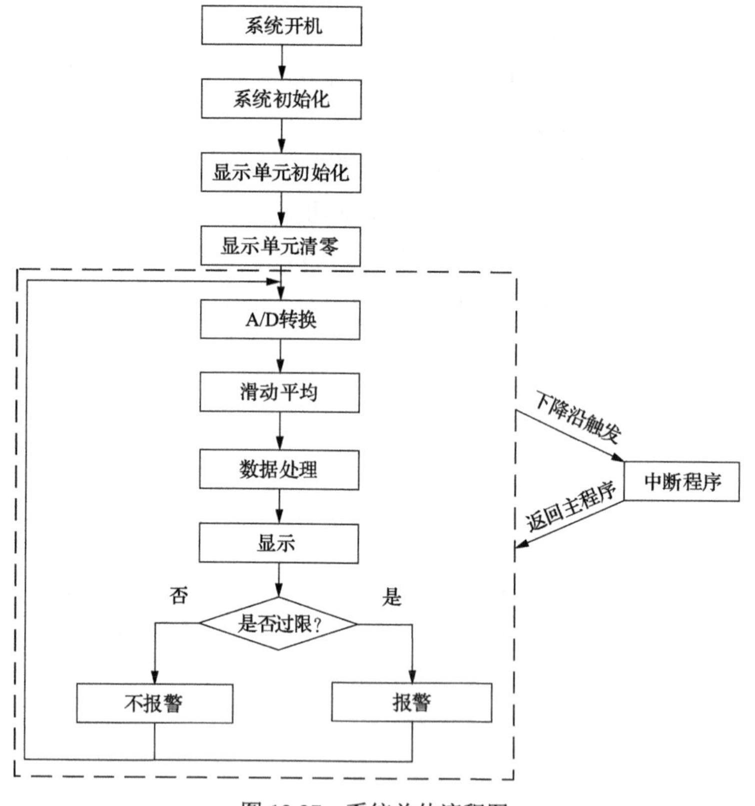

图 12.27　系统总体流程图

1) 中断程序

本节设计了 3 个按键中断，均为下降沿中断，由 key-0、key-1、key-2 控制，优先级依次递减。其中 key-0 控制中断 0，控制报警功能的启动与关闭，每次中断均改变报警功能的状态，只有当报警功能启动且电场测量数值大于预设的报警阈值时，才启动报警器。key-1 和 key-2 分别控制报警阈值的加与减，每次触发中断，在原有报警阈值的基础上改变 0.5kV/m。

2) 数据处理程序

在测量过程中，传感器和信号处理电路受到空间信号的干扰，测量结果难免会发生波动。为了在信号处理中尽量减小数据的波动，如图 12.28 所示，对所采集数据先使用滑动平均的方式，取最新 10 次测量数据的平均值作为所测数据，然后进行后续的数据处理。设置一个长度为 10 的数组 $a[i]$ (i=0,1,2,…,9)，初始值均设置为 0，用每次的 A/D 转换结果覆盖数组中相应位置的元素并对数组所有数据进行加和求平均，将平均值放入 ave 变量中，再通过显示程序进行显示。

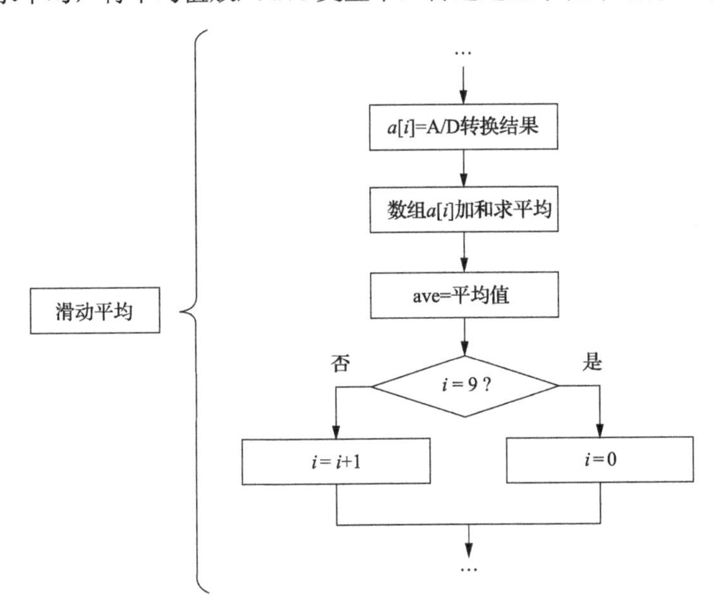

图 12.28　滑动平均程序流程图

3) 分级式报警设计

报警阈值可通过按键进行设定。若不另行设置报警阈值，则采用默认阈值。

(1) 电场强度低于 5kV/m 时，不报警。

(2) 电场强度大于或等于 5kV/m 且低于 10kV/m 时，进行振动报警，可手动关闭或开启该报警信号(说明：5kV/m 和 10kV/m 阈值的选取是参考了《作业场所物理因素测量第三部分：1Hz～100kHz 电场和磁场》(GBZ/T 189.3—2018) 以及国际非电离辐射防护委员会(the International Commission on Non-Lonizing Radiation Protection, ICNIRP) 推荐标准 *Guidelines for Limiting Exposure to Time-varying*

Electric, Magnetic, and Electromagnetic Fields(*Up to* 300GHz)。该强度范围内的电场短时对人体无害，但不宜长期暴露)。

(3)电场强度大于或等于 10kV/m 时，进行声音和振动报警，不可手动关闭，提醒电力运维人员远离危险区域。

报警方案设计流程如图 12.29 所示。

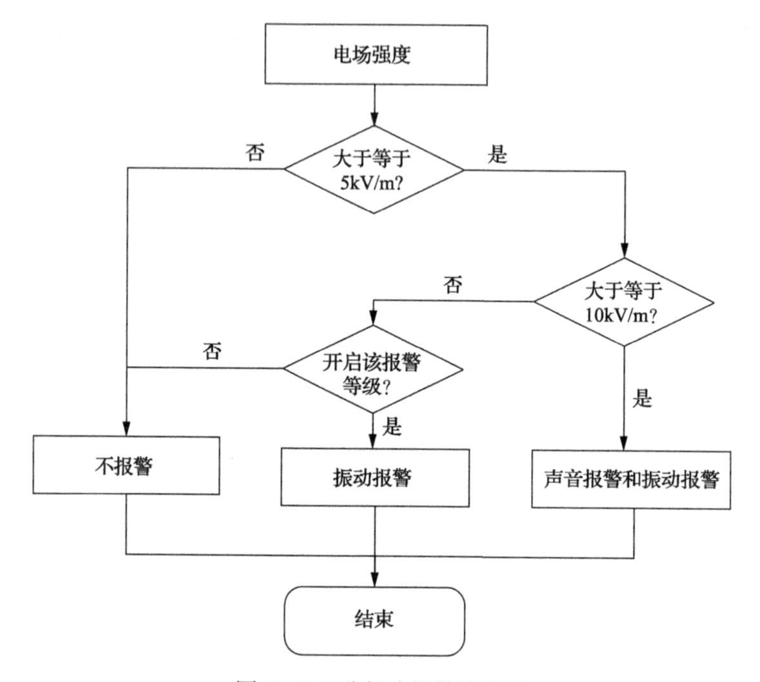

图 12.29　分级式报警流程图

4)软件抗干扰设计

可穿戴式电场测量系统受到空间电磁场干扰，可能会造成寄存器和内存的数据混乱、程序指针发生错误等情况。无论哪种情况，都会导致程序进入死循环，整个单片机系统陷入停滞状态，无法正常工作。

STC8 系列单片机内部含有看门狗电路，在程序中启动看门狗电路，当程序进入死循环时，看门狗电路可以自动发出复位脉冲，使单片机系统重启。

12.5　可穿戴式电场测量系统试验研究

为了通过试验验证该测量系统在可穿戴式电场测量中的测量效果，搭建了三相试验平台，如图 12.30 所示。

图 12.30　三相试验平台示意图

该试验平台的主体由三相调压器、三相升压变压器、三相线路、支架、高压探头和示波器构成。1 为三相调压器，输入为 380V 三相电压，输出为 0～400V 三相电压。2 为三相升压变压器，变比为 1∶50，因此，三相线路上可施加的线电压为 0～20kV。3 为三相线路，为 3 根铜棒，由木质支架进行支撑。4 为高压探头，为了避免调压器的示数误差，使用高压探头直接对电压进行监测，高压探头变比为 1000∶1。5 为示波器，用来检测高压探头输出电压。6 为木质支架，支架分两挡，可将线路高度设置为 2m 或 2.5m。根据实际情况，可以设置三相输电线路水平排列、正三角排列或倒三角排列。7 为 EFA-300 电场测量探头，8 为 EFA-300 电场测量操作仪，使用光纤与探头进行数据传输。坐标系建立如图中箭头所示，定义与输电线垂直且与大地平行的方向为 x 方向，与输电线平行的方向为 y 方向，与大地垂直的方向为 z 方向。这里，相间距设置为水平距离 1.5m，正三角排列方式。三相分别为 A、B、C。

12.5.1　测量仪准确性验证

为了实际研究并评估人体对可穿戴式电场测量系统的影响，选择距离输电线路中间相水平距离 2.5m 的一点作为测量点，使用 EFA-300 电场测量仪和可穿戴式电场测量系统分别对电场进行测量。电场测量示意图如图 12.31 所示。

图 12.31(a)和(b)分别为在同一测量点，使用 EFA-300 电场测量仪和可穿戴式电场测量系统进行测量，测量结果分别用 $E_{\mathrm{EFA\text{-}300}}$ 和 E_{S} 表示。结果如表 12.14 和图 12.32 所示。

(a) 使用EFA-300电场测量仪

(b) 使用可穿戴式电场测量系统

图 12.31　测量仪准确性验证示意图

表 12.14　不同激励电压时测量系统的测量电场

相电压/kV	$E_{EFA\text{-}300}$ / (V/m)	E_S / (V/m)
1	103	101
2	215	204
3	335	316
4	447	432
5	564	544
6	691	667

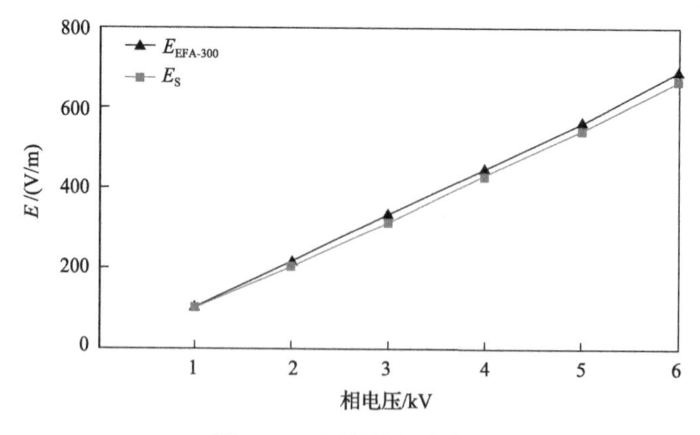

图 12.32　测量结果分布图

由图 12.32 可以看出，在三相复杂的电场环境下，可穿戴式电场测量系统和 EFA-300 电场测量仪测量结果非常接近，说明可穿戴式电场测量系统的测量准确度较高。由表 12.14 中的数据分析，可穿戴式电场测量系统的误差在 6.1%以内。

12.5.2　穿戴式测量试验

选择距离输电线路中间相水平距离 2.5m 的一点作为测量点，分别使用 EFA-300 电场测量仪和可穿戴式电场测量系统进行穿戴式试验，如图 12.33 所示。

(a) 使用EFA-300电场测量仪

(b) 使用可穿戴式电场测量系统

图 12.33　电场测量示意图

改变三相电源的相电压，记录 EFA-300 电场测量仪和可穿戴式电场测量系统在穿戴式测量时的测量结果，分别为 $E^*_{\text{EFA-300}}$ 和 E^*_{S}，每改变一次相电压，记录三次测量结果以评估测量仪的测量稳定性，如表 12.15 和图 12.34 所示。

表 12.15　穿戴式测量中不同激励电压时的测量结果

相电压/kV	1	2	3	4	5	6
$E^*_{\text{EFA-300}}$ /(V/m)	330	742	1854	2057	3118	3489
	879	656	1389	1953	2859	2540
	768	1031	1158	2589	3568	4800
E^*_{S} /(V/m)	284	595	968	1330	1710	1971
	299	614	988	1336	1725	1998
	290	611	960	1345	1752	2005

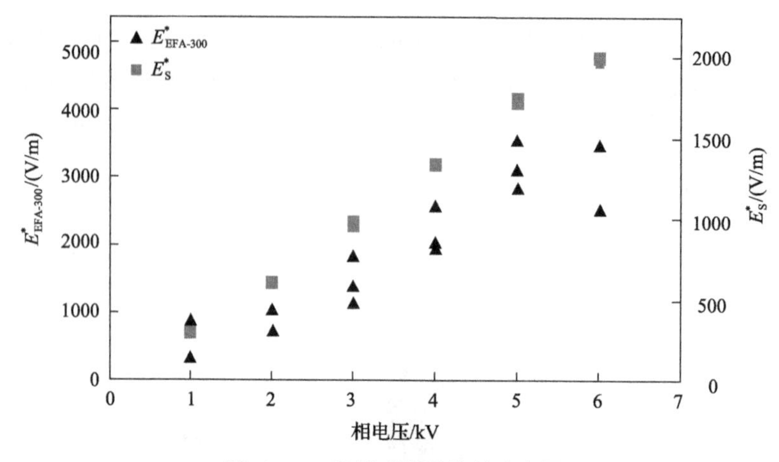

图 12.34　穿戴式测量结果分布图

由图 12.34 可以看出，在穿戴式测量中，EFA-300 电场测量仪的示数变得很不稳定，无法进行准确的测量。可穿戴式电场测量系统的测量结果较为稳定，并且与空间原电场值呈正比关系，因此可以通过软件设计对测量结果进行校正。

12.5.3　人体动作对穿戴式测量的影响

为了通过试验研究人体行走时的摆臂动作对穿戴式电场测量系统的影响，固定人体位置和测量系统安装位置，设置三相电源相电压有效值为 4kV，改变人体手臂的摆动角度。在不同摆臂角度下，可穿戴式电场测量系统的测量结果如表 12.16 所示。

表 12.16　手臂不同摆动角度时可穿戴式电场测量系统的测量结果

角度/(°)	−20	−10	0	10	20	30	40
E^*_S/(V/m)	1218	1286	1337	1209	1328	1277	1192

由表 12.16 可以计算得出，可穿戴式电场测量系统输出平均值为 1264V/m，标准差为 54V/m，变异系数为 4.3%。可以看出，在改变人体手臂摆动角度的情况下，可穿戴式电场测量系统输出变化较小。

参 考 文 献

[1] 能源部安全环保司. 电力安全工作规程(电力线路部分)(DL 409—1991). 北京: 中国电力出版社, 1991.

[2] 宋守信. ESAP 电力安全生产促进模式. 中国电力企业管理, 2008, 17: 60-62.

[3] 吴声声. 电力企业人因安全的研究与应用[博士学位论文]. 北京: 北京交通大学, 2013.

[4] 亓蒙. 高压输电工程带电作业的安全管理方法研究[硕士学位论文]. 北京: 华北电力大学, 2014.

[5] 周炳凌. 耐热导线带电作业技术的研究与应用[硕士学位论文]. 北京: 华北电力大学, 2013.

[6] Korpinen L H, Kuisti H A, Tarao H, et al. Occupational exposure to electric fields and currents associated with 110kV substation tasks. Bioelectromagnetics, 2012, 33(5): 438-442.

[7] Huss A, Spoerri A, Egger M, et al. Occupational exposure to magnetic fields and electric shocks and risk of ALS: The swiss national cohort. Amyotrophic Lateral Sclerosis and Frontotemporal Degeneration, 2015, 16(1-2): 80-85.

[8] Kletzing C A, Kurth W S, Acuna M, et al. The electric and magnetic field instrument suite and integrated science (EMFISIS) on RBSP. Space Science Reviews, 2013, 179(1): 127-181.

[9] 刘聪汉. 工频电场测量方法及安全警示系统设计研究[硕士学位论文]. 重庆: 重庆大学, 2012.

[10] Xiao D P, Liu H T, Zhou Q, et al. Influence and correction from the human body on the measurement of a power-frequency electric field sensor. Sensors, 2016, 16(6): 859.

[11] Xiao D, Ma Q, Xie Y, et al. A power-frequency electric field sensor for portable measurement. Sensors, 2018, 18(4): 1053.

[12] Xu Y Z, Gao C, Li Y X. Calculation and experimental validation of 3-D parallel plate sensor for transient electric field measurement. International Symposium on Microwave, Antenna, Propagation and EMC Technologies for Wireless Communications, 2007: 1267-1271.

[13] Tong Z R, Wang X, Wang Y, et al. Dual-parameter optical fiber sensor based on few-mode fiber and spherical structure. Optics Communications, 2017, 40(5): 60-65.

[14] Eugenia V R, Sergey V B, Alexander G L, et al. Development of spherical sensor electric field strength measuring method. International Siberian Conference on Control and Communications, 2016: 1-4.

[15] Zhang A L, Li L, Xie X M, et al. Optimization design and research character of the passive electric field sensor. IEEE Sensors Journal, 2014, 14(2): 508-513.

[16] 倪光正. 工程电磁场原理. 北京: 高等教育出版社, 2009.

[17] George Z I, Harrell C R, Smith E O, et al. Computerized three-dimensional segmented human anatomy. Medical Physics, 1994, 21(2): 299-302.

[18] 王青于, 杨熙, 廖晋陶, 等. 特高压变电站人体工频电场暴露水平评估. 中国电机工程学报, 2014, 34(24): 4187-4194.

[19] 国家技术监督局. 中国成年人人体尺寸(GB 10000—1988). 北京: 中国标准出版社, 1989.

[20] 王建华, 文武, 阮江军. 特高压交流输电线路工频磁场在人体内的感应电流密度计算分析. 电网技术, 2007, 31(13): 7-10, 33.

[21] 余梦婷, 汪金刚, 李健. 人体对高压工频电场测量影响与试验研究. 电测与仪表, 2013, 50(6): 24-27, 48.

[22] 马启超. 用于近电安全预警的可穿戴式电场测量系统研究与实现[硕士学位论文]. 重庆: 重庆大学, 2018.